地貌学教程

DIMAOXUE JIAOCHENG

主　编　曾克峰
副主编　刘　超　于吉涛

中国地质大学出版社有限责任公司
ZHONGGUO DIZHI DAXUE CHUBANSHE YOUXIAN ZEREN GONGSI

内 容 提 要

地貌是地表各种形态的综合,是探索地球科学知识的重要载体,对区域发展和建设规划有着重要的作用。本书共分三篇16章,系统地介绍了地貌学的基础知识、基本理论以及地貌与人类活动的关系。全书精选了大量的典型地貌图片,绘制了一些地貌形成演化示意图,直观形象地表达并细致论述了各种地貌类型的形态特征、发展演化过程,注重理论知识和实际应用的结合。本书可作为大专院校地理科学类、资源环境类、城乡规划类等专业的教材,也可供地学旅游资源开发人员、地学科普导游及相关学者和管理人员参考使用。

图书在版编目(CIP)数据

地貌学教程/曾克峰主编.——武汉:中国地质大学出版社有限责任公司,2013.11

ISBN 978-7-5625-3190-6

Ⅰ.①地…

Ⅱ.①曾…

Ⅲ.①地貌学–高等学校–教材

Ⅳ.①P931

中国版本图书馆 CIP 数据核字(2013)第 224038 号

地貌学教程		曾克峰 主编
选题策划:郭金楠	责任编辑:胡珞兰	责任校对:戴 莹
出版发行:中国地质大学出版社有限责任公司(武汉市洪山区鲁磨路388号)		邮政编码:430074
电 话:(027)67883511	传 真:67883580	E-mail:cbb@cug.edu.cn
经 销:全国新华书店		http://www.cugp.cug.edu.cn
开本:787mm×1 092mm 1/16	字数:390千字	印张:15
版次:2013年11月第1版	印次:2013年11月第1次印刷	
印刷:武汉市珞南印务有限公司		印数:1—2 000 册
ISBN 978-7-5625-3190-6		定价:29.80元

如有印装质量问题请与印刷厂联系调换

前言
QIANYAN

地貌学是地理学与地质学的交叉学科。地貌是自然要素之一,与社会经济发展的关系极为密切,如旅游资源开发、地质公园建设、城市建设规划、地质灾害等都离不开地貌学的研究。地貌学的研究不仅要关注地表形态特征、成因、发展、演化和分布规律等地球科学的重要基础理论知识,还要关注地貌与人类活动之间的关系、地貌发展演化规律的应用,肩负着向公众传递相关科普知识的使命。

地貌学一直是地质学、地理学及地学类院校相关专业的专业基础课程。编者于20世纪80年代以来一直从事于地貌学的教学和研究工作,90年代曾参与编写了由曹伯勋老师主编的《地貌学及第四纪地质学》。经过10多年的发展,地貌学应用领域不断扩展,教学方法也在不断改革,为适应知识体系更新、更好地服务于社会需求,决定重新编写一部地貌学教材。基于经典地貌学理论,重新定位地貌学知识的展现模式,注重教学与知识普及,遂命名为《地貌学教程》。

本书力图地貌知识普及与实践应用相结合,既反映地貌学的研究进展,又适应当前社会的知识需求,因此,在编写过程中特别注意以下几个方面的问题:

(1) 注重地貌学基础知识的直观表达。全书以提问、探索的形式开篇,比如什么是地貌?什么是地貌学?哪些因素影响地貌的形成与发育?并从地貌的成因出发,对每一种地貌类型围绕其概念、形态特征(是什么样的?)、形成条件(由什么因素控制?)、形成演化过程(怎么形成这样的?)进行逐一论述、剖析,直观传递地貌知识的内涵。

(2) 关注人类活动与地貌间的彼此影响。人地关系,是人类世界永恒的主题,本书第三篇重点阐述了这一关系。一方面,人类对地貌的改造、开发、利用带来利弊双重影响;另一方面,地貌本身规范、约束和影响着我们人类的工农业生产、布局以及城市化进程。比如地貌是旅游资源的基础和旅游景区的重要载体,第十六章重点阐述和比较了我国的地貌景观资源在不同开发与保护形式下(自然保护区、世界遗产地、地质公园、风景名胜区等)的发展状况,这些景区公园是认识、感知、研究地貌的重要窗口。

(3) 注重文字资料与图片资料的密切结合。教材广泛搜集各类地貌的形态特征图、照片，在文字解释中配以部分地貌形成演化的示意图，既形象、直观地传递地貌形态内涵，也可增加读者的学习兴趣及加深对地貌知识的理解和掌握。

(4) 不拘泥于内动力地貌、外动力地貌、岩石地貌、区域地貌等类型的划分，重在探索、揭示常见地貌的形成与演化，比如岩石地貌部分只选取碎屑岩和花岗岩两大常见类型，并总结地貌学规律，达到举一反三的目的。

全书各章节的编写分工为：第一篇第一章、第二章、第三章由曾克峰和丁镭编写；第二篇第四章、第五章由刘超和王硕编写；第六章由曾克峰和张冉编写；第七章、第八章由刘超和柳婷编写；第九章由于吉涛和童洁编写；第十章、第十二章由曾克峰和程璜鑫编写；第十一章由于吉涛和丁镭编写；第十三章由王荣和刘超编写；第三篇第十四章和第十五章由陈昆仑、黄亚林、莫舒敏、彭泽群编写；第十六章由丁镭和童洁编写；徐衍、饶西安参与了图件绘制工作。全书由曾克峰修改定稿。

本书在编写过程中参考和引用了大量公开发表的研究成果，在参考文献中逐一列出，在此衷心感谢相关专家学者们的辛勤付出。此外，部分图片来源于网络，书中也尽可能按参考文献格式列出来源，但有些无法得知原创作者或最初出处，不能详尽之处在此表示深深歉意。

当然，由于编者的水平有限，本书难免存在一些不足、疏漏抑或错误之处，衷心希望广大读者不吝赐教、指正。

曾克峰

于中国地质大学（武汉）

2013 年 6 月

目录 MULU

第一篇 地貌学基础知识 (1)
  第一章 什么是地貌学 (2)
    第一节 地貌学的研究内容 (2)
    第二节 地貌学的相关学科 (4)
    第三节 地貌学的发展简史 (6)
  第二章 什么是地貌 (10)
    第一节 地貌空间单元 (10)
    第二节 地貌的描述 (12)
    第三节 地貌分类指标与体系 (16)
  第三章 地貌形成发育的影响因素 (21)
    第一节 地质构造和岩性 (21)
    第二节 内、外营力作用（动力） (23)
    第三节 人类活动因素 (28)
    第四节 时间因素 (29)

第二篇 地貌的类型、形成与演化 (31)
  第四章 构造地貌 (32)
    第一节 大地构造地貌 (33)
    第二节 区域构造地貌 (36)
    第三节 局部构造地貌 (39)
  第五章 火山和熔岩地貌 (53)
    第一节 火山地貌 (53)
    第二节 火山机构地貌 (56)
    第三节 火山熔岩与碎屑堆积地貌 (60)
  第六章 坡地地貌 (66)
    第一节 滑坡 (66)
    第二节 泥石流 (71)
    第三节 崩塌 (74)
    第四节 蠕动 (77)
  第七章 河流地貌 (80)
    第一节 河床与河漫滩 (80)
    第二节 河流阶地 (85)
    第三节 冲（洪）积扇 (88)
    第四节 河口三角洲 (90)
    第五节 冲积平原 (92)

第八章 岩溶地貌 ......(95)
第一节 地表岩溶地貌 ......(95)
第二节 地下岩溶地貌 ......(100)
第三节 过渡带岩溶地貌 ......(104)
第四节 岩溶地貌的形成条件和演化过程 ......(105)

第九章 冰川地貌与冻土地貌 ......(110)
第一节 冰川形成和冰川作用 ......(110)
第二节 冰川地貌 ......(114)
第三节 冻土地貌 ......(120)

第十章 风成地貌与黄土 ......(124)
第一节 风沙作用 ......(125)
第二节 风成地貌 ......(127)
第三节 黄土的分布和性质 ......(136)
第四节 黄土地貌类型 ......(140)
第五节 黄土地貌发育过程 ......(146)

第十一章 海岸地貌 ......(148)
第一节 海岸及海岸地貌类型 ......(148)
第二节 海蚀地貌 ......(152)
第三节 海岸堆积地貌 ......(155)
第四节 大陆边缘地貌 ......(160)

第十二章 碎屑岩地貌 ......(162)
第一节 丹霞地貌 ......(162)
第二节 砂岩峰林地貌 ......(169)
第三节 嶂石岩地貌 ......(172)
第四节 我国三大砂岩地貌对比 ......(176)

第十三章 花岗岩地貌 ......(178)
第一节 花岗岩地貌的定义 ......(178)
第二节 花岗岩地貌的分类体系 ......(179)
第三节 花岗岩地貌形成条件及影响因素 ......(186)
第四节 花岗岩地貌的演化阶段 ......(189)

第三篇 地貌与人类活动 ......(193)

第十四章 地貌环境与人工地貌 ......(194)
第一节 地貌环境评价 ......(194)
第二节 人工地貌 ......(198)

第十五章 地貌与工农业生产 ......(205)
第一节 地貌与农业生产 ......(205)
第二节 地貌与工业布局 ......(209)
第三节 地貌与城市规划 ......(210)

第十六章 地貌与旅游业发展 ......(213)
第一节 景观地貌资源 ......(213)
第二节 地貌与旅游资源开发保护 ......(216)
第三节 地貌与旅游线路设计 ......(225)

参考文献 ......(231)

第一篇
地貌学基础知识

本篇为地貌学基础知识部分,分为 3 个章节,主要围绕"什么是地貌学"、"什么是地貌"、"哪些因素影响地貌的形成与发育"3 个问题展开,主要内容分解为以下几个问题:

1. 地貌学主要研究哪些内容?
2. 地貌学有哪些相关学科?
3. 如何描述地貌?
4. 如何进行地貌分类?常用的地貌分类指标有哪些?
5. 地貌形成的物质基础是什么?
6. 地貌形成的动力条件有哪些?

第一章
什么是地貌学

> 地貌学（geomorphology）是介于地质学与自然地理学之间的一门边缘学科，是研究地表地貌形态特征、成因、发展演化、内部结构和分布规律的学科。

第一节
地貌学的研究内容 >>>

地貌（landform）又称地形，是地球表面各种形态的总称。地球表面不是平坦的，而是具有一定的起伏。这些起伏规模不等、形态各异，构成了地貌学的研究对象。

地貌学的研究内容主要包括以下几个方面。

1. 地貌的形态特征及物质组成

地貌具有各种各样的形态。例如，山峰可以具有尖锐、平坦或浑圆形态，河谷横剖面可以具有"V"形、"U"形和其他复杂形态。因此，地貌的形态特征是地貌学的重要研究内容之一。而不同的地貌形态又总是建立在一定的岩石岩性基础上的，也就是地貌的物质组成。

2. 地貌的内部结构

地貌具有不同的内部结构，地貌结构是地貌学的重要研究内容。按照地貌形成的侵蚀作用和堆积作用，可划分为切割型、叠置型、切割-叠置型、叠置-切割型4种地貌结构类型。切割型地貌是在地壳上升侵蚀作用占主导地区，外动力切割新生代以前的构造和岩层所形成的地貌；叠置型地貌是在地壳下降堆积作用占主导地区，地面发育大量堆积，一层沉积物叠加在另一层沉积物之上，叠加结构组成的地貌。

3. 地貌的形成原因

地貌是内、外营力共同作用的结果。两者的共同作用，造就了地球表面上千姿百态、规模各异的地形。1899 年，戴维斯首次把地貌的成因归纳为三大因素，即地形是地质构造、内外营力和时间的函数。用函数表示为：

$$F = f(PM) \, dt$$

式中：P 为内外营力；M 为地质和构造岩性；t 为地貌发育时间。

内动力地质作用往往是加大地形的起伏，而外动力地质作用往往是减小地形的起伏。在以地壳上升运动为主的地区，外动力以剥蚀作用为主；而在以地壳下降运动为主的地区，外动力以堆积作用为主。内动力地质作用的表现形式主要有断块上升、断陷运动、穿曲运动、凹陷运动、掀斜运动和水平地壳运动等。按照成因，外动力地质作用可以分为流水作用、冰川作用、岩溶作用、风力作用、重力作用和波浪作用等。地貌的成因是地貌学的重要研究内容。

4. 地貌的发展演化

地球表面所有的地貌都不是一成不变的，它们总是处于不断发展变化之中。因此，地貌学不仅研究地貌的形态特征，还研究过去的地貌发育过程和推测未来的地貌发展趋势，探索地貌的演化规律及演化机制。

1899 年，戴维斯提出地貌演化旋回理论。该理论认为在一个平坦地区由于地壳运动而被抬升，其后地壳在长期稳定的条件下，地貌受长期侵蚀作用，经历幼年期、壮年期、老年期的地貌发育阶段，称为一个侵蚀旋回。再一次的地壳运动后，准平原再度被抬升，地貌又进入一个新的侵蚀旋回，称侵蚀回春。后来戴维斯又考虑到其他外动力地质作用，划分了冰蚀旋回、干燥旋回、海蚀旋回等。这一学说，从发展的观点提出了地貌发展的阶段性，对地貌学的后续发展有着深刻的影响。

5. 地貌的分布规律

地貌的分布是有规律的。以内营力为主形成的构造地貌，其分布于板块构造边界。例如，青藏高原就位于欧亚大陆板块的南缘，其隆升是由于印度板块向北漂移并向欧亚大陆板块下部俯冲造成的。近东西向延伸的喜马拉雅山脉，是一个位于印度板块与欧亚大陆板块之间的现代造山带。而以外营力为主形成的地貌，具有沿纬度的水平分带性和沿山地的垂直分带性，这种分布与气候条件（主要是温度和降水）有关系。

6. 地貌与人类活动的关系

地貌学还研究地貌与人类活动的关系。一方面，不同的地貌特征、结构对工农业生产布局会有影响，还有城乡的规划布局、旅游景区的规划建设等；另一方面，人类活动可直接影响（或通过影响地表过程）地貌形态和发育过程，人类对地貌的作用是全面的，既有建设性也有破坏性。随着人类社会经济的发展，对地球表面地貌的作用也日益增强，由此引起对人类生存环境的影响也更加频繁，比如地面沉降、土壤侵蚀、滑坡泥石流灾害、大坝地震等。这些负面效应已引起地貌学研究者的广泛关注。

第二节　地貌学的相关学科

地貌学是介于地质学与自然地理学之间的一门边缘学科。由于地貌学的这一特点，不同国家的地貌学分属的学科不尽相同。美国的地貌学是地质学的一个分支，欧洲一些国家的地貌学则属于自然地理学的范畴，还有一些国家的地貌学则同属地理学和地质学两门科学之中。我国的地貌学在地理学界和地质学界都得到一定的重视，也可以说，我国的地貌学是随着地理科学的发展而成长起来的。近一个世纪以来，随着各门自然科学和技术科学的发展以及各学科的互相渗透，产生了许多新的分支学科。地貌学也不例外，它的研究内容和研究方法更加丰富和日益完善，分支学科主要有气候地貌学、构造地貌学、动力地貌学、模拟地貌学、岩石地貌学、沉积地貌学、应用地貌学、灾害地貌学、军事地貌学、遥感地貌学、地貌年代学和地貌制图学等。

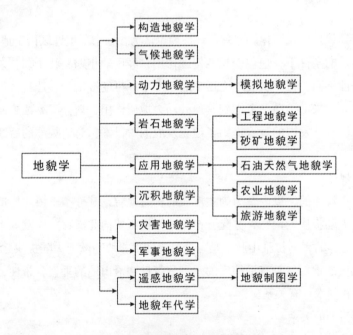

图1-1　地貌学的相关分支学科

气候地貌学和构造地貌学是地貌学中的两大分支学科。气候地貌学研究地球上不同气候区的地貌形成、演变规律和地貌组合特征。随着不同气候区自然特征的研究深入和资料积累，气候地貌学得到进一步发展，从研究某一气候区的地貌成因和演变，进而把气候地貌学的研究与第四纪古气候变迁研究相结合，大大地丰富了气候地貌学的内容。构造地貌学一方面研究地质构造受外力剥蚀后形成的地貌，如背斜山、向斜山、背斜谷、向斜谷和单斜山等，称为静态构造地貌学或次生构造地貌学；另一方面是研究地壳构造运动形成的地貌，它们的形成和分布与地壳构造运动的作用方向、受力方式有关（如构造运动隆起形成的山地、台地和构造运动坳陷形成的平原、盆地等），称为动态构造地貌学或活动构造地貌学。活动构造地貌的形成、发展与近代地壳运动有着极为密切的关系，特别是与地震活动和火山活动有着成因上的联系。因此，活动构造地貌的研究是一个关系到人类生产环境的重大研究课题。

动力地貌学或理论地貌学，是近十几年来兴起的研究热点之一，它尝试用动力学的方法来描述地貌现象，运用力学、流体力学、水力学、河流动力学、海洋动力学、冰川动力学和风沙动力学的原理来研究河流地貌的演变过程、海岸地貌的动态变化、冰川地貌的成因以及沙丘的形成和移动规律等。动力地貌学不仅把地貌学定量化研究推进一步，而且结合计算机技术、遥感技术和GIS技术，促进了地貌学的模拟实验研究。随之，诞生了一个新的地貌学分支——模拟（实验）地貌学（modeling geomorphology），它通过深入研究地貌演化的控制因子和影响因子，建立地貌演化的数学模型，并通过运算程序实现地貌演化的计算机模拟。

岩石地貌学则研究不同类型的岩石在外力剥蚀下形成的各种地貌。不同类型的岩石往往具有不同的矿物成分、结构和构造，各种不同性质的岩石在同一外营力作用下，具有不同的抵御风化剥蚀的能力，从而形成不同的地貌特征；或者同一类型的岩石在不同的外营力作用下，也可以形成不同的地貌特征和地貌组合。

沉积地貌学根据沉积物的成因和结构来研究地貌的形成和发展。从地貌形成作用来说，有侵蚀作用形成的地貌和堆积作用形成的地貌。堆积地貌的形成过程同时也是构成堆积地貌的沉积物的形成过程，各种沉积物在形成过程中，其特征既表现在沉积物的结构中，也表现在沉积物所组成的地貌上。

应用地貌学分为工程地貌学、砂矿地貌学、石油天然气地貌学、农业地貌学和旅游地貌学。工程地貌学包括道路工程地貌、水利工程地貌和海港工程地貌等。砂矿地貌学是研究不同成因砂矿的分布富集规律，这就要进行沉积地貌的研究。石油天然气地貌学是研究石油、天然气的形成条件和赋存条件，这往往与地貌的形成和发展有关，所以在石油和天然气的勘探过程中，常常进行构造地貌和沉积地貌的研究。农业地貌学是研究与农业有关的现代地貌形态、成因类型、地貌过程以及为发展农业生产而建造的人为地貌的科学。旅游地貌学是研究人类游览与地理环境关系的科学，地貌是旅游资源的重要组成部分，也是各种旅游资源开发的基础条件，在旅游规划与开发中，地貌学研究具有重要意义，尤其是现在广泛开展的地质公园建设。

灾害地貌学研究崩塌、滑坡、泥石流、地面塌陷、地裂缝等地貌的形成、发展与地质灾害的关系。军事地貌学研究各种地貌的特征及其在军事上的应用。

遥感地貌学利用遥感信息和GIS技术研究地貌的形态特征、空间分布、成因、动态变化及其遥感地貌制图。地貌年代学则研究各种地貌的年龄测定方法及其应用条件，如 ^{14}C、铀系、钾-氩裂变径迹、光释光、宇宙成因核素和古地磁等测年方法，对地貌年龄的研究越来越精确。地貌制图学则研究各种地貌在不同比例尺地貌图上的表示方法。

与地貌学相关的学科主要有自然地理学、构造地质学、大地构造学、第四纪地质学、火山学、冰川地质学、岩石学、沉积岩石学、灾害地质学、遥感地质学和地理信息系统等科学。

第三节

地貌学的发展简史 ▶▶▶

一、古人对地貌的探索

人类一开始由于生活、生产、生存的需要,就开始频繁地接触、识别和利用地形地貌,并不断地积累地貌相关知识。从史前人类的一些聚居点的地貌位置(如北京的周口店和西安的半坡村),可以看出当时我们人类的祖先能够识别和利用一些有利的地形地貌(如洞穴和河流阶地),并能够利用河床砾石制作石器工具用于日常生存所需。

自有文字记载以来,人类的地貌知识得到形象描述,并不断积累与留传,从浩瀚的历史文献记录中,可追溯出地貌知识的发展轨迹。

早在中国西周(公元前1046—771)的《诗经·大雅·笃公刘》中,就有"岗"(丘陵)、"塬"(平原)和"隰"(低湿地)等地貌类型名称相关的描述。

北魏(6世纪)郦道元的《水经注》较为全面系统地介绍了河流水系经过地区的地理、经济情况。所记大小河流有1 252条,从河流的发源到入海,举凡干流、支流、河谷宽度、河床深度、水量和水位季节变化,含沙量、冰期以及沿河所经的伏流、瀑布、急流、湖泊等等广泛搜罗,详细记载。所记的各种地貌有山、岳、峰、岭、坂、冈、丘、阜、崮、障、峰、矶、原、川、野、沃野、平川等,并对地貌的形成作了一些正确的解释,如在记孟门山时认为河流流水侵蚀作用可形成峡谷地形。

唐代颜真卿(709—785)在《抚州南城县麻姑仙坛记》中,已有"东海三为桑田"的海水进退的概念。而成书于11世纪末(北宋时期)的《梦溪笔谈》,著名科学家沈括对海陆变迁作了更科学的解释,并清晰界定了流水的侵蚀、搬运与堆积作用三者的关系。他根据太行山崖间发现的螺蚌壳化石砾石层,认为大陆"此乃昔之海滨,今东距海已近千里",指出海变陆是由于河流堆积的结果;同时又指出由于流水侵蚀山地(以雁荡山为例)而造成了山峰与深谷。

明代的大地理学家徐霞客(1586—1641)著的《徐霞客游记》,则比较详细地记录了其所经历的地理地貌环境,对后世研究产生深远影响。游记中对喀斯特地区的类型分布和各地区间的差异,尤其是对喀斯特洞穴的特征、类型及成因有详细的考察和科学的记述,指出钟乳石是含钙质的水滴蒸发后逐渐凝聚而成的。游记中还纠正了文献关于水道源流的一些错误,如否定了自《尚书·禹贡》以来流行1 000多年的"岷山导江"旧说,肯定金沙江是长江上源;正确指出河岸弯曲或岩岸近逼水流之处冲刷侵蚀厉害,河床坡度与侵蚀力的大小成正比等问题;对喷泉的发生和潜流作用的形成也有科学的解释。游记中还调查了云南腾冲的火山遗迹，科学地记录与解释了火山喷发出来的红色浮石的质地及成因；对地热现象的详细描述在中国也是最早的。

清初孙兰（约1638—1705）的《柳庭舆地偶说》中提出了"变盈流谦"说，认为"流久则损，损久则变，高者因淘洗而日下，卑者因填塞而日平"，其对地形形成作用已具有蚀积平衡的概念，认识到侵蚀和沉积是不可分割的统一过程。书中还提出了地貌作用"因时而变、因变而变、因人而变"的理论，这已涉及地貌的演变，解释地学形成是3种力量（内力+外力+人为），并注意到人的活动对地貌的影响。

此外，我国劳动人民在社会和生产实践中，利用有利地形和应用地貌知识，作出了卓越的贡献，如举世闻名的都江堰、万里长城和京杭大运河工程。可惜的是，受封建制度的长期束缚和帝国主义的侵略压迫，近现代地貌学的出现和发展并不是在中国，而是在西欧和北美。地貌学在我国的进一步发展还是在1949年的新中国成立之后。

二、近代地貌学的发展

近代地貌学的起源是18世纪上半叶至19世纪上半叶。地貌学家对地貌形态及其分布的描述和地质学家对造貌地质作用的认识，为现代地貌学的萌芽奠定了坚实的基础。

1763年，罗蒙索诺夫在《论地层》中提出地球表面的形态是由于内力和外力的斗争和冲突而形成的，必须从发育过程来认识地表形态。

1788年，英国科学家Hutton J在《地球的学说》中已将地形的变化看作是地球地质发展的组成部分，明确指出："今天是过去的钥匙"这个地学研究的经典概念。

依据上述概念，莱伊尔（Lyell C）发展出地质学研究的一个根本原理——"均变论"，又称为"现实主义原理"，首见于《地质学原理》（*Modern Changes of the Earth and its Inhabitants Considered as Illustrative of Geology*，1830）。在这本地质学经典著作中，莱伊尔提出地球的变化是古今一致的，地质作用的过程是缓慢的、渐进的；地球的过去，只能通过现今的地质作用来认识（即将今论古思想）。书中，莱伊尔还引用了许多地貌作用与地貌变化的事实，尖锐地批评了灾变论。

三、现代地貌学研究进展

现代地貌学主要是从19世纪中叶后才逐渐发展起来的。当时正值资本主义经济发展时期，需要对自然资源进行广泛调查，因而收集和积累了大量的地貌资料。由于每个国家的具体情况不同，地貌学的发展道路也不一样。

美国地貌学是在美国资本主义上升时期，随着对美国西部地区进行自然资源调查和开发而发展起来的。美国西部的地质构造在地貌上有明显的反映，这个天然条件使美国在地质调查中尤其注重地貌的地质内涵分析，因此，使地貌学脱颖而出。美国地貌学派吉尔伯特（Gilbert G K）的地貌律、鲍威尔（Powll J W）提出的侵蚀基准面概念以及戴维斯（Davis W M）提出的"解释性地貌描述法"、"地貌侵蚀循环"学说,以及"地貌是构造、营力和发育阶段的函数"等理论极大地推动了现代地貌学的发展。戴氏继承者洛贝克(Lobeck A)的《地貌学——地形研究导论》(1936)和桑伯瑞(Thornbury W D)的《地貌学原理》(1954),此后被长期和普遍地用作地貌学的教科书。

欧洲地貌学是从中世纪文艺复兴时期以前的水工学发展起来的,特别是围绕阿尔卑斯山的一些欧洲国家,如德国、法国、奥地利和意大利等,在进行水利建设的同时,研究了河流和冰川。此外,西欧地貌学发展与19世纪期间大规模的地形测量有关,由于有了大量的地形图,地貌学的计量研究得到了发展。如阿·彭克(Penck A,老彭克)的《地表形态学》(*Morphologie der Erdoberflache*, 1895)是最早的地貌学教科书之一,以个人的大量野外成果为依据,其冰川研究尤为突出。还有1923年,德国地貌学家瓦·彭克(Penck W)的《地貌分析》亦是这个时期的代表作,他认为地貌的形成和演化要从动态构造的变化中去研究,使构造地貌学建立在科学的基础上。从此,地貌学从研究静态构造地貌扩展到研究动态构造地貌。

两次世界大战及之间的经济大萧条,严重影响了地貌学的发展,但前苏联却是个例外。在1924—1941年经济建设大发展期间,地貌学在这个新生的大国度里有很大的发展,如舒金(Шукин И С)的《陆地形态学》综合了前苏联当时大量实地资料,并对地貌分类提出了新见解。

第二次世界大战结束后,全球进入经济恢复与发展的时期,大量多种多样的工程建设对地貌研究提出了定量评价和短期准确预测的高要求。地貌作用和地貌变化的野外实际测定开始得到重视,逐渐成为地貌日常工作的一个重要组成部分。地貌学的"定量革命"使地貌学的一个新学派——动力学派初露头角。1952年,斯特拉勒(Strahler A)发表了《地貌学的动力基础》,提出以力学和流体力学为基础的地貌系统。在前苏联,地貌学的进展突出表现为马尔科夫(Марков К К)的地貌水准面概念。在新生的中国,由于大规模开展建设的迫切需要,使地貌学研究在我国得到前所未有的大发展;在研究上注重于实用,在理论和方法上学习前苏联,可以说是20世纪50年代中国地貌学研究的两个主要倾向。在法国,气候地貌学有了显著的进展,如布德尔(вйdl J)的研究。

地貌学在这个时期里出现了分支学科,主要是按地貌营力的不同作分门别类的集中研究,从而形成河流地貌学、冰川地貌学、海岸地貌学和构造地貌学。对岩石地貌、风成地貌、岩溶地貌、冻土地貌、黄土地貌和洋底地貌的专门研究亦有明显进展,开始形成了多学派、多部门和多方向的研究局面。

20世纪60年代以来,地貌学研究进入成熟阶段。世界经济的持续发展和环境问题的日益突出,促使地貌学界要加速应用和动力因果两大方面的研究。遥测、遥感、微测、地理信息系统和测年等新技术的迅猛发展,有效地提高了地貌学各个方面特别是应用、动力因果和区域对比方面的研究能力。1962年,乔利(Chorley R J)把系统论的概念引入地貌研究,认为地球表面应属开放系统,并在此基础上发展了地貌学中的一个新学派——动力派。而地学体系各学科的新发现、新进展和新理论的涌现,特别是海底地形测绘成果、板块学说和外星探测成果给地貌学带来了新思维和新领域,地貌学的一大批新分支学科(如大地构造地貌学、沉积地貌学、灾害地貌学、环境地貌学、工程地貌学等）也先后建立。伴随新技术、新方法在地貌学中的广泛应用，大大提高了地貌学的研究精度和质量，使研究内容在宏观和微观两方面均有重大进展。

纵观地貌学的漫长发展历史和活跃的研究现状，它与人类社会的发展息息相关，与其他地球科学领域的发展关系十分密切。在知识爆炸、技术日益更新、新问题不断出现和学科交叉复杂的今天，地貌学的发展也面临着自身和外界的严峻挑战。展望未来，地貌学与其他学科的交叉会更深入，分支会更多；地貌学为人类社会服务更普遍，应用会更富有成效；地貌学的新技术、新方法结合会更广泛，理论研究会更有依据、更加系统。

关键点

1. 地貌学是介于地质学与自然地理学之间的一门边缘学科，地貌学是研究地表地貌形态特征、成因、发展演化、内部结构和分布规律的学科。
2. 地貌又称地形，是地球表面各种形态的总称，构成了地貌学的研究对象。
3. 地貌学的漫长发展历史和活跃的研究现状，与人类社会的发展息息相关，也与其他地球科学领域的发展关系十分密切。

讨论与思考题

一、名词解释

地貌；地貌学；地形；地形学

二、简答与论述

1. 简述地貌学的主要研究内容。
2. 简述地貌学的相关分支学科。
3. 简述我国古人对地貌（学）的认识探索及贡献。
4. 简述近代地貌学的起源与发展。
5. 论述现代科学技术对现代地貌学发展的影响及启示。

第二章
什么是地貌

> 地貌是地球表面形形色色的各种空间实体，也叫地形，它是地貌学研究的最主要物质依据。地表形态是多种多样的，成因也不尽相同。凡是高于周围地貌形态的称为正地貌（岗、垄、丘），低于周围的则称为负地貌（洼地、坑、穴），正、负形态地貌是相对而言的。地貌的基本性质有物质性、界面性、动力性、天然性和变化性。

第一节 地貌空间单元

地貌形体在空间规模（尺度）上具有显著的差异，依据其在地表的存在与分布范围，一般分为具有系统性的实体单元，相对等级可划分为五等。

1. 星体地貌

星体地貌是地球的形态大小。地球是太阳系从内到外的第三颗行星，也是太阳系中直径、质量和密度最大的类地行星。地球的表面积为 51 006 万 km^2，体积为 $1.08×10^{12}km^3$，质量为 $5.97×10^{24}kg$，赤道半径为 6 378.2km，其大小在太阳系的行星中排列第五位。

地球是一个不规则的旋转椭球体。通常所说地球的形状和大小，实际上是以近似地球形状与大小的参考椭球体的半长径、半短径和扁率来表示。1975 年，国际大地测量与地球物理联合会推荐的数据为：半长径 6 378 140m，半短径 6 356 755m，扁率 1:298.257。而实际上，地球的南、北两半球不对称，南极较北极离地心要近一些，在北极凸出 18.9m，在南极凹进 25.8m；又在北纬 45°地区凹陷，在南纬 45°隆起。总之，地球的形状很不规则，不能用简单的几何形状来表示。

2. 巨型地貌

巨型地貌包括大陆和海洋两个空间单元，是最大规模的地表形态。

大陆是高出海面的高地，由具有硅铝层和硅镁层的大陆壳组成，占全球面积的29.2%。它的内部起伏很大，最高点是喜马拉雅山的珠穆朗玛峰，高度8 844.43m；最低点为约旦河谷地的死海洼地，高度为-395m；平均高度为875m。大陆地貌成因复杂多样，受到外力作用的改造与破坏，地貌年代越老，破坏程度越大，有时只剩下残留片段。

海洋是指海平面之下的水底部分，由单一硅镁层的大洋壳组成，上面覆盖有厚度不等的松散堆积物，占全球总面积的70.8%。从构造地貌观点看，它又分为大陆边缘和洋底两部分。大陆边缘是陆壳的延伸部分，包括大陆架、大陆坡，是目前石油、天然气开发潜力很大的地段。洋底的起伏很大，平均深度为-3 794m，最深的马里亚纳海沟-11 034m。洋底次级地貌也多，有海岭、海底高原、深海丘陵、深海平原和海底峡谷等，其规模也很大。

3. 大型地貌

大型地貌指的是大陆和海洋中的山脉、高原、平原等主要大型地貌，占有数万至数十万平方千米的面积。例如陆地上的阿尔卑斯山系、喜马拉雅山系（图2-1）、青藏高原、巴西高原、长江中下游平原等。

图2-1　喜马拉雅山系①

4. 中型地貌

中型地貌是大型地貌的一部分，是观察研究的重点对象，面积通常有数十平方千米至数千平方千米。如山地的次级地貌形态山岭（山顶、山坡、山麓）和谷地（断层谷、侵蚀谷、冰蚀谷）等，主要是受外力作用形成的。

5. 小型地貌

小型地貌主要是受各种外动力作用形成的多种多样的小型剥蚀地貌和堆积地貌，如阶地、河漫滩、洪积扇、冲积扇，也有一部分是受内力作用形成的，如活动断层崖、地震裂缝和火山等。小型地貌是野外观察研究的主要对象。

上述各级地貌，以比它高一级的地貌为发展基础，并逐渐叠加在一起，构成相互联系的体系。

---

① http://www.uua.cn/news/show-8127-1.html、http://xinwen.ouc.edu.cn/ghttxsz/zhxw/2011/09/05/50568.html

第二节 地貌学的描述

一、地貌要素

地貌形体虽复杂多样，而每个形体都是由最基本的地貌要素构成。类似几何的术语，一个地貌体由地貌面、地貌线、地貌点组成（图2-2）。

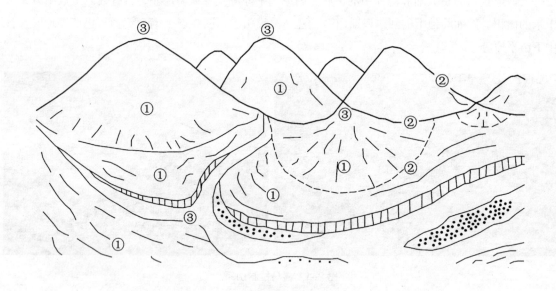

图2-2 地貌要素的辨别
①地貌面；②地貌线；③地貌点

1. 地貌面

地貌面又称地形面，是一个复杂的平面、曲面或者波状面。借用微分几何原理，将自然面归纳抽象为平面（0°~2°）、斜面（2°~55°）、垂直面（>55°）；也可分为平缓面、凸形面、凹形面。

地貌面的组成要素有坡面高度、倾斜度、坡长、倾斜方向、延伸方向、水平面投影形状和面积等。这七个要素可以确定某一地理位置上的地貌面空间特征，又被称为地貌面的特征参数。

2. 地貌线

地貌线是相邻地貌面的交线，划分为坡度变换线（破折线）和棱线（坡向变换线）两种。不同坡度的地貌面相交产生的线称为坡度变换线，可理解为是垂直方向上下紧邻地貌面倾斜度的变化产生的。水平方向上左右相邻的不同倾斜方向的地貌面的相交所产生的交线称为棱线。地貌线有垂直线、倾斜线、水平线、顺直线、曲线、折线等多种表现形式，显示出两个地貌面相交的空间特征。

3. 地貌点

地貌点是地貌面的交点或者地貌线的交点，例如山顶点、洼地最低点。

上述3种地貌基本要素有时候清晰可见，有时候模糊难辨。其实际应用有待深入，可以作为观察和分析各种地貌基本要素的一个途径。

二、地貌描述

地貌的形体描述是在对地貌进行认识和理解的基础上对其特征进行文字和数学参数表述，也是分析不同地貌形态特征、类型的科学依据之一。

(一) 文字描述

利用文字语义定性表述单体和组合地貌体的几何形状（用点、线、面3个要素描述），还包括表述地貌的形态、成因、组成物质和年龄等。对地貌组合形体的描述，还必须考虑这一形态组合的总体起伏特征、地形类别和空间分布形状等。

1. 平面形态

地貌形体投影在平面坐标系 (x, y) 上的轮廓图形，用几何图形和常见物体的图案比照表述，前者如圆形、三角形、菱形、椭圆形等，后者如花瓣状、心形、带状、新月形、围椅形等。常用的数字表述参数有直径、扁率、长轴和短轴长度、面积、延伸性、弯曲程度（弯度系数，公式2-1）。

$$\delta = \frac{L'}{L} \tag{2-1}$$

式中：δ 为弯曲系数；L' 为曲线或者折线长度；L 为直线长度。

2. 横剖面形态

地貌形体沿其延伸的垂直方向自上而下切开的断面称为横剖面。对于正地貌，表述的内容有顶面、剖面形态特征，主要有坡形、顶面与坡面、坡面与坡面之间转折、坡面长度、坡度、高度、对称性等形态指标；对于负地貌，表述底面、坡面坡形、底面与坡面、坡面与坡面之间转换，及地貌面起伏变化、底面宽度等。

顶面（底面）形态用平坦（平缓）、尖锐（狭窄、刀刃状、鱼背）、圆弧形描述。坡形有斜平坡、凸形坡、凹形坡、阶梯坡四种形式。坡面转折用逐渐过渡或者直接转折表述。

3. 纵剖面形态

沿地貌线自上而下切开的断面。表述沿纵向延伸的起伏特征（如山岭或谷地），起伏变化及大小、坡降，以及投影在平面上的线性和带状等地貌特征。

(二) 数学参数描述

数学参数描述指对地貌形体进行形态要素测量，需要量测的数据进行精确表述。地貌形态测量常常在地图尤其是地形图上、航空相片上和野外实际考察中进行。

1. 高度指标

高度指标是地貌最重要的指标之一，对于说明整个地球以及各个区域的、单体的地貌起伏特征具有重要意义。高度指标主要分海拔高度和相对高度。海拔高度是山岳和平原一类大地貌的分类主要依据。相对高度是两种地貌之间的高差，如阶地面与河床平水位之间的高差，溶洞底部与河床之间的高差等。相对高度一般可以提供不同地形形态形成的先后顺序及其所受到新构造运动影响等重要资料。

2. 坡度指标

坡度指地貌形态某一部分地形面的倾斜度。严格说，倾斜度只是地表某一点的切线与水平面之间（夹角）的锐角值，坡度的一般等级划分为陡坡（坡角＞50°）、中等坡（坡角25°~50°）、缓坡（坡角＜25°）。坡度的大小跟岩性和成因有某种内在联系。坡度一般在野外测量，对研究坡地重力灾害有实用价值。

3. 地面破坏程度指标

常用的指标有地面切割密度、切割深度和地面粗糙程度等。

地表切割密度（σ）是某一区域水道长度（L）与面积（A）的比值（公式2-2）。

$$\sigma = \frac{L}{A} \tag{2-2}$$

地表切割深度（D_i）是指地面某点的邻域范围的最高高程（H_{max}）与该邻域范围内的最小高程（H_{min}）的差值（公式2-3）。地表切割深度直观地反映了地表被侵蚀切割的情况并对这一地学现象进行了量化，是研究水土流失及地表侵蚀发育状况时的重要参考指标。

$$D_i = H_{max} - H_{min} \tag{2-3}$$

地表粗糙程度（R）是反映地表的起伏变化和侵蚀程度的指标，一般定义为地表单元的曲面面积S曲面与其在水平面上的投影面积S水平之比（公式2-4）。地表粗糙度能够反映地形的起伏变化和侵蚀程度的宏观地形因子，在研究水土保持及环境监测时有很重要的作用。

$$R = S_{曲面} / S_{水平} \tag{2-4}$$

量测得到的形态数字指标，既是表述和比较地貌形体特征的数字参数，也是划分地貌形态类型的科学依据。地貌形态定性特征表述和形态测量研究相结合，可以全面表现一种地貌的立体观念，有很大的科学意义和现实意义，在土地利用、工程交通、区域发展规划中发挥很大的应用价值。

(三) 地图描述

地图是地貌信息载负和传输的可视化工具之一。地图图形表示地貌的一种形式是等高线图形，另一种是多边形图形（图版图形）。

1. 等高线地形图的地貌表示

等高线指的是地形图上高程相等的各点所连成的闭合曲线，在等高线上标注的数字为该等高

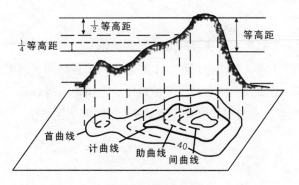

图 2-3 等高线地形图

线的海拔高度。等高线按其作用不同，分为首曲线、计曲线、间曲线与助曲线 4 种（图 2-3）。

首曲线，又叫基本等高线，是按规定的等高距测绘的细实线，用以显示地貌的基本形态。计曲线，又叫加粗等高线，从规定的高程起算面开始，每隔四个等高距将首曲线加粗为一条粗实线，以便在地图上判读和计算高程。间曲线，又叫半距等高线，是按 1/2 等高距描绘的细长虚线，主要用以显示首曲线不能显示的某段微型地貌。助曲线，又叫辅助等高线，是按 1/4 等高距描绘的细短虚线，用以显示间曲线仍不能显示的某段微型地貌。

地形图上的等高线不仅是地表相同高程点的连线，而且表示出地表任一点的高程，等高线的排列、疏密、弯曲形式、弯曲方向、延伸方向、等高线之间的套合程度表示出地貌形体特征。一组具有高程的线才具有地貌意义，通过等高线分析地貌具有如下的规律性（图 2-4）。

（1）一组没有明显弯曲即等高线延伸比较平直且相互间距离相等的等高线，表示地貌面（坡面）平坦、等倾斜，形态简单。

（2）等高距相同的情况下，等高线越密，即等高线平距越小，地面坡度越陡，等高线重合处为悬崖；反之，等高线越稀，即等高线平距越大，地面坡度越缓。

（3）山顶处等高线闭合，且数值从中心向四周逐渐降低；盆地或洼地处则等高线闭合，且数值从中心向四周逐渐升高。

（4）山脊是等高线凸出部分指向海拔较低处；山谷是等高线凸出部分指向海拔较高处；鞍部则是正对的两山脊或山谷等高线之间的空白部分。

（5）等高线弯曲（转折）尖锐，表示山顶或者谷底尖锐狭窄；等高线弯曲（逐渐转折）圆滑，表示山顶或者谷底为圆弧状；等高线弯曲（转折）平滑，表示山顶或者谷底宽平。

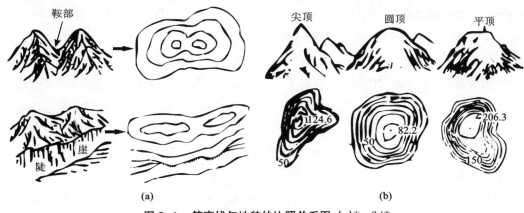

(a)　　　　　　　　　　　　　(b)

图 2-4　等高线与地貌的比照关系图 (a)[①]、(b)[②]

---

① http://www.londong.com/ks-sc-dl-20-41.htm
② http://www.rtacn.com/lmtse/hwsc/hwsc/200610/17116/html

2. 专门地貌图的地貌表示

专门地貌图（special geomorphologic map）是为解决某一实际问题或研究地貌专门问题而绘制的地貌图，如砂矿地貌图、滑坡图、坍陷分布图，以及其他为找矿、水文地质、工程地质、海港建设、航运等服务的地貌图。它用静态和动态、平面和多维空间、多种媒体、虚拟现实等各种形式来表示地貌，用多边形图形表示地貌形体、地貌分布与空间组合，赋予多边形图形地貌属性。

第三节 地貌分类指标与体系

地貌形体不是孤立存在的，在一定区域范围内，各个地貌形体在成因上和组成物质上彼此有相互联系、有规律的组合。这样的地貌形体组合称为地貌类型。

一、地貌分类指标

地貌分类是反映地貌图科学性的关键。关于地貌分类的研究，由来已久，不同学者亦有不同见解和看法。纵观前人在地貌分类中所考虑的指标，可归纳为按形态、按成因、按形态成因、按多指标综合4种方式。地貌分类遵循的原则有形态和成因结合原则，主导因素原则，分类体系逻辑性、完备性原则，分类指标定量化原则等。

1. 形态指标

地貌形态是地貌分类的主要指标之一。描述地貌形态的指标多种多样，其中，地面高度及其起伏度是最基本的形态指标，包括海拔高度、坡度与坡向、地形起伏度、形态密度（如河网密度、滑坡密度等）等。利用基本形态指标分类得到一些基本形态地貌，并将其组合，则得到高一级的组合地貌形态。由于组合的尺度不同，出现了多种组合结构（周成虎，2009）。

(1) 宏观形态：即平原和山地大地貌单元，山地和平原是陆地表面坡度形态最基本的组合。

(2) 基本地貌类型（李炳元，2008）：虽然各个地貌分类方案多种多样，强调的成因侧重点各异，但"山地、高原、台地、丘陵、平原"等类型在每个方案中通常都会有，只是在分类系统中所处的级别有所差异。有的学者亦称之为"基本形态"或"基本形态类型"。

2. 营力指标

在地球内、外营力长期共同作用下，地表形态不断发生变化，形成了千变万化的地貌形态。地貌形成过程中，内营力与外营力交叉、外营力（或内营力）作用过程中的多种营力类型综合交叉，以及各时期作用营力形成的地貌形态交叉，同一空间不同规模地貌类型叠加交叉，造成地貌形态错综复杂。因此，在进行地貌分类时，常常会出现复合成因类型，例如，海积冲积就是海积作用和流水作用的复合物。在具体开展某一区域研究时，可以结合具体情况，增加相应的地貌营力类型。

（1）内营力成因指标：内营力是指地球内部能量等引起的作用力。内力作用造成地壳的水平运动和垂直运动，并引起岩层的褶皱、断裂、岩浆活动和地震等。内营力可以分为构造运动、岩浆活动和热液活动3种，相应形成的地貌类型可分为构造地貌、火山熔岩地貌和温泉地貌。

（2）外营力成因指标：在我国，外营力主要包括流水、湖成、海成、冰川、冰缘、风成和干燥等类型，其中，流水作用和风化作用是普遍存在的，而冰川、冰缘、干燥、海成等作用具有区域性。

3. 物质组成分异指标

在某种意义上讲，地貌是由天然岩石或松散堆积物组成的地表形状。在其他条件相同的情况下，组成地貌的岩石或土，在成分、结构、构造等特性上的差异必然表现为地貌形态上的不同。因此，可将地貌类型划分为岩石质地地貌形体和松散堆积物组成的地貌形体。

4. 地貌形成的年代指标

内、外力作用的时间长短也是引起地貌差异的重要原因之一。同一种地貌类型，在不同的演化和发育阶段，所表现出的地貌特征的差异尤为显著，从而也反映了地貌发育的阶段性。例如，急剧上升运动减弱初期出现的高原，外力作用虽然强烈，但保存了大片高原地面。随着时间的推移，高原在外力侵蚀下，破坏殆尽，成为崎岖的山区，再进一步发展，则可转化为起伏和缓的丘陵。

二、地貌分类的方法体系

地貌类型划分的方法多种多样，且不同的研究和应用目的采用了不同的分类方法，因而形成多种多样的分类系统。从采用的分类指标看，常用的方法包括单指标的等级分类法、多指标的组合分类法。地貌分类方法是建立科学地貌分类系统的方法论基础，而地貌类型划分的方法很多，如区域划分分类、分层分类（包括决策树）、统计分类、地貌类型混合方法（主体、客体）等。

原捷克斯洛伐克地貌学家德梅克（Demenk J）代表国际地理学联合会地貌调查与地貌制图委员会，主编的《详细地貌制图手册》（1972）中编制出了两大系列、16个亚系列（表2-1）、近400种地貌类型。

表2-1　德梅克的地貌分类体系（部分）

内力地貌	新构造地貌（断块地貌）	包括直接由地壳构造运动所造成的全部地面形态
	火山地貌	包括火山喷发形成的全部（正的和负的地貌）形态
	热液活动（温泉堆积）地貌	
外力地貌	剥蚀地貌	主要包括由风化物质的片状移动而形成的所有破坏和建设地形

续表2-1

外力地貌	河流地貌	由流水作用所造成的
	河流-剥蚀地貌	包括块体运动和剥蚀造成的所有谷坡
	冰水地貌	包括冰下河流或冰川流出来的水所形成的所有堆积形态
	喀斯特地貌	
	管道侵蚀造成的地貌	
	冰川地貌	由现代的和更新世的山地和大陆冰川活动而产生的
	雪蚀和霜冻作用地貌	
	热喀斯特地貌	由于多年冻土的退化而造成的形态
	风成地貌	
	海洋与湖泊地貌	
	生物地貌	
	人工地貌	

注：据张根寿，2005年，修改。

中国的陆地地貌类型划分研究主要是在新中国成立后，借鉴前苏联的地貌分类方案而开展的。1956年，周廷儒等提出了平原、盆地、高原、丘陵、高山、中山六大类型分类方案；1958年，沈玉昌为配合中国地貌区划工作，提出以"成因"为地貌分类标准的划分系统，针对中国陆地地貌类型，首先划分出五大类，即构造地貌、侵蚀剥蚀的构造地貌、侵蚀剥蚀地貌、堆积地貌和火山地貌。1963年，潘德扬提出了地貌分类要依据形态成因和分级的原则，并提出形态标志、成因标志、物质组成标志和发展阶段、年龄标志等，从星体形态到小型形态共划分为9个等级。

1987年，《中国1:100万地貌图》制图规范的地貌分类系统，将地貌类型划分为三部分。第一部分，据高程原则将全国分为平原、台地、丘陵、低山、中山、高山、极高山7种基本地貌类型。第二部分，为地貌形态成因类型，按四级划分：①第一级按全球巨型地貌单元分为陆地、海岸、海底地貌；②第二级陆地部分按地貌成因的动力条件划分为14种成因类型（构造、火山、流水、湖成、海成、岩溶、干燥剥蚀、风成、黄土、冰川、冰缘、重力、生物、人为地貌），海岸部分按形成方式（构造、侵蚀、堆积等），海底部分按中型形态（陆架、陆坡、深海盆地等）划分；③第三级陆地部分表现各种成因下的基本地貌类型，海岩和海底部分表现小型形态；④第四级形态更小。表现为种种成因下的形态符号。

李炳元等通过对已有的基本地貌分类及其划分指标进行系统分析和评估，认为中国陆地基本地貌类型按照起伏高度和海拔高度两个分级指标组合来划分（表2-2）。

周成虎等提出了中国陆地1:100万数字地貌三等、六级、七层的数值分类方法（表2-3），以多边形图斑反映形态成因类型，并详细划分了各成因类型的不同层次、不同级别的地貌类型。第二层的地貌成因类型根据形成地貌形态的营力,有下列15类主要地貌成因类型:海成地貌、湖成地貌、流水地貌(常态、干旱)、冰川地貌、冰缘地貌、风成地貌、干燥地貌(流水、风蚀、盐湖)、黄土地貌、喀斯特地貌、火山地貌、重力地貌、构造地貌、人为地貌、生物地貌、其他成因地貌。

表2-2 中国基本地貌类型

形态类型		低海拔 <1 000m	中海拔 1 000~2 000m	高中海拔 2 000~4 000m	高海拔 4 000~6 000m	极高海拔 >6 000m
平原	平原	低海拔平原	中海拔平原	高中海拔平原	高海拔平原	—
	台地	低海拔台地	中海拔台地	高中海拔台地	高海拔台地	
山地	丘陵(<200m)	低海拔丘陵	中海拔丘陵	高中海拔丘陵	高海拔丘陵	
	小起伏山地(200~500m)	小起伏山	小起伏中山	小起伏高中山	小起伏高山	
	中起伏山地(500~1 000m)	中起伏低山	中起伏中山	中起伏高中山	中起伏高山	中起伏极高山
	大起伏山地(1 000~2 500m)	—	大起伏中山	大起伏高中山	大起伏高山	大起伏极高山
	极大起伏山地(>2 500m)	—	—	极大起伏高中山	极大起伏高山	极大起伏极高山

注:据李炳元等,2008年。

表2-3 中国陆地1:100万数字地貌分类方案(形态成因类型)

地貌纲	地貌亚纲	地貌类	地貌亚类	地貌型		地貌亚型
第一级	第二级	第三级	第四级	第五级		第六级
基本地貌类型		成因类型		形态类型		物质类型
第一层	第二层	第三层	第四层	第五层	第六层	第七层
起伏度	海拔高度	成因	次级成因	形态	次级形态	坡度坡向	物质组成
平原 台地 丘陵 小起伏山地 中起伏山地 大起伏山地 极大起伏山地	低海拔 中海拔 高海拔 极高海拔	海成 湖成 流水 风成 冰川 冰缘 干燥 黄土 喀斯特 火山熔岩	随成因类型变化而变化,基本分为抬升/侵蚀、下降/堆积	按照次级成因来进一步细分的形态类型	随形态而变,需要进一步细分的形态类型	平原和台地: 平坦的 倾斜的 起伏的 丘陵和山地: 平缓的 缓的 陡的 极陡的	按照成因类型、地表物质组成、岩性来区分
固定项(严格执行)				参考项(可修正或调整)		

注:据周成虎,程维明,钱金凯等。2009年,略有修改。

综上，我国地势起伏颇大，地貌成因多种多样，不同地区的内、外营力差异性极大，地貌形态、类型错综复杂，可称全球之最，这对地貌分类带来一定的难度。纵然前后有大量的学者对这一问题进行了广泛的、科学的探讨，也出版了《中国1:100万地貌图制图规范》，但至今尚未形成一个公认的地貌分类系统。随着信息时代飞跃发展，在遥感、数字高程模型和计算机等技术的支持下，借鉴国内外形态和成因相结合的地貌分类原则，更为系统、全面、科学、完善的中国地貌分类方法和体系研究成果将指日可待。

关键点

1. 地貌空间单元实体，依据等级划分为5种类型，包括星体地貌、巨型地貌、大型地貌、中型地貌和小型地貌。

2. 地貌基本要素包括地貌面、地貌线和地貌点，是分析地貌形态的一个路径，具体可以用文字、数学参数和地图形式来进行描述。

3. 地貌分类指标依据主要有形态指标、营力指标、物质组成分异指标和地貌形成的年代指标。

4. 地貌分类体系较为多样，需要在遥感、数字高程模型和计算机等技术的支持下进一步去完善统一。

讨论与思考题

一、名词解释

正地貌、负地貌；巨型地貌、大型地貌；地貌面、线、点；地表切割密度；地表切割深度；等高线、首曲线

二、简答与论述

1. 简述地貌空间单元的等级分类及描述。
2. 地貌描述的主要方法有哪些？
3. 如何利用等高线分析地貌形态特征？
4. 地貌的分类指标有哪些？
5. 地貌的分类方法体系主要有哪些？
6. 简述我国陆地1:100万数字地貌分类方案。

第三章
地貌形成发育的影响因素

前文已简要论述戴维斯地貌成因的三大要素，即地貌是构造、作用和时间的函数。由此可知，岩性不同、地质构造不同、作用营力不同、经受作用的时间长度或发育所处的阶段不同，都会导致地貌形态不同。同时，在地貌形成演化中不可忽视人类的强大活动，甚至有学者将人类活动称为第三地貌动力。随着科学技术的进步，人类正以强大的群体力量加速干扰自然环境。因此，地貌的形成发育可以从地质构造和岩性、内外营力、人类活动与时间因素4个角度来解析。

第一节　地质构造和岩性

一、地质构造

一般来说，地质构造对地貌的形成和发育有重要影响。最为重要的是地貌对构造的适应性。构造形态在地貌上反映的两种基本形式（顺构造地貌和逆构造地貌），与构造线（如褶皱轴、断裂带等）相一致或部分一致，称为地貌适应构造。这是地质构造在剥蚀作用影响下，显示其地貌意义的一种普遍形式。例如大的构造体系控制山脉、水系布局；其次，河谷、岩溶地貌易沿背斜轴部、断裂带和软弱岩层发育等。

大地构造单元是地貌发育的基础。地球上巨型、大型地貌的形成与分布，都与大地构造有直接关系。例如，中国的大地貌单元，即山地、高原、盆地和平原等在平面上的排列组合形式，其形成主要受大地构造的控制。李四光把我国的大地构造体系划分为5种：①纬向构造体系；②经向构造体系；③走向东北到北北东的华夏构造体系；④走向北西到北北西的西域构造体系；⑤扭动构造体系，包括山字型（如祁-吕山字型、淮阳山字型、广西山字型等）、多字型和夕字型（如青藏滇缅印尼大夕字型）等构造体系。我国山脉的排列和走向，即与这些构造体系密切相关。如纬向构造体系是由走向东西，或近似东西的复式剧烈挤压带、褶皱带和挤压性断层组成，并有扭（剪切）断层与它斜交，张断裂与它直交；天山-阴山-燕山，昆仑山-秦岭-大别山最明显地反映了这个构造体系。经向构造体系形成了横贯我国南北的贺兰山-六盘山-横断山等近南北走向的山地，特别是川西、滇北的横断山地，是亚洲宽度最大、构造形迹最明显的经向构造带之一，它由许多条成束的南北向断裂，夹着非常紧密而复杂的褶皱组成，在地貌上表现为一系列平行的高山深谷，地面起伏之急剧甲于全国。我国东部地区的山地，如大兴安岭、长白山、大娄山、武陵山、雪峰山、武夷山等，基本上按北东或北北东走向排列，主要受华夏构造的控制；西部的山地，如阿尔泰山、北塔山、祁连山等走向为北西向，则受西域构造体系的影响。

地质构造还是地貌形态的骨架，在地质构造运动影响下，出现各类构造地貌现象，如褶皱山和断块山等。

二、岩石性质

组成地表物质的岩石是构成地貌的物质基础。岩石的物理和化学性质对地貌发育的影响，主要是岩石的抗蚀性，即抵抗风化作用和其他外力剥蚀作用的强度，抗蚀性强的称为坚硬岩石。岩性对地貌的影响，在那些经历了长期剥蚀的地区表现最为明显。

1. 岩石的抗蚀性

三大类岩石，由于具有不同颜色、矿物成分和结构构造，因而具有不同的抗风化剥蚀能力。在自然状态下，胶结良好的坚硬岩石，抗蚀性强，常形成山体和崖壁。如由石英岩、石英砂岩组成的山岭，风化、崩塌作用和流水侵蚀作用主要沿着节理进行，常形成山峰尖凸、多悬崖峭壁的山地地貌。抗蚀性差的岩石，如页岩、泥灰岩等，硬度弱，常形成和缓起伏的低丘和岗地。

2. 岩石的节理和层理

岩石的节理和层理直接影响地貌的发育。如柱状节理发育的玄武岩，因受节理的影响常形成崖壁和石柱等地貌；垂直节理发育的花岗岩体，因受机械风化和流水冲刷侵蚀影响，使花岗岩山体形成悬崖峭壁、群峰林立的地貌，如黄山（图3-1）、九华山（图3-2）等。

图3-1 俊秀黄山（据黄山风景区官网）

图 3-2　九华山（据九华山风景区官网）

3. 岩石的可溶性

岩性的可溶性对地貌的影响也很明显。例如，属于易溶或较易溶解的岩石，如岩盐、石膏、石灰岩、白云岩，以及一些富含钙质的砂页岩、砾岩等，它们在一定的气候条件下，可以形成适应气候条件下的岩溶地貌形态组合和一些类岩溶地貌。

此外，在分析岩性对地貌发育影响时，必须考虑当地的自然地理条件和其他地质条件。同样一类岩石，在干燥和湿润地区其抗蚀性就有很大的差异。例如，石灰岩在湿热地区深受岩溶作用的影响，但在干燥地区往往可以成为抗蚀性较强的岩石；花岗岩地貌在我国北方常呈高大险峻山地，而在华南湿热气候下，花岗岩矿物组成中的长石不稳定易风化转变为质地软弱的黏土矿物；丹霞地貌在南方湿润和北方干燥气候区亦有不同的地貌表现。另外，同样一种岩石因受构造变形或构造破碎的程度不同，其抗蚀性也有很大的差别。岩石破碎严重的，有利于风化剥蚀。

松散堆积物对地貌发育的影响，主要是堆积物的物理成分、化学性质和层理结构等特点，如黄土以粉砂为主，并含有一定数量的黏土和钙质，垂直节理发育，干燥时陡壁可直立不坠，但在雨季易受坡面流水和沟谷流水的侵蚀切割。黄土和黄土状岩石还具有一种湿陷性，它表现在岩石遇到水浸以后，体积缩减，发生沉陷，通常可形成一些深度不大的地貌形态。

第二节　内、外营力作用（动力）

根据地貌宏观格局形成的条件，将地貌营力分为内营力和外营力（动力）。地貌的形成发展是内、外动力相互作用的结果。

一、内动力作用

内动力作用泛指源于地球内部的热能、化学能、重力能以及地球旋转能产生的作用力。地貌发育中的内动力作用主要是指由上述能源产生的对固体地球表层物质有直接影响的构造运动（地壳运动）和岩浆活动及其所产生的构造形迹、构造类型和构造地质体。内力作用一般不易为人们所觉察，但实际上它对地壳及其基底长期而全面地起着作用，并产生深刻的影响。地球上巨型、大型的地貌，主要是由内力作用所造成的。

（一）地壳（构造）运动

地壳运动分为垂直运动和水平运动两种基本形式。

1. 垂直运动

垂直运动又称为升降运动，造陆运动。它使岩层表现为隆起和相邻区的下降，可形成高原、断块山及坳陷、盆地和平原，还可引起海侵和海退，使海陆变迁。多次的地壳大面积缓慢的波状上升和下降，对地貌形成有很重要的影响，例如多级河谷阶地、多层溶洞、多层夷平面的形成。

2. 水平运动

水平运动指组成地壳的岩层，沿平行于地球表面方向的运动，也称造山运动或褶皱运动。该种运动常常可以形成巨大的褶皱山系以及巨型凹陷、岛弧、海沟等。

地壳运动控制着地球表面的海陆分布，影响各种地质作用的发生和发展，形成各种构造形态，改变岩层的原始状态。受构造运动或地质构造控制的构造地貌（形体）可以进一步分为原生构造地貌（活动构造地貌）和次生构造地貌（被动构造地貌），具体详见第四章构造地貌。

（二）岩浆活动

自岩浆的产生、上升到岩浆冷凝固结成岩的全过程称为岩浆活动或岩浆作用（magmatic action），有喷出和侵入两种形式。喷出地表的岩浆活动叫做火山活动或火山作用（volcanic action）。

地球上岩浆活动有一定的区域性，它对地貌形成和发展有不可忽视的影响。岩浆喷出地表，或者大面积覆盖地表，或者停积在喷出口周围，其构造特征有直接的地貌表现（火山构造地貌），如火山锥、火山口，溢出的熔岩填平地表，形成熔岩高原或平原等。

二、外动力作用

外力作用是指地球表面在太阳能和重力驱动下，通过空气、流水和生物等活动所起的作用，包括岩石的风化作用，块体运动，流水、冰川、风力、海洋的波浪、潮汐等的侵蚀、搬运和堆积作用，以及生物甚至人类活动的作用等。外力作用非常活跃，它使原地貌形体组成物质发生位移运动，而且易被人们直接观察到。下面简要介绍几种外动力作用。

1. 风化作用

风化作用（weathering）是出露在地表的岩石，受日光照射、温度变化、水的作用和生物作用等，发生破碎和分解，形成大小不等的岩屑、砂粒和黏土的过程。其主要类型有物理风化（mechanical weathering)、化学风化（chemical weathering）和生物风化 3 种，而且各种风化作用是相互紧密联系的，通常同时进行、相互促进（图 3-3）。

物理风化或机械风化是指岩石因温度变化、孔隙水的冻胀过程、干湿变化，使岩石盐类的重结晶、岩石中的一些矿物发生溶解以及岩体的应力释放，最终使岩石崩裂破碎。岩石表面温度变化是由于季节变化和昼夜更替而引起的。典型的如球状风化，受昼夜温差等因素影响，岩石的外层容易发生成层裂开和鳞片状剥落，兼之岩石内常有相互交错的裂缝，沿裂缝风化最深，棱角磨得渐圆。盐结晶作用通常和干旱气候有关，因为强烈的加热引起强烈蒸发，从而产生盐结晶作用。盐结晶作用在海岸边亦活跃。盐风化的例子亦可以在海堤上的蜂窝石（honeycombed stones）找到。

化学风化是水溶液以及空气中的氧和二氧化碳等对岩石的作用，使岩石的化学成分发生变化而分解的过程。化学风化通过水化作用、水解作用、碳酸化作用和氧化作用等一系列化学变化来进行。

生物风化作用是指生物在生长过程中，对岩石所起的物理和化学破坏作用。生物的物理风化作用是植物的根系起楔子作用对岩石挤胀而使岩石崩解，或是动物的挖掘和穿凿活动进一步加速岩石破碎。生物的化学风化作用是生物在新陈代谢过程中分泌出各种有机酸对岩石所起的强烈腐蚀作用（图 3-4）。植物从土壤中吸收养分，分泌出来的各种酸是很好的溶剂，可以溶解某些矿物，对岩石起着破坏作用。

图 3-3　白云岩差异性风化
(湖北恩施，刘超 摄)

图 3-4　生物风化作用
(海南七仙岭，刘超 摄)

2. 河流作用

河流奔流不息，是改造和塑造大陆地表的主要外营力之一。地表流水主要来自大气的降水，同时，也接受地下水或冰雪融水的补给。它主要包括河流的侵蚀作用、搬运作用和堆积作用。

（1）河流的侵蚀作用：指河流水流破坏地表并掀起地表物质的作用，主要有冲蚀作用、磨蚀作用和溶蚀作用 3 种。若按侵蚀方向，还可分为下切侵蚀和侧方侵蚀两种。河流的下蚀作用（vertical erosion）是指河水及其所挟带的碎屑物对河床底部产生破坏，使河谷加深、加长的作用。下蚀作用的强度主要受纵坡降、水量、河床的岩石性质及流水的含沙量等因素的影响。下切侵蚀从源头、河口或瀑布向上游侵蚀的作用，称为河流的向源侵蚀（溯源侵蚀，图3-5）。侧方侵蚀是河流谷地流水在运动中的扩张力对谷地两侧或河岸的侵蚀。在河床弯曲处，水流受惯性离心力作用，表层水流通向凹岸，对凹岸进行掏蚀、冲蚀，凹岸坡脚形成洞穴，容易产生崩岸，开始后退，促进弯道曲率和河谷宽度增大（图3-6）。侧向侵蚀的结果使河岸后退、沟谷展宽，或者形成曲流。

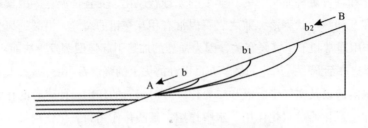

图3-5　线性水流向源侵蚀与谷底纵剖面变化示意图

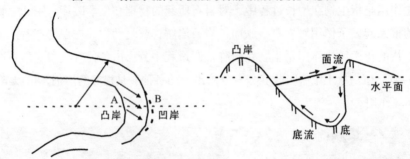

图3-6　流水侧向侵蚀原理图（据张根寿，2005）

（2）河流搬运作用：是河流在流动过程中携带大量泥沙和推动河底砾石移动的作用。它主要包括推移、跃移、悬移3种形式。

（3）河流的堆积作用：河流流水携带的泥沙，由于河床坡度减小、水流流速变慢、水量减少和泥沙增多等引起搬运能力减弱而发生堆积。由于流水堆积在沟谷中的沉积物称为冲积物。河流运移物质沉积的基本规律是：上中游地段沉积粗大砾石与沙粒，下游沉积细小的泥沙；河床上沉积粗大砾石与沙粒，河滩地沉积细小的泥沙。

河流的侵蚀、搬运和堆积作用是经常变化和更替的。对一条河流来说，在正常情况下，上游以侵蚀作用为主，下游以堆积作用为主。如果河流水量减少，泥沙物质增多，在河流上游段也可以堆积作用为主。如果海面下降，下游段也可转化为以侵蚀作用为主。在同一时间，同一地段内，侵蚀和堆积作用也能同时进行，搬运作用则是联结二者的纽带。

3. 冰川作用

冰川作用是冰川地貌的主要塑造动力，包括冰川的侵蚀作用、搬运作用和堆积作用。

冰川有很强的侵蚀力，大部分为机械侵蚀作用，其侵蚀方式可分为拔蚀作用、磨蚀作用和冰楔作用。冰川拔蚀作用（图3-7）是冰床底部或冰斗后背的基岩，沿节理反复冻融而松动，松动的岩石和冰川冻结在一起，冰川向前运动就把岩块拔起带走。冰川磨蚀作用可在基岩上形成擦痕和磨光面。

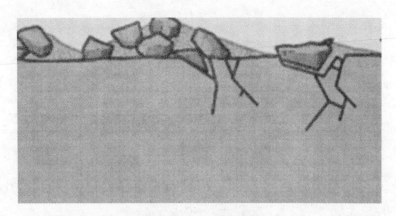

图 3-7 冰川的拔蚀作用

冰川搬运能力极强,它不仅能将冰碛物搬运到很远的距离,而且还能将巨大的岩块搬运到很高的部位,这些巨大冰碛砾石又称为漂砾(图 3-8)。冰川消融以后,不同形式搬运的物质,堆积下来形成相应的堆积物,称冰碛物。

图 3-8 冰川漂砾

4. 海岸动力作用

海岸动力作用有波浪、潮汐、海流和海啸等作用。其中以波浪作用为主,波浪的能量是控制海岸发育与演化的主要因素之一;潮汐作用只在有潮汐海岸对地貌起塑造作用;海流对海岸地貌的影响稍弱。此外,海啸带来的巨大波浪对海岸地貌有一定的破坏作用。

第三节 人类活动因素

在地貌的形成发展过程中，除了内力和外力两类主要动力外，人类活动在现代技术社会里已成为一种重要的地貌营力。

人类活动与地貌关系的基本法则是，全球性的、区域性的自然地貌制约人类活动，人类活动改变或者影响局地性的、较小规模的地貌演化。在诸如矿山、城市、水工设施等小区域范围内，人类活动可以使地表侵蚀增大 2 000 倍以上。人工地貌营力时空分布不均，时间上主要集中在现代，空间上分布不连续，呈星条状、面片状分布。人类活动对地貌影响主要表现在以下几个方面。

(1) 森林草原破坏加速了地表的侵蚀：比如人类活动对森林植被的破坏，每年全世界大约有 1% 的森林（4.145 亿 hm^2）被砍伐，年侵蚀量在 2.5~25t / hm^2，总侵蚀量 110~1 100 亿吨/年。每年因植被破坏而导致的滑坡、泥石流等地貌灾害事件，屡见不鲜。还有人为地对畜牧、草原的过度破坏，加速了表土结构的变化，加速了荒漠化。

(2) 采矿活动带来的地质环境问题和地貌改变：采矿主要包括露天开采、地下开采两种形式。采矿常产生植被破坏（图 3-9）、滑坡、地面塌陷、地裂缝、废弃物堆积等问题。地下水的抽取也容易导致地面的沉降，如天津市 1959—1982 年累计最大沉陷 2.3m，沉降速率为 10cm/a。

(3) 人类工程活动对地貌的影响：比如修建大型水库，改变河流的侵蚀与堆积作用，使河床地貌发生变异，库区边坡的滑塌；海岸带航道整治和陆地入海河流泥沙的开采引起海岸侵蚀和堆积变化，而填海造陆，使水域面积减小而陆地扩大，岸线延伸方向及形体改变。如黄河的地上悬河（图 3-10），随着泥沙的不断淤积，河床的不断抬升，两岸大堤也逐渐增高；最高的地上河，是黄河流经开封的一段，位于开封市北 10km 处黄河南岸的柳园口，这里河面宽 8 000m，河床高于地面约 13m。

图 3-9 矿山开采对植被和地形的破坏（湖北大冶）

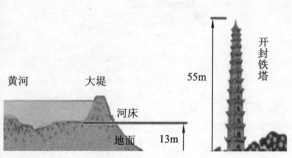

图 3-10 黄河地上悬河示意图（据中国数字科技馆）

第四节 时间因素

内、外力作用的时间也是引起地貌差异的重要原因之一。其他条件相同，但作用时间长短不同，则所形成的地貌形态也有区别，显示出地貌发育的阶段性。例如，急剧上升运动减弱，初期出现高原，外力作用虽然强烈，但保存了大片高原地面；随着时间的推移，高原在外力侵蚀下，破坏殆尽，成为崎岖的山区，再进一步发展，则可转化为起伏和缓的丘陵。再比如岩溶地貌发育的阶段性，按"幼年期"、"青年期"、"壮年期"和"老年期"阶段顺序发展，各个阶段有一定的地貌组合。

2010 年申报成功的世界遗产——中国丹霞，由 6 个不同发育阶段的丹霞地貌区构成一个完整的演化系列：贵州赤水（青年早期）、福建泰宁（青年期）、湖南崀山（壮年早期、青壮晚期丹霞地貌均有发育）、广东丹霞山（壮年期）、江西龙虎山（老年早期）、浙江江郎山（老年期）。不同的发育阶段展现了不同的地貌特征，留下了丹霞地貌演化的时间印记。

关键点

1. 地貌是构造运动、内外动力作用和时间的函数，是三者共同作用的结果。
2. 大地构造单元是地貌发育的基础，控制着地貌形态的基本骨架。
3. 岩石是构成地貌的物质基础。
4. 内、外营力作用是塑造地貌的"魔法师"。人类活动在现代技术社会里已成为一种重要的地貌营力。
5. 时间也是引起地貌差异的主要原因，显示出地貌发育的阶段性。

讨论与思考题

一、名词解释

内动力作用；外动力作用；地壳运动；岩浆运动；风化作用；河流作用；冰川作用；海岸侵蚀作用

二、简答与论述

1. 简述地质构造对地貌形成和发育的影响。

2．举例说明岩石性质对地貌形成和发育的影响。

3．内动力作用塑造的地貌类型有哪些？

4．外动力作用的形式主要有哪几种？

5．简述人类活动对地貌形态的改造和影响有哪些？

6．以我国丹霞地貌为例，比较说明不同发育阶段的丹霞地貌特征。

7．在地质遗迹保护的过程中，如何考虑时间因素影响，也就是如何结合地貌的演化阶段阐述对地貌的保护？

第二篇
地貌的类型、形成与演化

本篇为地貌学主体内容部分，分为10个章节，主要从影响地貌的岩石基础和动力因素来探讨各种地貌，围绕每一种地貌的"有哪些形态特征"、"微地貌类型的分类"、"地貌的形成需要具备什么样的条件及其成因"、"地貌的演化阶段"4个问题展开，或全面剖析，或重点阐释，探究地貌知识的奥秘，内容分解为以下几个问题。

1. 构造地貌的类型有哪些？
2. 火山和熔岩地貌分为哪几种类型及其成因？
3. 坡地地貌的地貌类型分为哪几种？
4. 河流地貌的类型及其成因有哪些？
5. 岩溶地貌分为哪几种类型以及各种地貌类型的演化过程是什么？
6. 冰川与冻土地貌的类型可分为哪几种？
7. 风成地貌与黄土地貌的类型分类及其发育演化过程是什么？
8. 海岸地貌类型及其形成过程是什么？
9. 碎屑岩地貌的基本类型及其演化阶段包括哪些？
10. 花岗岩地貌的类型划分及其形成条件是什么？

第四章
构造地貌

地壳（earth crust）是地球硬表面以下到莫霍面之间由各类岩石构成的壳层，陆壳平均厚度为35km，洋壳平均厚度仅5km。整个地壳构成地球构造圈。

岩石可分为岩浆岩、沉积岩和变质岩三大类。岩浆（magma）是来自上地幔的高温熔融状物质，温度一般为800~1 200℃，具较强黏性，主要成分为硅酸盐、金属硫化物、氧化物和部分挥发物。当其沿岩石圈破裂带上升侵入地壳时，冷凝结晶形成侵入岩；喷出地面则迅速冷却凝固形成火山岩或喷出岩。沉积岩是由成层堆积于陆地或海洋中的碎屑、胶体和有机物质等疏松沉积物固结而成的岩石。固态原岩因温度、压力及化学活动性流体的作用而导致矿物成分、化学结构与构造的变化，统称变质作用，其形成的岩石即为变质岩。

构造运动主要是地球内动力引起的地壳机械运动，具有普遍性、永恒性、方向性、非均速性、增幅与规模差异性等特点。构造地貌（structural landform）即是地质构造和地壳构造运动所形成的地貌。构造地貌学就是研究构造与地貌关系的学科，也就是研究构造如何形成与控制地貌，地貌如何反映构造的学科。

对于构造地貌类型的划分，还没有形成统一的认识。按照形成条件，可分为活动构造地貌与被动构造地貌。前者为直接由构造活动产生的地貌类型，如断层崖、火山岛弧与火山岛链、活动性断块山、断陷盆地等；后者则为逐渐被剥露的地质构造类型及与之完全吻合的地貌类型组合。按照形态特征，构造地貌可划分为水平构造地貌、倾斜构造地貌、褶皱构造地貌、断裂构造地貌，以及火山地貌与侵入岩构造地貌。按照构造地貌的空间尺度，可以将构造地貌划分为大地构造地貌、区域构造地貌和局地构造地貌。

| 第二篇 | 地貌的类型、形成与演化

第一节
大地构造地貌

由大地构造运动形成并受大地构造控制的地貌，叫做大地构造地貌。例如，大陆和大洋、海沟与大洋中脊、岛弧与边缘海、大陆架与大陆坡、大陆裂谷与地缝合线，都是大地构造运动形成的跨越地区的大型地貌，故可以称为大地构造地貌。

一、大陆和大洋

大陆与大洋是地球表面最大的地貌单元。大洋的形成与海底扩张有关，大洋的消亡与板块的俯冲有关；大陆的分布是大陆漂移、板块运动的结果。可以说，大陆和大洋是大地构造运动的产物，是最大尺度的构造地貌。

地球表面明显地分为海洋和陆地两大部分。连续的广阔水体称为世界大洋，它是海洋的主体。被海洋所环绕，但突出于海洋面上的部分则称为陆地，大陆是陆地的主体，岛屿是陆地的组成部分。

海洋面积大于陆地面积。在 $(5.1×10^8)$ km² 的地球表面积中，海洋面积 $(3.6×10^8)$ km²，约占71%，陆地面积 $(1.49×10^8)$ km²，约占29%。海洋与陆地的面积比约为2.5:1，海洋占有明显的优势。

海陆分布不均匀。从传统的南、北两半球看，陆地的2/3集中于北半球，占该半球面积的39.3%。在南半球，陆地只占总面积的19.1%。尤其是S50°—60°陆地面积只有海洋面积的1/127，成为按纬度划分陆地面积最少的区域。即使在北半球，海洋的面积也大于陆地的面积。

通常世界陆地可以划分为七大洲：亚洲、欧洲、非洲、北美洲、南美洲、大洋洲和南极洲。世界海洋可以划分为四大洋：太平洋、大西洋、印度洋和北冰洋。最大的洲是亚洲，最大的洋是太平洋，平均深度最大的洋是太平洋。

大陆轮廓呈倒三角形。仔细研究大陆的轮廓，发现几乎每个大陆都是北部比较宽广，向南逐渐变窄，像一个底边位于北方的三角形。

大型岛群大多分布于大陆东岸。亚洲东岸有萨哈林岛（库页岛）、日本群岛、台湾岛、海南岛、菲律宾群岛、斯里兰卡岛（图4-1）；非洲东岸有马达加斯加岛；北美洲东岸有格陵兰岛、大安的列斯群岛；南美洲东岸有马尔维纳斯群岛（福克兰群岛）；澳大利亚东岸有新西兰的南北岛和塔斯马尼亚岛。明显的一个例外是欧洲西海岸的不列颠群岛（图4-2）。

 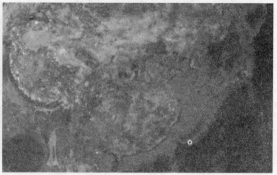

图 4-1　亚洲东岸岛群（据 Google 地图卫星截图）　　图 4-2　不列颠群岛（据 Google 地图卫星截图）

　　大陆东岸不仅岛屿多，而且有系列岛弧分布。其中最明显的首推亚洲东岸的岛弧群，由北至南有阿留申群岛、千岛群岛、日本群岛、琉球群岛、菲律宾群岛等。

　　一些大陆轮廓具有明显的吻合性。非洲西海岸和南美洲东海岸形态上具有明显的吻合性（图4-3）。在 1km 深的大陆坡上把这两个大陆拼接起来，平均误差只有 88km。用同样方法将南美洲、非洲、北美洲和格陵兰都拼接在一起，如将西班牙作一些转动，平均误差不超过 130km。这样拼接的结果，给人一种强烈的印象：某些大陆似乎原来是连接在一起，以后才分开的。20 多年来板块学说的崛起和大陆漂移学说的复苏，已为这一问题提供了肯定的答案。

图 4-3　非洲西海岸和南美洲东海岸（据 Google 地图卫星截图）

二、海沟、岛弧与边缘海

　　由于大洋板块俯冲到大陆板块之下而形成狭长的海底沟槽，叫做海沟。海沟多分布在主动大陆边缘。比如，太平洋边缘，海沟就比较发育，也比较典型。世界上最深的海沟是马里亚纳海沟（图 4-4），最深处为 11 034m。

　　当大洋板块俯冲到地幔一定深度时，板块就会脱落、熔融，熔融的物质上涌，从而导致靠近海沟的大陆边缘岩石圈的拉张，拉张使得大陆边缘与大陆主体分离，形成弧状的岛屿——岛弧。

大洋岩石圈的褶皱或者隆起也可形成岛弧。岛弧与大陆主体之间陷落形成盆地——弧后盆地，如果弧后盆地与海洋连通就形成边缘海，日本海即是极其典型的边缘海（图4-5）。

图4-4　马里亚纳海沟（据 Google 地图卫星截图）

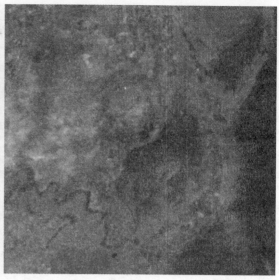

图4-5　岛弧与边缘海（据 Google 地图卫星截图）

三、大洋中脊、大陆裂谷与地缝合线

由于海底扩张形成的，位于大洋中间、纵贯世界大洋的巨大的海底山脉，叫做大洋中脊或洋中脊（图4-6）。洋中脊是大洋板块新生的地方，是板块的发散型边界。

大陆岩石圈开裂而形成的长条状谷地，就叫做大陆裂谷，如东非大裂谷（图4-7）。大陆裂谷是大洋新生的地方，是板块运动初期的表征。

当板块运动进入消亡期，由于板块俯冲而导致海洋的消失和陆地板块的碰撞结合。两陆地板

图4-6　洋中脊（据 Google 地图卫星截图）

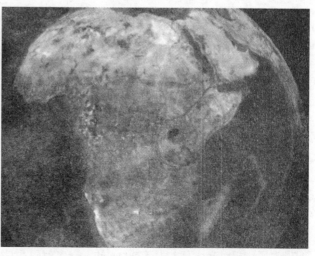

图4-7　东非大裂谷（据 Google 地图卫星截图）

块的碰撞结合地带就是地缝合线。现在的阿尔卑斯-喜马拉雅地带，就是古特提斯海消失形成的一条地缝合线。

四、大陆架、大陆坡、大陆隆与深海盆地

大陆架、大陆坡、大陆隆位于大陆边缘（图4-8），即大陆地壳向海洋地壳过渡的地带，是海底扩张的产物。一般认为，大陆架是大陆边缘水深200m以内，坡度和缓的地带；大陆坡则是水深大于200m，坡度较陡的斜坡地带，水深下限可以达到2 000~3 000m；大陆隆则是自大陆坡的坡麓缓缓倾向大洋底的扇形地，一般位于水深2 000~5 000m；深海盆地则是位于水深3 000~6 000m之间平坦的洋底，是海洋的主体。从大陆架到大陆坡、大陆隆，大陆地壳逐渐变薄，深海盆地则完全变为大洋地壳。大陆架、大陆坡和大陆隆，一般出现在稳定（被动）大陆边缘或者主动大陆边缘的边缘海中。比如，大西洋两岸是典型的稳定（被动）型大陆边缘，故大陆架、大陆坡和大陆隆比较典型。再如，中国的东部海域（东海、黄海），作为边缘海，大陆海比较发育；南海作为边缘海，大陆架与大陆坡发育得也比较好。

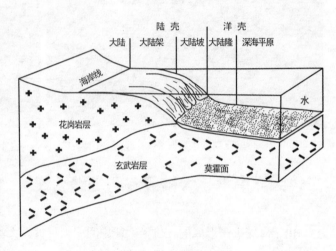

图4-8 大陆边缘组成单元

第二节 区域构造地貌

在大地构造的背景上，由于区域构造差异而形成的具有区域特征的构造地貌，叫做区域构造地貌。比如，平原、盆地、山地、海底火山等，都是区域构造地貌的代表。区域构造地貌的规模要比大地构造地貌的规模小些。尽管平原、盆地、山地、海底火山等的形成均受到大地构造格局的影响，但在什么地方形成平原，在什么地方形成盆地、山脉，却受到区域构造的控制。一般把海拔低于200m的比较广阔的平坦地面，叫做平原；把海拔大于1 000m的比较广阔的平坦地面，叫做高原。相对起伏高差大于200m的，突出地面并具有一定高度的正向地形，叫做山地。由山地环绕的负向地形，叫做盆地。

一、山地

山地是山岭、山间谷地和山间盆地的总称，是地壳上升背景下由外力切割而成。山岭的形态要素包括山顶、山坡和山麓。山顶呈狭长带状延伸时称为山脊（图4-9）。山顶按形态特征可分为尖顶山、圆顶山、平顶山3类。山坡可分为直行坡、凹形坡和阶状坡。谷地（图4-10）包括河床、河漫滩、阶地等次级地貌类型。

图4-9　山脊

图4-10　河谷

根据绝对高度，山地可分为极高山、高山、中山和低山4类。我国以绝对高度大于5 000m为极高山，3 500~5 000m为高山，1 000~3 500m为中山，小于1 000m为低山。临界值的确定主要以外动力变化为依据。例如，5 000m以上是青藏高原东部现代冰川与雪线分布高度，地貌外动力以冰川冰缘作用为主；3 500~5 000m的高山冰缘作用强烈，其下限相当于西北各山地的森林上限；1 000~3 500m的中山流水作用强烈；1 000m以下的低山不仅流水侵蚀作用强，化学风化作用也极盛，风化壳较厚。丘陵是山地与平原间的一种过渡性地貌类型，不受绝对高度的限制，但相对高度一般不足100m。这并不是一种严格的规定，江南丘陵、黄土高原丘陵都有相对高度超过100m的实例。

二、平原

平原（图4-11）是一种广阔、平坦、地势起伏很小的地貌形态类型。依据海拔高度，可分为低平原（200m）和高平原两类。低平原地势低而平缓，切割深度和切割密度很小；高平原简称高原，由于地势较高，切割相对强烈。依据表面形态特征，平原又可分为熔岩平原、倾斜平原、凹形平原和起伏平原等类型；依据外动力差别，平原还可以分为熔岩平原、喀斯特平原、冲积平原和海成平原等类型。

从任何意义上说，平原都绝不可能是几何平面。平原内部经常包括许多次级地貌类型，如冲积平原上即有河床、河漫滩、自然堤、河间洼地、决口扇及三角洲等。

高原（图 4-12）的地貌分异非常复杂，通常可分为切割高原与波状高原两类。当高原上有山地相间分布时，一般以山原相称。

当平原四周被山地环绕时，平原及面向平原的山坡共同组成一种新的地貌类型——盆地。水文学家常以"流域"确定盆地的边界。但作为地貌单元或自然地理单元的盆地，以周边山麓线为界似乎更切合实际。

图 4-11　成都平原

图 4-12　黄土高原

三、构造山系

造山带（orogenic belt）是由地质作用形成的一组紧密排列的山脉构成的线形或弧形山系。现今地球陆地上存在两大显著的造山带，即阿尔卑斯-喜马拉雅造山带和环太平洋造山带，它们延绵数千千米，并由一系列山脉组成。而山脉（mountain range）是一组紧密排列的山或相互平行的山脊（ridge）。造山带通常是经地壳岩石的强烈变形或岩浆活动而形成，也是地震作用和火山活动的主要地区。

造山带的规模一般长度达数千千米，宽度不等但都明显小于长度。如北美科迪勒拉山系，北起阿留申群岛，东西向穿过阿拉斯加，南北向穿过加拿大北部和美国西部，至美国西部时达最大宽度（自西向东由海岸山脉至落基山脉组成），向南进入墨西哥时变窄。总长度超过 7 000km，最宽处约 1 000km。

造山带内部一般或多或少由一些平行山脉排列而成（图 4-13）。这些山脉有着不同的岩石和变形特征，它们通常对称分布，因而造山带的横剖面通常是对称的。

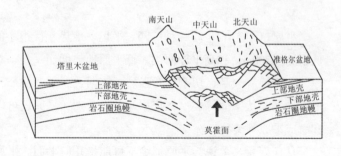
图 4-13　天山造山带

第三节

局地构造地貌

在大地构造格局与区域构造背景下，主要由于局地构造作用、影响而形成的地貌，叫做局地构造地貌。根据局地构造地貌的类型，可以将其划分为水平地貌、褶曲地貌、断层地貌等。

一、水平构造地貌

在构造运动影响较轻微的地区或大范围内均匀抬升或下降的地区，地层未发生明显变形，仍保持水平或近似水平产状者，称为水平构造地貌（图4-14）。

水平岩层是未经变动的仍保持成岩后原始状态的沉积岩层，其地层倾角一般小于5°，它可以是未经变形的岩层，也可以是褶皱核部的岩层。

水平岩层是分析区域构造的基点，其原始展布区基本上代表原始沉积盆地的规模或范围，严格地说，水平岩层主要产自于盆地内部；在沉积盆地边缘，从沉积区过渡到隆起侵蚀区，初始沉积的岩层常常具有原始倾斜，沉积盆地边缘也是海水进退明显的地带，分析盆缘岩层的原始倾斜和盆缘位置的变化，将有助于对盆地古地理乃至区域构造发展演化的认识。

1. 构造高原和构造台地

沉积于湖底或海底的水平岩层，由于构造上升出露地表形成构造平原，进一步上升形成构造高原（海拔大于3 500m）。构造高原受外力切割可形成构造台地。受坚硬的近水平岩层控制，其中央的坡度平缓，四周较陡（图4-15）。

图4-14 水平岩层地貌景观

图4-15 构造高原与台地

构造台地在我国分布甚广,主要分布在相对稳定的地台区域,如四川盆地中部由近水平的侏罗纪—白垩纪紫红色砂岩、泥岩组成的桌状丘陵与台地,以及中国分布较多的丹霞地貌。

2. 方山和尖山

方山(图4-16)是构造高原或台地分割出来的破碎山体,它以平坦的山顶为特征。若山顶为尖者,称之尖山(图4-17)。若岩层为软硬互层,则软岩层在侧蚀作用下凹进,硬岩层临空而发生崩塌,使边坡成梯状而形成塔状地形,称为塔状方山。

图4-16 浙江温岭丹霞方山① 　　　　　　图4-17 尖山

二、倾斜构造地貌

发育在单向倾斜岩层上的地貌,叫做单斜地貌。水平岩层可由构造作用而改变其水平产状形成倾斜岩层,倾斜岩层倾角一般在5°~80°,大于80°的为直立岩层,倾斜构造常常是褶曲的一翼或断层的一盘,也可以是大区域内的不均匀抬升或下降造成的。单斜地貌包括单面山(单斜山)和猪背脊(猪背山)。

当岩层倾角比较小且组成单斜山的岩层倾角比较大时,山坡两侧都比较陡,山地两坡比较对称,看起来像猪背,故称为猪背脊或者猪背山。

单面山(图4-18)又称单斜山(monoclinal mountain/cuesta),组成山体的岩层倾角一般为5°~25°,沿岩层走向延伸,顺岩层发育的山坡比较和缓,而另一坡短而陡,两坡不对称,这样的山地叫做单斜山或者单面山。

单面山的发育主要受构造和岩性控制,其发育影响因素有如下几种:

第一,软、硬岩层在抗侵蚀方面的差异。如果软、硬岩层的抗蚀性差别不大,则单面山地貌发育明显,上部为陡崖,下部为缓坡,上下界限分明,前后坡极不对称。

第二,岩层厚度。如果上部坚硬岩层很薄,下部软弱岩层很厚,则前坡保护层剥蚀后退很快,山脊线比较弯曲;相反,上部坚硬岩层较厚,则前坡保护层剥蚀后退很慢,山脊线比较平直,陡

---

① http://www.tzmhw.com

崖高大。

第三，岩层倾角大小。岩层倾角越缓，前坡后退越快，山脊线曲折；相反，岩层倾角越大，前坡后退越慢，山脊线平直。

猪背脊是单面山的一种特殊类型，岩层倾角较大，一般超过45°（也有一说是30°），由构造面所控制的坡和由侵蚀造成的坡常形成对称的斜面，形如猪背脊（图4-19）。它多发生在已被破坏的背斜陡翼上，在构造盆地边缘，如岩层倾斜较大时，也常出现。

图4-18　单面山　　　　　　　　　　图4-19　猪背脊

三、褶曲构造地貌

岩层在挤压应力作用下发生弯曲变形称为褶皱（fold），由于岩层褶曲而形成或者受褶曲构造控制的地貌，叫做褶曲地貌。褶曲地貌可以划分为背斜地貌、向斜地貌和穹隆地貌等。

在背斜构造（图4-20）中，核心部分的岩层年代较老，而两翼岩层年代较新；在向斜（图4-21）构造中，岩层的新老关系则恰恰相反。两者通常共存，相邻的背斜之间是向斜，相邻的向斜之间是背斜。褶皱千姿百态，规模大小悬殊、复杂多样，大者可延伸数十千米，小者可见于手标本或在显微镜下才能见到。

图4-20　背斜　　　　　　　　　　图4-21　向斜

1. 褶皱要素与形态分类

组成褶皱的某些特定部位及其几何上的点、线、面等要素，统称为褶皱要素。褶皱要素是褶皱的基本组成部分，包括核、翼、翼间角、拐点、转折端、枢纽、脊线和槽线、轴面等（图4-22）。核部是褶皱的中心部分，翼是褶皱中心两侧平弧状的部分。轴面是一个设想的标志面，它可以是平面，也可以是曲面，轴面与地面或其他任何面的交线称作轴迹。

褶皱的形态是多样的。不同的褶皱形态往往反映了不同的成因机制，不同形态的褶皱也造就了多姿多样的景观特征，有斜歪褶皱的"醉汉"感，有直立褶皱的"坚毅"感，也有倒转褶皱的"沧桑"感，不尽相同。

从转折端的形态来看，褶皱有圆弧褶皱、尖棱褶皱、箱状褶皱和挠曲（图4-23）。挠曲是在平缓岩层中，一段岩层突然变陡而表现出褶皱面的膝状弯曲。

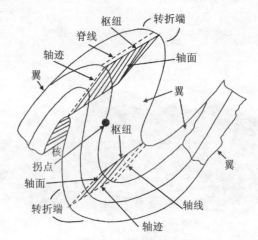

图4-22 褶皱要素图示

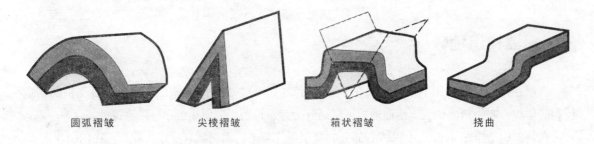

图4-23 转折端形态不同的几种褶皱图示

从轴面产状和两翼的关系来看，褶皱可以描述为直立褶皱（轴面近直立、两翼倾向相反），斜歪褶皱（轴面倾斜、两翼倾向相反、倾角不等），倒转褶皱（两翼向同一方向倾斜、一翼地层倒转），平卧褶皱（轴面近水平、一翼地层倒转），翻卷褶皱（轴面弯曲的平卧褶皱）（图4-24）。

从褶皱的对称性来看，

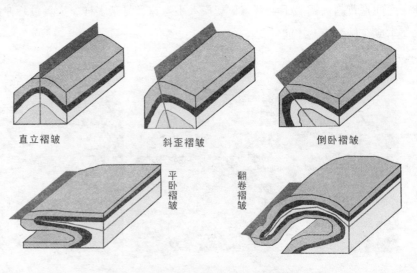

4-24 轴面和两翼产状不同的褶皱图示

褶皱可描述为对称褶皱和不对称褶皱。褶皱的两翼常发育次级从属褶皱，由一翼长一翼短的不对称褶皱组成。

此外，还可以从枢纽产状等角度来认识和描述不同类型的褶皱。

基于以上分析，大体可以从褶皱位态和形态对褶皱进行分类。褶皱的空间位态取决于轴面和枢纽的产状，以横坐标表示轴面的倾角，纵坐标表示枢纽倾伏角，可将褶皱分成 7 种类型（表 4-1、图 4-25）。根据组成褶皱的各褶皱层的厚度变化和几何关系，可以将褶皱的形态划分为平行褶皱、相似褶皱、顶薄褶皱、底劈构造等。

表 4-1 褶皱位态分类简表

类型	轴面倾角	枢纽倾伏角	类型	轴面倾角	枢纽倾伏角
Ⅰ.直立水平褶皱	近于直立 80°~90°	近水平 0°~10°	Ⅴ.斜卧倾伏褶皱	20°~80°	10°~70°
Ⅱ.直立倾伏褶皱	近于直立 80°~90°	10°~70°	Ⅵ.平卧褶皱	0°~20°	0°~20°
Ⅲ.倾竖褶皱	近于直立 80°~90°	70°~90°	Ⅶ.斜卧褶皱	20°~80°	20°~70°
Ⅳ.斜卧水平褶皱	20°~80°	近水平 0°~10°			

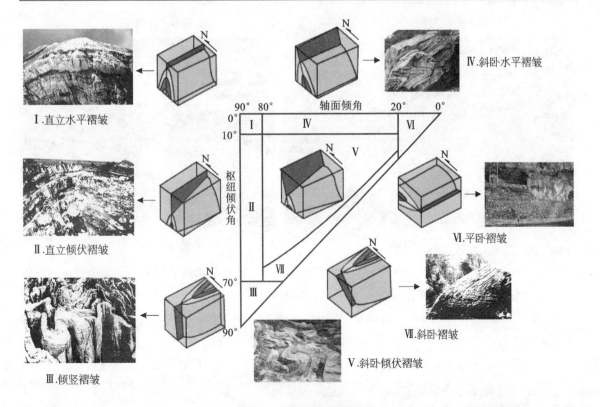

图 4-25 褶皱位态类型图

而从褶皱组合来分类,又有复背斜(复向斜)、隔档式和隔槽式褶皱(侏罗山式褶皱)、雁行式褶皱(如川中和柴达木盆地)之分(杨坤光,2009)。由一系列线状褶皱组成的规模更大的背斜(向斜),称为复背斜(复向斜);走向基本一致,带状延伸,次级褶皱枢纽时有起伏,又称阿尔卑斯山式褶皱,易在构造运动强烈地区出现,是褶皱造山带的主要组成构造。

值得指出的是,褶皱构造与地貌的关系甚为密切,它几乎控制了大中型地貌的基本形态,由褶皱构造形成的山地称为褶皱山脉。

2. 背斜山、向斜谷与向斜山、背斜谷

褶皱地貌中比较常见的是背斜山(图4-26)、向斜谷(图4-27),以及进一步演化而来的向斜山(图4-28)、背斜谷(图4-29)。

图4-26 背斜山

图4-27 向斜谷

图4-28 向斜山

图4-29 背斜谷

在褶皱构造地区,地貌发育的初期,背斜部位尚未经受明显的侵蚀破坏,形成背斜山。其山脊位置和背斜轴相当,两坡岩层向外倾斜。背斜山和向斜谷是一种顺地形,即地表起伏与地质构造相一致的地形,背斜岩层向上弯曲突出成山、向斜岩层向下凹陷成谷(图4-30过程①),新老构造区都可以产生,比较常见。

与之相反的是向斜山和背斜谷,是一种逆地形(地形倒置)。其成因是背斜核部发育扇形张裂(张节理),转折端又易产生虚脱,而向斜核部则较紧密,裂隙较闭合,在外力作用下背斜核部易受剥蚀而形成谷地,而向斜处不易遭受侵蚀反而高起成为山岭(图4-30过程②)。一系列平行排

①轻微侵蚀，背斜山、向斜谷形成　　②张裂再侵蚀，形成向斜山、背斜谷
A、C为背斜　　　　　　　　　　　　B、D为向斜

图 4-30　从背斜山、向斜谷到向斜山、背斜谷发育演化

(据宋青青等，1984)

列的背斜、向斜会形成平行排列的向斜山和背斜谷，往往形成方格状水系。孤立的倾伏背斜，由于核部形成谷地，而周围形成熨斗状单面山或猪背岭，一系列的倾伏背斜或仰起向斜，则形成"之"字形展布的山脊和山谷。

3. 穹隆地貌

当背斜轴足够短时，组成背斜的地层（岩层）倾向四周，形态近浑圆形，无一定走向，这即是穹隆构造（图 4-31）。穹隆构造可以是由于地下岩浆或者塑性岩盐的上拱而致，即岩浆侵入穹隆山；也可以是地层同时受到四周的挤压上拱而成，即构造拱曲穹隆山。发育在穹隆构造上的或受穹隆构造控制而发育的地貌，叫做穹隆地貌。穹隆地貌主要有穹隆山、放射状水系、穹隆中央高原、环形单面山等。

穹隆停止上升后，一般有如下发展过程，由于顶部具环形张裂，要形成环状—放射状水系，进一步剥蚀则形成环形单面山或猪背岭。规模较大的穹隆内核往往是岩浆岩体，因而形成穹隆中央高原或中央结晶岩高地，形成独特的水系，即环形单面山剥蚀坡的水系为向心状，汇聚后成环状，最终流出穹隆为放射状。放射状流动的河流为顺向河，向心状流动的河流为逆向河，环状流动的河流为次生河。

图 4-31　穹隆构造

目前，关于穹隆构造的成因机制，大致有以下几种模式（郭磊等，2008）：深部流动变形、地壳收缩和地壳伸展等。流动变形模式包括底辟作用、地幔上涌及地壳收缩模式。底辟作用模式（包括热隆模式）被认为是穹隆由主中央断裂（MCT）之上熔岩岩浆或是伸展减压重融岩浆浮力上升形成；地幔上涌模式被认为是穹隆为横向挤压导致的软流物质上涌；地壳收缩模式被认为是穹隆发育于逆冲断层坡或双重构造。

四、断层构造地貌

岩石受力作用后，当应力超过岩石的强度极限时，岩石就会破裂，形成断裂构造。常见的断裂构造包括节理和断层两类。节理（joint）是岩石中的裂隙，没有明显位移的断裂；断层（fault）是岩层顺破裂面发生明显位移的断裂构造。

（一）节理构造及地貌表现

节理是一种相对较小的构造，是地壳上部岩石中发育最广泛的一种构造，总与其他构造伴生。节理的产状与其他构造的产状之间往往存在一定的几何关系。依据节理产状与有关构造的几何关系，节理可以分为多种类型（图4-32）。

根据节理的力学性质，可将节理分为剪节理和张节理，两者有较明显的差异（图4-33）。剪节理由剪应力产生，产状较稳定，沿走向和倾向延伸较远，较平直光滑，有时具有因剪切滑动而留下的擦痕；发育于砂砾岩中的剪节理，一般切穿砾石和胶结物；典型的剪节理常常组成共轭"X"形节理系，"X"形节理发育良好时，则将岩石切割成菱形、棋盘格式。张节理由张应力产生的破裂面，产状不稳定，延伸不远，粗糙不平，无擦痕；在胶结不太坚实的砂砾岩中，张节理往往绕砾石或粗砂砾而过；张节理有时呈

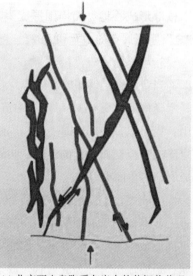

(a) 北京西山奥陶系灰岩中的共轭剪节理
（宋鸿林摄，杨光荣素描，1978）
先剪后张，被方解石填充；左侧是追踪两组剪节理的锯齿状张节理

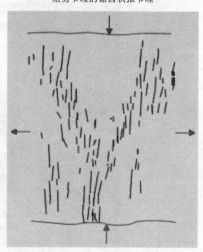

(b) 北京坨里白云质灰岩中的雁列张节理
（李志锋摄，杨光荣素描，1978）
左列为右阶，右列为左阶

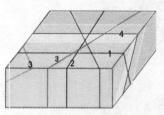

(a) 根据节理产状与岩层产状关系分类
1.走向节理 2.倾向节理
3.斜向节理 4.顺层节理

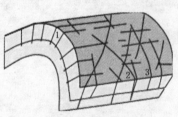

(b) 根据节理产状与褶皱轴向关系分类
1.纵节理 2.斜节理 3.横节理

图4-32 节理的分类

图4-33 共轭剪节理与张节理

不规则的树枝状、各种网络状，有时也追踪"X"形共轭剪节理形成锯齿状张节理、单列或共轭雁列式张节理。

而从节理的成因角度来看，它包括原生节理、构造节理和风化节理。原生节理是在成岩过程中形成的节理，典型的如火山岩尤其是玄武岩中的柱状节理（柱状原生破裂构造）。柱状节理与熔岩流面垂直，岩柱体横断面多呈六边形，也有五边形、四边形（图4-34），其成因一般有冷凝收缩说和双扩散对流作用说（曾佐勋，2008）。

图 4-34　柱状节理

冷凝收缩说为学界普遍接受的观点，在一个冷凝面上，熔岩围绕着冷凝中心冷凝收缩，在两个冷凝中心的连线上产生张应力，一系列垂直张应力方向上形成的张节理，则构成切割熔岩的多边形柱体。双扩散对流作用观点认为，熔岩在固结成岩前，由于熔岩顶部与底部在温度和成分上的差异，引起双扩散对流作用，为成岩阶段所产生的裂隙面提供了向深部作规律性延伸的路径，该观点对冷凝说作了一定的补充。

风化节理是由外力风化作用形成的，这种节理常见于强烈风化的岩石中，比较少见。在西岳华山西峰顶有一浑圆状岩石，沿两条平行节理风化侵蚀，岩石被风化成3块，仿佛被斧子劈开一样，为著名的斧劈石景观（图4-35）。

图 4-35　风化节理

总之，节理对地貌的形态和发育有较大的影响，节理为外营力的作用提供了有利的条件。例如，石英砂岩组成的峰林地貌、崩塌地貌等，风化作用、崩塌作用和流水侵蚀作用主要沿着节理进行，进而发育而成；有些河谷也沿着主要的节理方向发育。

（二）断层构造地貌

断层形态多样，规模有大有小。大断层可延伸数十千米、数百千米甚至数千千米，如郯城-庐江（郯庐）断裂贯穿我国东部长江以北地区，小断层可在手标本上观察。

断层的几何要素包括断层的基本组成部分，即断层面以及被它分割的两个断块（图4-36）。断层面是一个岩体断开成两部分的破裂面，两部分岩块沿该破裂面发生位移。断层面的产状可以是水平的、倾斜的，抑或直立的。断盘是断层两侧沿断层面发生位移的岩块，如果断层面是倾斜的，位于断层面上侧的为上盘，位于断层面下侧的为下盘，沿断层面相对向上滑动的断盘是上升盘，沿断层面相对向下滑动的断盘是下降盘。

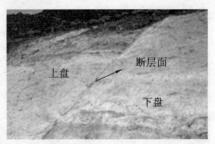

图4-36 断层要素示意图

按照断层两盘的相对移动，断层可分为以下几种基本类型（图4-37）：正断层（normal fault）、逆断层（reverse fault）、平移断层（strike-slip fault）。平移断层一般断层面陡峻，甚至直立，根据断层两盘的相对滑动方向，可以进一步划分为右行平移断层和左行平移断层。此外，当断层上盘沿断裂面斜向逆冲，在平面上沿断层走向有位移，称为逆-平移断层（reverse-strike-slip fault）；当断层上盘沿断层面斜向下滑，在平面上沿断层走向有位移，称为正-平移断层（normal-strike-slip fault）。

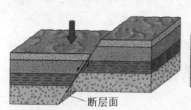 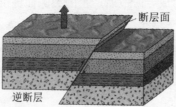 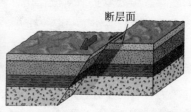

(a) 正断层
上盘下降、下盘上升的断层
特征：一般较陡，产状在45°以上，大型断层往往上陡下缓呈铲状

(b) 逆断层
上盘上升、下盘下降的断层
高角度逆断层：断面倾角在45°以上
低角度逆断层：断面倾角在45°以下
逆冲断层：位移量很大的低角度逆断层
倾角在30°左右
（推覆构造、推覆体、飞来峰）

(c) 平移断层
断层两盘顺断层面走向相对移动的断层
特征：断层面陡峻近于直立，水平错动

图4-37 断层的分类

断层构造地貌中要属推覆体、飞来峰最为奇特。逆冲断层的上盘，因从远处推移而来称为外来岩体，下盘意味着相对未动而称为原地岩体。推覆体就是一种外来岩体，逆冲断层与推覆体共同构成推覆构造。当逆冲断层和推覆构造发育地区遭受强烈侵蚀切割，将部分外来岩块剥蚀掉而露出下伏原地岩块，表现为一片外来岩块中露出一小块由断层圈闭的较年轻地层，这种现象称为构造窗（图4-38）。

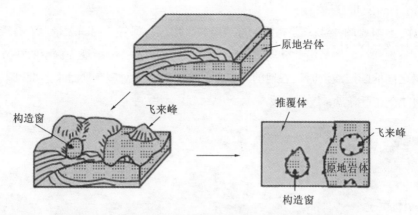

图 4-38　飞来峰和构造窗发育过程示意图（据 Mattauer, 1980）

如果剥蚀强烈，外来岩块被大片剥蚀，只在大片出来的原地岩块上残留小片孤零零的外来岩体，称为飞来峰。飞来峰表现为原地岩块中残留一小片由断层圈闭的外来岩体，常常是较年轻的地层中残留一小片由断层圈闭的较老地层。飞来峰常常成为陡立的山峰，构造窗常位于地形低洼处。

断层对地貌的发育有着重要的影响，例如断块山地、掀斜断块、断陷盆地、断层谷、大裂谷以及某些湖泊的形成、河流的发育等都与断层有关。凡由断层直接形成的地貌和间接形成的地貌，统称为断层构造地貌（fault landform）。

（三）断层崖与断层谷

1. 断层崖（fault scrap）

断层一盘高出另一盘而出露地表的陡坎称为断层崖（图 4-39）。正断层、逆断层或非直线位移的旋转断层，在断层活动后均可直接形成断层崖。平移断层横切山岭或沟谷亦可形成断层崖。断层崖与断层谷常可伴随出现，气势壮观。

断层三角面（fault triangular facet）是指断层崖经河流或冲沟切割侵蚀后，形成的一种上尖下宽的三角形平滑崖面，往往成带出现（图 4-40），是现代活动断层的标志，常见于山区或山地与盆地、平原的分界处。

图 4-39　断层崖

图 4-40　断层三角面

2. 断层谷 (fault valley)

断层谷（图4-41、图4-42）是指沿断层或断裂带形成的河谷，因断裂带上岩石较破碎，抗侵蚀能力较弱，谷地和河流容易沿此软弱带发育。在形态上，它一般表现为深窄的峡谷。如果它出现在上、下盘之间的断层线上时，谷地的两坡不但地层位置不对应，而且地形上也不对称：在上升盘，坡高而陡；在下降盘，坡低而缓。

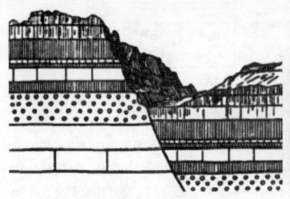

图 4-41　断层谷（据杨景春，2005）

图 4-42　断层谷

在新构造运动强烈上升区，由于断层活动强烈，地形高差大，常形成峡谷，如横断山区的怒江、澜沧江、金沙江、元江大峡谷。若断层破碎带很宽，地形坡降小则形成宽河谷乃至发育曲流和湖泊，两者彼此交替呈串珠状展布。如果断层谷中有横亘谷底的软、硬岩层交替出现，也会出现宽谷与峡谷交替出现的现象，坚硬岩层处形成峡谷，而软岩层处形成宽谷。

受单一方向断层控制的断层谷比较平直，但在多方位断层发育的区域，断层谷则出现弯曲，河谷主流与支流很不协调，形成倒钩状水系或断层格状水系。

（四）断块山与断陷盆地

类似断层崖与断层谷，受断层活动控制地块或抬升，或陷落，分别形成断块山、地堑谷或断陷盆地（图4-43）。断块山一般发育在新构造运动强烈差异上升的前新生代褶皱带，如天山、祁连山是在夷平的古生代褶皱基础上新构造时期强烈差异上升，经冰川和流水侵蚀，形成戴雪高山与封闭的断陷堆积盆地相对峙的地貌格局。

图 4-43　莱茵地堑谷与断块山（邦达尔楚克，1957）

1. 断块山 (fault-block mountain)

断层活动所控制的地块上升形成的山地称为断块山（图4-44、图4-45）。断块山地的夷平面受山地抬升而呈倾斜变形，如果是石灰岩山地，山地多次抬升翘起常形成多层不同高度的溶洞。断块山地的山坡发育断层崖或断层三角面，山麓发育构造阶梯。

图4-44 褶皱断块山

图4-45 喜马拉雅断块山

断块山的形成方式大致有以下3种。①掀斜式断块山：这种断块山两坡不对称，断层崖一侧坡较陡，另一侧坡较缓，形状类似于单面山又不同于单面山，单面山的陡坡是由外力剥蚀造成的，而掀斜式断块山的陡坡是由断层控制的，如阴山和太行山是在掀斜高原隆起时形成的。②地垒式断块山：地垒主要由两条走向基本一致的反向倾斜的正断层构成，两条正断层之间是一个共同的上升盘，而由地垒构造形成的山地称为地垒式断块山，如东岳泰山。③褶皱式断块山：褶皱断块山是指山地的形成过程中，褶皱作用和断层作用同等重要，并且一直都在进行着，如大兴安岭和天山。

2. 断陷盆地（fault basin）

因断块陷落形成的盆地称为断陷盆地（图4-46、图4-47）。从成因上来看，断陷盆地的形成与拉张区域和地质构造、构造应力状态、边界条件以及深部构造等有着密切的关系。例如一些断陷盆地常发育在大背斜的轴部，背斜形成过程中，轴部发育一些与背斜轴走向一致的张裂隙，随着张裂隙的不断拉张扩大而陷落形成断陷盆地。此外，在活动剪切带中派生的拉张应力区也可形成断陷盆地，常产生于平移断层的转折部位，如死海的形成。

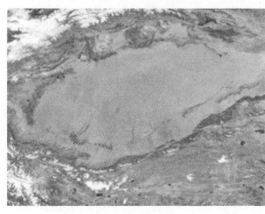
图4-46 天山断陷盆地

图4-47 洱海

从形态上来看，断陷盆地四周多有陡峭的断层崖或断层三角面分布，盆地的边缘由断层崖组成，坡度陡峻，边线一般为断层线。随着时间的推移，在断陷盆地中充填着从山地剥蚀下来的沉积物，其上或者积水形成湖泊，或者因河流的堆积作用而被河流的冲积物所填充，形成被群山环绕的冲积、湖积、洪积平原。它的外形受断层线控制，平面形态呈长条形、菱形或楔形，宽度一般为30~50km，长者数百千米。

由地堑构造控制的断陷盆地称为地堑盆地，地堑盆地一般规模较大，往往由若干地堑盆地构成地堑谷地，如我国的汾河地堑、欧洲的莱茵地堑；断陷盆地基底常有一系列小型地堑构造或局部断陷使盆地底部起伏不平，形成复式地堑盆地（图4-48）。

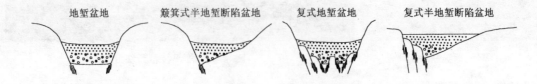

图4-48　地堑盆地剖面示意图

关键点

1. 构造地貌是地质构造和地壳构造运动所形成的地貌。
2. 大地构造地貌类型主要有大陆与大洋、海沟与大洋中脊、岛弧与边缘海、大陆架与大陆坡、大陆裂谷与地缝合线等。
3. 区域构造地貌的规模要比大地构造地貌的规模小些。典型代表有平原、盆地、山地、海底火山等。
4. 由于局地构造作用、影响而形成的地貌，叫做局地构造地貌。可以将其划分为水平地貌、褶曲地貌、断层地貌等类型。

讨论与思考题

一、名词解释

构造地貌；大地构造地貌；洋中脊；地缝合线；区域构造地貌；平原；构造山系；局地构造地貌；猪背山；单面山；背斜；向斜；褶皱；穹隆地貌；节理；断层；飞来峰；构造窗；断层崖；断层谷；断块山；断陷盆地

二、简答与论述

1. 结合板块构造学说，谈谈对大陆、大洋的分布和演化认识。
2. 收集资料，论述东非大裂谷的形成演化及对自然环境、生物的影响。
3. 谈谈你对我国大陆架开发的一些认识。
4. 根据绝对高度，简述我国山地的类型划分情况。
5. 单面山的发育及影响因素有哪些？
6. 试论述背斜山、向斜谷与向斜山、背斜谷的形成演化差别。
7. 试论述玄武岩柱状节理的形成演化原理。
8. 论述风化节理对地貌形成的影响。
9. 试论述飞来峰的发育演化过程。

第五章
火山和熔岩地貌

地下熔融岩浆刺破围岩和盖层喷出地表所形成的地貌景观称为火山。岩浆喷出地表是地球内部物质与能量的一种快速、猛烈的释放形式，称为火山喷发。

火山喷发是地球上最壮丽的自然景观之一，对人类而言既是灾难性地质事件，也是宝贵的地学旅游资源。许多国家都利用火山资源开发旅游活动，如意大利维苏威火山、日本富士山是著名的观光旅游地。美国夏威夷岛还建立了火山公园。我国火山主要分布在东北、内蒙古、山西、山东、雷州半岛、海南岛、闽浙沿海、台湾、滇西等地。

第一节　火山地貌

火山是岩浆喷出地表后形成的山体，是岩浆和固体碎屑堆积而成的一种地貌形态，它由火山口和火山锥两部分组成。

火山喷发时，有大量气体（主要是水蒸气，还有碳酸气、氢、氨、硫化氢、二氧化硫、氯氮等）、熔融的岩浆和固体碎屑（火山灰和火山砾等）通过火山喉管（火山通道）从地球深部喷发出来。大量碎屑物质随气体喷到空中，再落下堆积成锥形的火山体，称火山锥；熔融岩浆溢出地面后，顺坡流动，形成缓缓的火山斜坡或微微凸起的熔岩盖和波状起伏的熔岩垄岗。火山锥中心有一喷发气体、岩浆和火山碎屑的火山口，它是一圆形洼地。如果火山口遭到侵蚀或火山再次喷发，火山锥的一侧被破坏成一缺口，平面呈马蹄形。

火山的规模大小不一,规模大的火山相对高度可达 4 000~5 000m,火山口的直径为数百米,例如,堪察加半岛的克留契夫火山相对高度达 4 572m,火山口直径为 675m。一些规模较小的火山,相对高度不及 100m。火山有时成群分布,称为火山群。

一、火山的成因

火山喷发(图 5-1)是需要有个孕育过程的,上地幔首先要形成一个供给岩浆的岩浆池,岩浆池中的岩浆通过地壳内的岩浆通道运移到地壳顶部的岩浆房中。随着岩浆池中的岩浆不断向上输送,注入岩浆房中的岩浆不断增多,压力逐渐升高,岩浆房被扩大,地表开始向上隆起,火山中心部位上升的幅度和速度最大,向四周变小。伴随地表穹升,岩石发生破裂,岩浆房上方形成岩浆通道,也就是火山喉管,先是冒出热气或是伴随地震,以及山崩、泉水的变化等前兆,最后岩浆房压力超过火山通道中上覆载荷的压力时,岩浆沿火山喉管迅速喷出。

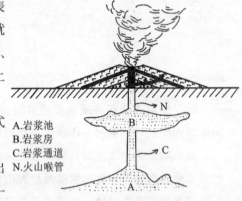

A.岩浆池
B.岩浆房
C.岩浆通道
N.火山喉管

图 5-1　火山喷发示意图

根据岩浆喷发的形式,可分为裂隙式喷发和中心式喷发两种类型。

裂隙式喷发(图 5-2)是熔岩经一较窄的裂隙溢出地表。沿裂隙喷发的熔岩,玄武岩占 90%~95%,形成一些巨大的熔岩高原和熔岩锥,如美国西北部的哥伦比亚高原、印度西部高原、南非以及北美大西洋火山区等。这些熔岩高原有数万到十几万平方千米的面积,火山岩的总厚度为 900~3 000m。冰岛拉基火山就是沿裂隙喷发形成的,1783 年喷发时,熔岩从 16km 长的一段裂隙上的 22 个喷口中喷出,熔岩覆盖面积达 565km²。

图 5-2　裂隙式喷发

图 5-3　中心式喷发

中心式喷发(图 5-3)是气体、固体碎屑和熔融岩浆沿一管道喷出,在地表形成火山锥和火山口。若喷发的碎屑和熔岩较少则不能堆积成火山锥,或当喷发爆炸强烈时破坏原有火山锥,这两种情况都有一个与火山管道相连的在平面上表现为近似圆形的火山口。中心式喷发比裂隙式喷发更为强烈，常出现在两组断裂交叉部位或在张性活动断裂的转折部位，如大同火山群中的火山锥大多分布在北东向或北北东向活动断层上，或在北东向与北西向断层相交部位。

二、火山的类型

火山按活动频率可划分为活火山、休眠火山和死火山。通常我们把在第四纪以来已有较长时间没有活动的较古老的火山称死火山；那些在有史以来有活动但近期没有活动，将来可能还会活动的火山叫休眠火山；在近期经常活动的火山叫活火山。

世界上现有火山约3 000座，其中活火山500余座。活火山是现代仍在活动的火山，如西西里岛的埃特纳火山（图5-4）、夏威夷岛上的基劳埃阿火山、爪哇岛上的默拉皮火山以及菲律宾、巴布亚新几内亚和新西兰的一些火山都是著名的活火山。活火山呈周期性活动特征，但活动间隔时间长短不一。

维苏威火山在公元1世纪前没有人把它当作一座活火山，它的山坡很平缓，上面覆盖着黄土，山顶上有一片洼地，牧人常在这里放牧。公元79年，这个火山发生了猛烈的爆发，向着海一侧的火山坡在爆发时飞出去了，繁荣的庞贝城就是在这次火山喷发中被埋没的，这种火山可称休眠火山。我国东北白头山火山也是休眠火山。长白山火山区（图5-5）的火山活动经历从上新世以来的漫长地质时期，白头山火山锥则是晚第四纪形成的。大约1 000年前的一次火山喷发，导致森林焚毁形成炭化木。

根据热释光和钾氩测定，山西大同火山（图5-6）的活动时代大约距今14万年到33万年，说明火山活动虽能延续很长时间，但在相当长的时间已不活动，因此称为死火山。

图5-4 埃特纳火山

图5-5 长白山火山

图5-6 大同火山

三、火山地貌类型

火山地貌景观一般可分为 3 类：火山机构地貌景观、火山熔岩地貌景观和碎屑堆积地貌景观，见表 5-1。

表 5-1 火山地貌类型划分表

分 类	类 型	基本特征
火山机构地貌	火山锥	锥状，堆积在火山口附近
	火山口	一般呈漏斗形，呈环形凹陷
	火山喉管	直立或陡倾的筒形，其内常形成矿床
	火山盾	盾形高地，坡度一般在 5°~8°之间
火山熔岩地貌	熔岩穹丘	边壁陡峭，高可达几百米，直径达几千米
	熔岩高原及台地	按规模不同分成了高原和台地
	熔岩隧道及熔岩流	熔岩隧道最长可达 20km
碎屑堆积地貌	熔岩丘与喷气锥	呈塔形、锥形、冢状等，其腹腔总是空的
	火山弹及增生熔岩球	直径数厘米以上，呈梨状、纺锤状、椭球状

第二节 火山机构地貌

火山通常由火山锥、火山口和火山喉管三部分组成。因此，火山机构地貌景观主要有火山锥、火山口、火山喉管和火山盾。

一、火山锥地貌

火山喷出物与火山碎屑物在火山口附近堆积成的锥状山体称为火山锥（图 5-7）。它是中心式火山喷发的一种重要特征。

图 5-7　火山锥

根据火山锥的内部构造和组成物质，可划分为火山碎屑锥、火山熔岩锥、火山混合锥和火山熔岩滴丘。

(1) 火山熔岩锥 [图 5-8 (a)]。火山熔岩锥又叫盾形火山，它是坡度很小的熔岩堆积体，主要是由火山口或裂隙喷出的熔岩形成的，有时在火山熔岩锥的侧坡上常有许多熔岩自小孔道或者裂隙溢出。

(2) 火山碎屑锥 [图 5-8 (b)]。火山喷发时固体喷发物和炙热的气体一起喷出，在空中旋转而逐渐变冷、变硬，从空中降落堆积成碎屑锥。火山碎屑锥呈圆锥形，上部坡度较大，下部较缓，锥的坡度由喷出物质的堆积休止角而定。锥顶端有一个火山口或破火山口，由于火山一次次地喷发，火山碎屑锥常由成层火山碎屑组成。

(3) 火山混合锥 [图 5-8 (c)]。火山混合锥由熔岩和火山碎屑交互成层组成。大部分熔岩常自火山锥坡上溢出向火山锥的下方流动，形成平缓的火山锥坡，如另一坡无熔岩，全由火山碎屑组成，则坡度较陡，这时就形成一坡陡、一坡缓的不对称火山锥。山西省大同火山群中的许堡火山就是这种类型的火山锥。

(4) 火山熔岩滴丘 [图 5-8 (d)]。火山熔岩滴丘是体积不大、周边较陡的熔岩锥。它是由于黏性很高的熔岩喷发后，急剧冷却形成的。

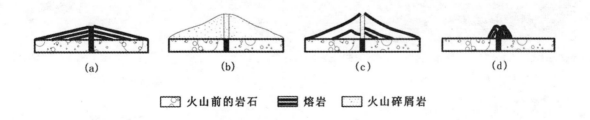

图 5-8　火山锥的类型 (据毕令斯 M P，转引自杨景春，1985)

(a) 火山熔岩锥；　(b) 火山碎屑锥；　(c) 火山混合锥；　(d) 火山熔岩滴丘

二、火山口地貌

1. 火山口的定义及形态

火山锥顶部喷发地下高温气体和固体物质的出口称为火山口（图5-9）。火山口一般位于火山锥顶部或侧面，在火山喷发停止后由于地下通道中的熔岩冷凝收缩，火山口形成环形凹陷的区域；口内有陡峭的内壁，在平面上常呈椭圆形或圆形，直径从数十米到数千米不等。大部分火山口是一个漏斗形体，也有底部是平的；有些火山口底部呈坑状，为固结的熔岩，称为熔岩坑。

图5-9 火山口

图5-10 火山口湖

没有喷发活动的火山口，常因积蓄雨水或雪水而形成湖泊，称为火山口湖（图5-10）。不仅位于平地的火山口可以积水成湖，位于山顶的火山口也能积水成湖。如我国长白山主峰白头山上的天池（图5-11），云南玛珥湖，都是火山口湖。

图5-11 天池

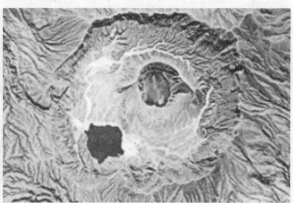

图5-12 破火山口

2. 破火山口的定义及成因

多数火山口由于火山喷发过程中猛烈喷发后的崩塌以及流水侵蚀等原因造成破坏，成为破火山口（图5-12）。破火山口比火山口大得多，直径一般几千米到20多千米。按形成原因，破火山口分成3类：火山再次爆发崩毁火山口的岩石，形成爆发破火山口；火山再次喷发使火山口周围上覆体失去下层支撑引起崩塌，形成崩塌破火山口；火山口受流水侵蚀破坏，形成侵蚀破火山口。

无论火山的形状如何，破火山口最初的形成原因全都是由喷发作用开始，但是大量喷发之后导致火山锥下方空虚，引起火山锥顶陷落，使得火山喷发口扩大，进而使得火山口的范围更加扩增，许多破火山口都是先因喷发作用而后再由陷落导致的双重作用所形成，因此也有学者认为此说法应该称作"爆发陷落说"（explosion-collapse theory），（图5-13）。另有少数破火山口可能是单纯因沉降作用而成，在此沉降发生的前后并未伴随喷发作用，例如夏威夷群岛上的莫纳洛亚火山口及吉劳亚火山口都是纯粹因为岩浆柱往下方沉降导致较上地层陷落而造成，因此火山口周围通常会发现断层崖壁，并且逐渐层移使火山口周围的崖壁陷落并扩大，之后就形成大型的破火山口。

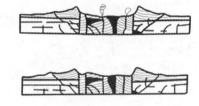

图5-13 破火山口的形成示意图

三、火口喉管（火山通道）

火山喉管（图5-14）是火山作用时岩浆喷出地表的通道，又称火山通道（volanic vent）。多数火山通道呈直立或陡倾的筒形，或漏斗形。火山通道常位于深断裂的交叉、分支、共轭或转弯处，以及火山穹隆的核部和破火山口中心，或周围的环状断裂中。充塞火山通道的岩石有的是熔岩，有的是火山碎屑岩，或两者兼有。火山通道常形成铁、铜、金、铀等矿床。含金刚石的金伯利岩常形成于火山通道中，多呈筒状，成金伯利岩筒。

有时，当岩浆沿断裂上升接近地面时，气体开始自熔岩中喷出，以至发生爆炸，所以在断裂的局部地段由于熔融、气熔和爆炸而变宽，形成火山喉管。被填充在喉管中的熔岩和火山碎屑由于凝结而成圆柱状的岩体，称为火山颈（volcanic neck）（图5-15）或火山塞。

图5-14 火山通道（福建政和旺楼）

图5-15 火山颈

第三节

火山熔岩与碎屑堆积地貌

火山喷发的物质主要为气态、液态和固态3种。火山喷发的固体物质是火山灰、火山渣和喷出时呈塑性的火山弹和火山饼。火山喷发的气体绝大部分是水蒸气，占60%~90%，其他还有H_2S、SO_2、CO_2、HF、HCl、NH_4Cl等。火山喷发的液态物质是岩浆，主要为酸性、中性、基性和超基性岩浆。熔岩地貌（lava landform）即是由地下溢出的熔岩沿地面流动逐渐冷凝而形成的地貌。

火山喷出的高温熔岩，成分以硅酸盐为主，并含有一些气体，温度高达1 000~2 000℃，呈液态在地面流动。熔岩的流动速度与二氧化硅的含量和温度有关，二氧化硅含量低的基性熔岩黏度小，温度高，流速快，酸性熔岩黏度大，温度低，流动慢。熔岩流动速度除与熔岩成分、性质和温度有关外，还受地形的影响，在坡度较陡的斜坡上或沿河谷中流动的熔岩速度较快。熔岩在地表流动一段距离后，所含气体逐渐散失，温度不断降低，流动速度也将不断减慢直至停止，在地表形成各种熔岩地貌。

熔岩与碎屑堆积地貌主要有熔岩穹丘、熔岩流、熔岩高原、熔岩隧道、火山弹等。

一、熔岩穹丘

喷出地表的黏稠熔岩积聚在火山口周围而形成的边壁陡峭的穹形丘，称为熔岩穹丘（火山穹丘，lava dome）（图5-16）。穹丘因其内部新熔岩流的增长而生长、扩大，并导致外壳破裂，其碎块向下滚落，在底部周围形成大量棱角状岩块岩屑。熔岩穹丘可高达几百米，直径达几千米。

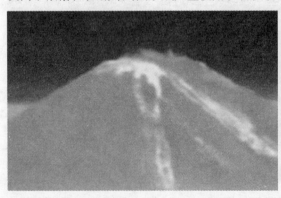 

图5-16　熔岩穹丘

二、熔岩高原及台地

由裂隙式或中心式喷出的玄武岩熔岩，冷凝后可形成高度较大、面积广阔的玄武岩高原和高度较小的玄武岩台地。前者如冰岛高原（图 5-17）、印度德干高原和美国的哥伦比亚高原；后者如我国的琼雷台地（图 5-18），它是我国的第一大玄武岩台地，面积共 7 290km^2，台地上除了火山锥分布外，台地面和缓起伏，风化壳薄，有时还见到原始的熔岩流痕迹、火山渣、火山弹及玄武岩块等。台地在外力作用时间不长的情况下，只发育短浅的河谷与沟谷。如果台地被深切，往往造成顶平坡陡的熔岩方山，如东北的敦化、密山等地的方山，长江下游的江宁方山（图 5-19）、句容县赤山等。

图 5-17 冰岛高原

图 5-18 琼雷台地

图 5-19 江宁方山

三、熔岩隧道及熔岩流

熔岩隧道（图 5-20）亦称熔岩暗道或熔岩洞，是熔岩表壳下狭长的空洞，是地下熔岩流流动的通道，最长可达 20km，规模较小的亦可是表层刚固结的熔岩盖受力向上穿起的结果。洞内由于未固结岩浆的滴落，可形成熔岩钟乳、熔岩石笋、熔岩石柱等微地貌。五大连池的熔岩洞称"仙女洞"，规模不大，但熔岩形态保存完好。海南岛琼山境内的石火山附近有许多熔岩隧道，长者 1~2km，高 4~5m，由于雨量充沛，地下水丰富，多数已变为流水的通道。

熔岩流是呈液态在地面流动的熔岩（图 5-21），其温度常在 900~1 200℃之间。从火山口和裂隙喷出的沿地表呈液态流动的熔岩，其流动范围视坡度及岩浆的性质而异。当熔岩中的气体含量多时，冷却到 700℃之前均可流动。基性熔岩黏性低，流动性大，流速取决于坡度，最高可达 45~

图 5-20 熔岩隧道　　　　　　　　　图 5-21 熔岩流

65km/h，一般为 15km/h，当熔岩来源充足，地势适宜，则流布范围很广、很远。酸性熔岩黏滞，流动不远，甚至壅塞于火山口内。当熔岩冷却和凝结，或气体排尽和成泡沫状时，它的黏度增加，运动滞缓。凝固的熔岩在地表形成特殊的形态，最常见的是陆地上的绳状熔岩（图 5-22）和块状熔岩以及枕状熔岩（图 5-23）等。

图 5-22 绳状熔岩　　　　　　　　　图 5-23 枕状熔岩

四、熔岩丘与喷气锥

熔岩丘（hornito）是由熔岩组成的圆形或椭圆形的小丘，它的高度从几米到几十米，长几十米。观察正在形成的熔岩丘（图 5-24）可以发现，熔岩滴刚溅出时为红色的浆团，迅速冷凝后则变成表面光滑而发亮的黑色玄武岩，熔岩滴溅出时并不伴随任何气体喷出。

 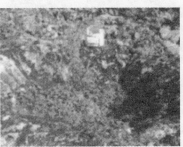 

图 5-24 熔岩丘的形成、雏形（熔岩碟）和熔岩丘（五大连池）（据吕洪波，2010）

五大连池熔岩丘的形成过程（图 5-25）是：玄武质熔岩流从火山口溢出后形成熔岩台地，在台地上几条主要的熔岩流继续向前流动，其表面迅速冷凝而结壳，形成熔岩隧道顶板。隧道中的熔岩因受到上方结壳的保护而保持液态继续向前流动。由于喷发的熔岩量瞬时变化，突然增多的熔岩就会对顶板施加强大的冲力，在某些薄弱地点冲破顶板溅出，于是在溅出口周围形成熔岩丘。熔岩丘的雏形为熔岩碟，随着熔岩溅出滴的堆叠最终形成尖塔形的熔岩锥。五大连池熔岩台地上分布着许多熔岩隧道，是火山熔岩溢出结束时隧道中的熔岩继续向前方流动而后方缺乏来源补充造成的空间得以保留的结果。熔岩丘的分布与熔岩隧道的位置相关。

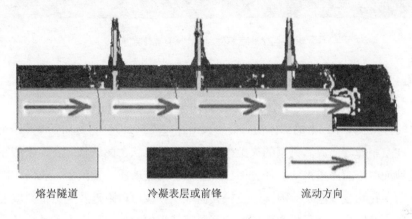

图 5-25　熔岩丘（五大连池）（据吕洪波，2010）

喷气锥（图 5-26）又叫喷气孔（fumarole），是火山气体逃逸到大气中的出口，可以沿着细小的裂隙或长的裂缝分布，以紊乱的丛状或呈区域性分布，在熔岩流或火山碎屑流上方出现。如果位于持续的热源之上，喷气孔可以持续存在几十年到数百年。

图 5-26　喷气锥和喷气孔

喷气碟（图 5-27）则是喷气锥的雏形，成因与喷气锥类似，它是熔融的熔岩使地表水汽化而产生大量气体，并不断外逸而吹动熔岩外掀形成的。在克什克腾达里诺尔火山群中发育了数量众多的喷气碟。在火烧山的东麓和北面的四池、五池两岸的翻花熔岩上，矗立着许多喷气锥，有塔形、锥形、冢状等各种形态，其腹腔总是空的。

图 5-27 喷气碟（右图来自克什克腾）

五、火山弹与增生熔岩球

火山喷出的直径数厘米以上的固体物质称为火山弹（图 5-28）。它是在气体冲击力作用下抛射出来的熔岩滴在空中冷凝而成。典型的火山弹为梨状、纺锤状、椭球状。当熔岩滴在空中冷凝成塑性体后坠落地面时可撞击成饼状。外壳因冷凝快而称为玻璃质，较致密，表面常因收缩而形成裂纹，内部则为多孔状或气泡状。因其质量较大而堆积在火山口附近及火山锥斜坡上。若火山弹的外表部分凝固，经撞击后会形成表面破裂的面包壳状火山弹。由火山弹黏结成的岩石沉积物称集块岩。

图 5-28 火山弹（达里诺尔湖）（据吕洪波，2007）

与火山弹极为相似的还有一种球形的熔岩球体——增生熔岩球（图 5-29），吕洪波对五大连池石海中的一个椭球形岩体研究后，认为其不是火山弹而是增生熔岩球（accretionary lava ball），或简称熔岩球（lava ball）。

五大连池增生熔岩球是在表面粗糙的翻花熔岩（渣状熔岩，scoria）台地上，正在流动的玄武岩熔岩流表面因迅速冷凝而结壳，这些固化了的块体因下面熔岩流不断向前运动而翻滚，在滚动过程中不断将下面的液态熔岩粘附在块体表面，使其不断增生变大，而由于不断向前滚动，典型的形态逐渐演变成单轴椭球体。随着下面熔岩流的冷却而流速减弱，表面的熔岩球就最终停积在熔岩流的表面。因此，增生熔岩球总是与渣状熔岩共生，位于熔岩台地表面。

火山弹与增生熔岩球相比，火山弹经过一定的空中飞行滑落、撞击地面，会产生相应程度的变形；火山弹带有气孔或呈中空状，而增生熔岩球可能表面稍有粗糙，内部却是紧密的。此外火山弹的产生，还需要高能量的火山爆发，而非溢流所能造就。

图5-29 增生熔岩球的形成演化（五大连池）（据吕洪波，2010）

关键点

1. 地下熔融岩浆刺破围岩和盖层喷出地表所形成的地貌景观称为火山。岩浆喷出地表是地球内部物质与能量的一种快速猛烈的释放形式，称为火山喷发。

2. 火山是岩浆喷出地表后形成的山体，是岩浆和固体碎屑堆积而成的一种地貌形态，它由火山口和火山锥两部分组成。

3. 火山地貌景观一般可分为3类：火山机构地貌景观、火山熔岩地貌景观和碎屑堆积地貌景观。

4. 火山口是火山锥顶部喷发地下高温气体和固体物质的出口，大部分火山口是一个漏斗形体，也有底部是平的。

5. 火山喷出的高温熔岩，成分以硅酸盐为主，并含有一些气体，呈液态在地面流动。熔岩与碎屑堆积地貌主要有熔岩穹丘、熔岩流、熔岩高原、熔岩隧道、火山弹等。

讨论与思考题

一、名词解释

火山；火山地貌；火山锥；火山口；破火山口；火山通道；熔岩穹丘；熔岩隧道；熔岩流；熔岩丘；喷气锥；火山弹；增生熔岩球

二、简答与论述

1. 火山及火山喷发的类型有哪些？
2. 火山锥的类型及特点有哪些？
3. 试分析破火山口的形成演化机理。
4. 以五大连池世界地质公园为例，试述熔岩丘的形成机理。
5. 比较熔岩丘与喷气孔有什么差别？
6. 比较增生熔岩球与火山弹有什么区别？

第六章
坡地地貌

坡地地貌是指斜坡上的岩块、土体在重力作用下，沿坡向下移动所形成的地貌，主要移动方式有崩塌、滑坡、泥石流、蠕动等，无论何种移动方式必须具备两个条件：一是斜坡上有丰富的松散固体物质（或碎屑）；二是必须具备一定的力学条件，才能产生移动。由于力学条件中重力作用起主导，因此又称重力地貌。还因其与地质灾害有关，又称为灾害地貌。

坡地地貌的主要类型有滑坡、崩塌、泥石流、土壤蠕动等。

第一节　滑坡

滑坡是指斜坡上的土体或岩体，受河流冲刷、地下水活动、地震及人工切坡等因素影响，在重力作用下，沿着一定的软弱面或软弱带，整体地或者分散地顺坡向下滑动的自然现象，俗称走山、垮山、地滑、土溜等。

一、滑坡地貌

滑坡有许多地貌特征，如滑坡体、滑坡面、滑坡壁、滑坡裂隙、滑坡阶地和滑坡鼓丘等（图6-1至图6-3）。

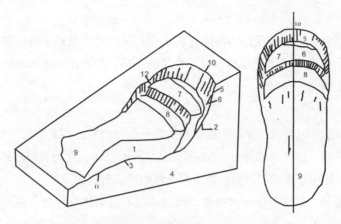

图 6-1 滑坡形态特征示意图（据吴正，2009，修改）
1.滑坡体；2.滑坡面；3.剪出口；4.滑坡床；5.滑坡后壁；6.滑坡洼地；7.滑坡台地；8.滑坡台坎；
9.滑坡前部；10.滑坡顶点；11.滑垫面；12.滑坡侧壁

图 6-2 拉萨3·29大型滑坡

图 6-3 滑坡体和滑坡壁

1. 滑坡体

滑坡体是斜坡上沿弧面滑动的块体。滑坡体的平面呈舌状，它的体积不一，最大可达数立方千米。滑坡体上的树木，因滑坡体旋转滑动而歪斜，这种歪斜的树木称为醉汉树。如果滑坡形成相当长时间，歪斜的树干又慢慢长成弯曲形，叫做马刀树。

2. 滑坡面

滑坡面是滑坡体与斜坡主体之间的滑动界面。滑坡面大多是弧形，滑坡面上往往有滑坡移动时留下的磨光面和擦痕，在紧邻滑坡面两侧土体中可见到拖曳构造现象。

3. 滑坡壁

滑坡壁是指滑坡体向下滑动时，在斜坡顶部形成的陡壁。滑坡壁又称为破裂缝，它的相对高度表示垂直下滑的距离。滑坡壁的平面呈弧形线。

4. 滑坡阶地

滑坡阶地指滑坡体滑动时，由于各种岩体、土体滑动速度差异，在滑坡体表面形成台阶状的错落台阶。如果有好几个滑动面，则可形成多级滑坡阶地。

5. 滑坡鼓丘

滑坡鼓丘是指滑坡体前缘因受阻力而隆起的小丘。其内部常见到由滑坡推挤而成的一些小型褶皱或逆冲断层。由于在滑坡体的前端形成了突起的小丘,滑坡体的中部相对低洼的部位,能积水成湖,又称滑坡洼地。

6. 滑坡裂隙

滑坡裂隙指滑坡活动时在滑体及其边缘所产生的一系列裂缝。其主要有以下几类:

(1) 环状拉张裂隙。位于滑坡体上(后)部,多呈弧形展布。这种裂隙多是因滑坡体将要下滑或下滑过程中的拉张作用形成的,因而它的出现是将要形成滑坡的预兆。

(2) 平行剪切裂隙。位于滑体中部两侧,滑动体与不滑动体分界处。是滑坡体在滑动时,不同部位滑坡体滑动速度不同形成的。

(3) 羽状裂隙。在滑坡体的两侧边缘,由剪切裂隙派生一些平行的拉张裂隙和挤压裂隙,它们与剪切裂隙斜交,形如羽状称为羽状裂隙。

(4) 滑坡鼓丘部位的张裂隙和挤压裂隙。当滑坡鼓丘隆起时,顶部拉张作用形成拉张裂隙;如滑坡体前部受阻但仍有强大的挤压作用时,滑坡鼓丘部位就产生很强的挤压作用,形成一些挤压裂隙。这些拉张裂隙和挤压裂隙的方向是一致的,它们和滑坡的滑动方向垂直。

(5) 滑坡前端放射状裂隙。滑坡前端因滑坡体向外围扩散而形成一些张性或张剪性放射状裂隙。

(6) 扇状裂隙。位于滑坡体中前部,尤其在滑舌部位呈放射状展布。

以上滑坡诸要素只有在发育完全的新生滑坡才同时具备,并非任何滑坡都具有。

二、滑坡的形成条件及发展阶段

(一) 滑坡的形成条件

滑坡形成的条件可分为内部条件和外部条件。内部条件主要受地质、地形(地形坡度、坡型、地层岩性、地质构造等)影响;外部条件是滑坡形成的诱因,当内部条件满足时,在某种外因的激发下,就会发生滑坡,滑坡形成的外部条件主要有降水、流水、地震及一些人为因素。

1. 岩性和构造因素

滑坡易产生于含有黏土夹层的松散堆积层(如页岩、石灰岩、千枚岩、片岩和泥灰岩等),其共同特点:岩性软弱,亲水性和可塑性强,黏性小,遇水容易软化,减少抗滑力矩,而且其片状构造或层状构造易演化成滑动面;滑坡多沿着斜坡内的地质软弱面(断层面、节理面、裂隙面、不整合面等)滑动。尤其当岩层倾角与坡地倾向一致,而岩层倾角小于斜坡坡度时更易形成滑坡。例如,金沙江断裂带、安宁河断裂带、小江断裂带、波密易贡断裂带等,成为我国滑坡、泥石流最发育的地区。

2. 地形地貌因素

只有处于一定的地貌部位,具备一定坡度的斜坡,才可能发生滑坡。一般江、河、湖(水库)、海、沟的斜坡,前缘开阔的山坡、铁路、公路和工程建筑物的边坡等都是易发生滑坡的地貌部位。

而且易于滑坡形成的地形坡度多为 10°~35°，尤其以 20°~35°的坡度最易发生滑坡。

3. 气候和水分因素

雨季时大量地表和地下水渗入滑体和滑坡面，前者加重土体负荷，后者削弱岩（土）体抗滑力并增加滑动面润滑作用，易于引发滑坡，固有"大雨大滑，小雨小滑"之说。2004 年，四川宣汉县发生特大型滑坡灾害，就是由于该县普降暴雨、大暴雨、特大暴雨，导致山洪暴发，诱发滑坡。寒冷气候区的冻融作用及融雪水也是引起滑坡的原因之一。此外，岸边河、海水的侧蚀和侵蚀，使岸坡上的岩体（土体）支持力减小而发生滑坡。

发生于 2013 年 3 月 29 的西藏拉萨滑坡灾害，主要受春季变暖导致山体的热胀冷缩和多雨雪天气影响，冰川碎石松动下滑，形成的塌方长 3km、塌方量 200 余万立方米，掩埋了 83 人。

4. 地震因素

地震强烈的水平和垂直交替震动作用使斜坡土石的内部结构发生破坏和变化，原有的结构面张裂、松弛，降低抗滑摩擦阻力，增大下滑力。另外，多次余震的反复震动冲击，斜坡土石体就更容易发生变形，最后就会发展成滑坡。地震区的滑坡分布主要集中在Ⅵ度以上烈度区。1973 年，炉霍 7.9 级地震和 1976 年平武–松潘 7.2 级地震，破坏山体，产生大量的崩塌滑坡。2012 年，云南、贵州交界发生 5.7 级地震，引发山体滑坡，造成 43 人遇难。

5. 人为因素

人为因素主要表现在挖掘、堆积、排水、蓄水以及爆破和战争。挖掘使边坡变陡等于减少了抗滑力矩，堆积增加斜坡负荷和抗滑动力矩，水库蓄水使库区地下水位升高，人工爆破和战争的巨大爆破力促使岩土体滑动。

（二）滑坡的发展阶段

滑坡的发展大致可分为 3 个阶段，即蠕动变形阶段、滑动阶段和停息阶段。

（1）蠕动变形阶段是斜坡上岩（土）体的平衡状况受到破坏后，产生塑性变形，有些部位因滑坡阻力小于滑坡动力而产生微小滑动。随着变形的发展，斜坡上开始出现拉张裂隙。裂隙形成后，地表水下渗加强，变形进一步发展，滑坡两侧相继出现剪切裂隙，滑动面逐渐形成。

（2）滑动阶段是滑坡体沿滑动面向下滑动，滑坡前缘形成滑坡鼓丘，一些滑坡裂隙也相继出现，裂隙错位距离不断加大，在滑动面的下方，常有混浊的地下水流出。

（3）停息阶段是滑坡体不断受阻，能量消耗，滑坡体趋于稳定。滑坡停息以后，滑坡体在自重作用下，一些曾滑动的松散土石逐渐压实，地表裂隙逐渐闭合，滑坡壁因崩塌而变缓，甚至生长植物，滑动时一些东倒西歪的树木又恢复正常生长，形成许多弯曲的马刀树。

滑坡稳定后，如再遇到特强的触发因素，又能重新滑动。地震触发的滑坡在较短时期可以形成较大的滑坡体，没有蠕动阶段。

三、滑坡的类型

滑坡的类型很多，分类方法多种多样，但不外乎有两种：一是单因素分类法；二是多因素复合分类法，即两个或两个以上的因素联合起来分类，如饱和黄土滑坡。详见表6-1。

表 6-1　滑坡类型分类表

分类标准	类　　　型
运动速度	蠕动、低速；中速、高速；剧冲速滑坡
规模	微型、小型、中型、大型、特大型、巨大型
滑坡厚度	浅层滑坡（小于5m）、中层滑坡（5~20m）、深层滑坡（>20m）
运动形式	牵引式滑坡、推动式滑坡
形成因素	暴雨滑坡、地震滑坡、冲刷滑坡、超载滑坡、人工切坡滑坡等
滑动年代	古滑坡、老滑坡、新滑坡、发展中滑坡
与岩体构造面的关系	同类滑坡、顺层滑坡、切层滑坡
物质组成	碎屑滑坡、黏土滑坡、黄土滑坡、岩石滑坡

注：根据吴正、杨景春等修改整理。

四、滑坡的治理措施

在与滑坡长期斗争的过程中，我国积累了丰富的经验，总结出了夯填、排水、护坡、减重等许多整治滑坡的有效方法。总的来说，滑坡的防治要贯彻"及早发现，预防为主；查明情况，综合治理；力求根治，免留后患"的原则，结合边坡失稳的因素和滑坡形成的内外部条件，可以从消除、减轻地表水、地下水的危害和改善边坡岩土体的力学强度两个大的方面着手（图6-4）。

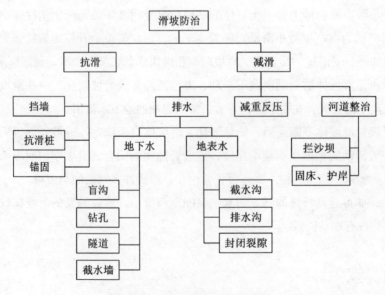

图 6-4　滑坡治理工程分类图

（据吴积善等，1997；转引自吴正，修改）

第二节

泥石流

泥石流是山区常见的一种突发性灾害，是介于崩塌、滑坡等块体运动与挟沙水流运动之间的一系列连续流动现象（过程）。它是由大量泥沙、石块等固体物质与水相混合组成的，沿山坡或沟谷流动的一种特殊洪流，往往在顷刻之间造成人员伤亡和财产损失。

一、泥石流形成条件

泥石流的形成需要 3 个基本条件：①有陡峭便于集水、集物的适当地形；②失稳的大量松散岩体物质（固体碎屑）；③短期内突然性的大量流水来源（图 6-5、图 6-6）。

（一）地形地貌条件

在地形上具备山高沟深，地形陡峻，山坡坡度多为 30°~60°，沟床纵坡一般大于 13°，流域的形状便于水流汇集，也为泥石流形成和向下运动提供必要的位能（势能）条件。在地貌上，泥石流的地貌一般可分为形成区、流通区和堆积区三部分。上游形成区的地形多为三面环山，一面出口为瓢状或漏斗状，地形比较开阔、周围山高坡陡、山体破碎、植被生长不良，这样的地形有利于水和碎屑物质的集中；中游流通区的地形多为狭窄、陡而深的峡谷，谷床的纵坡降大，使泥石流能迅猛直泻；下游堆积区的地形为开阔平坦的山前平原或河谷阶地，使堆积物有堆积场所。

图 6-5 舟曲特大泥石流（据中国网，2010）[1]

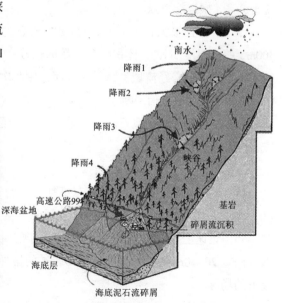

图 6-6 泥石流成因示意图（据化石网，2008）[2]

[1] http://www.news.bbwz.com/systerm/2010/08/12/10203021.shtml
[2] http://www.uua.cn/noun/show-171-1.html

（二）松散物质来源条件

泥石流常发生于地质构造复杂、断裂褶皱发育、新构造活动强烈、地震烈度较高的地区。地表岩石破碎，崩塌、错落、滑坡等不良地质现象发育，为泥石流的形成提供了丰富的固体物质来源；另外，岩层结构松散、软弱、易于风化、节理发育或软硬相间成层的地区，因易受破坏，也能为泥石流提供丰富的碎屑物来源；一些人类工程活动，如滥伐森林造成水土流失，开山采矿、采石弃渣等，往往也为泥石流提供了大量的物质来源。

（三）水源条件

水既是泥石流的重要组成部分，又是泥石流的激发条件和搬运介质（动力来源）。泥石流的水源，有暴雨、冰雪融水和水库、冰湖、堰塞湖等溃决下泻水体等形式。据统计，有80%的冰川泥石流在升温条件下发生。例如，西藏自治区波密县的培龙沟源头是一条海洋性冰川，水源相当丰富，加之沟谷两侧有数米厚的古冰碛台地；1983—1986年连续4年，在夏季冰雪消融及暴雨共同激发下发生特大泥石流灾害，多次冲毁川藏公路，堵断波都藏布而形成了培龙湖。2006年2月17日清晨，遭受多日暴雨肆虐的菲律宾东部莱特岛圣伯纳德镇的山体豁开一道巨大缺口，泥浆裹着岩石向下倾泻形成泥石流。

下面以2010年舟曲县特大型泥石流为例分析一下其发生的特征和成因。

1. 发生特征

（1）泥石流成群发性：舟曲县东北部高山峡谷地形加之短时强降水，形成了四沟并发的群发现象，危害范围极大。由于近些年乱砍乱伐，过度开采导致生态环境恶化，群发性泥石流发生频率增加。

（2）泥石流密度高：次泥石流灾害固体碎屑物含量较高，其体积含量约40%~80%，因此泥石流密度高，搬运能力强。

（3）破坏性极大：一方面，此次泥石流受特大暴雨诱发，来势凶猛，长约5km，平均宽度300m，平均厚度5m，总体积约750万 m^3；另一方面，舟曲县城人口密度大，且坐落在该区泥石流扇上，是泥石流必经流域。综上两方面，使此次泥石流破坏性巨大，造成了舟曲县城人员伤亡惨重，电力、交通、通信中断。

（4）复合性：此次泥石流并非单独发生，而是崩塌、滑坡→泥石流→堰塞湖，形成了明显的灾害链。

2. 成因

（1）地形地貌：流域平面形态呈瓢形，沟谷狭窄陡深，切割强烈，呈"V"字形，基本无"U"形谷，切割深度200~800m。主沟的形成区、流通区、堆积区平均比降大。地形地貌条件极利于降雨迅速汇集，冲蚀坡面及沟内松散物质形成泥石流冲出沟口。人类挤占沟道，使原来自然形成的宽20~30m的排导沟变成了2~5m的排导渠，因此沟口城区自然成为大规模泥石流宣泄、成灾的场所。

（2）强降水：暴雨和强降雨是本次泥石流最大诱因，2010年8月7日到8日凌晨，三眼峪沟和罗家峪沟泥石流形成区遭遇强降雨，降雨长达9小时，降雨量高达96.3mm，特别是8月7日23时至24时的1个小时中降雨量为77.3mm。在强降雨作用下，土体强度极大降低，形成坡面泥石流，并逐步带动沟坡崩滑岩土形成冲击力巨大的泥石流。

（3）物源条件：舟曲位于龙门山地震活动带北缘，又临近天水–陇南地震活动带，属于地震强烈活动区。历史上的几次大地震及汶川 5·12 地震对山体的稳定性有一定的影响，不仅为泥石流提供了更多的堆积物，还产生了新的堆石坝，拦蓄了沟内大部分碎石、泥沙，使沟内和沟道的堆积物可以直接成为泥石流的补给物。

（4）岩性条件：本区岩性松软、破碎，岩体风化严重，属于强烈剥蚀区。区内基岩裸露，产状凌乱，节理裂隙发育，沿节理面和裂隙面水蚀、风蚀作用强烈，整体破碎。第四系残坡积、重力堆积物主要以碎块石为主，松散杂乱，无层次，形成山洪泥石流灾害的丰富物源。

（5）人类活动：由于长期乱砍、滥伐、乱挖等人类活动，舟曲县生态破坏严重，植被覆盖率大大降低，使得大面积山体裸露，水分涵养困难，洪峰汇流迅速，加之居民在泄洪沟道不断倾倒建筑、生活垃圾使道沟变窄等，都诱发该地泥石流的发生。

二、泥石流的类型

对泥石流进行分类，可以从不同的方面去认识泥石流，然后把各种分类综合起来进行分析，从而全面地认识泥石流，为有效防治泥石流提供科学依据。

（1）按泥石流的流体性质分：黏性泥石流、稀性泥石流。
（2）按激发泥石流的水源条件分：降雨型泥石流、冰川型泥石流、冰雪融化型泥石流和溃决型泥石流。
（3）按泥石流发生的地貌位置分：沟谷型泥石流、山坡型泥石流（也称坡面泥石流）。
（4）按泥石流的危害性大小分：危害性特大、危害性大、危害性中等和危害性小的泥石流。
（5）按流体中固体物质颗粒组成分：泥石质泥石流、泥流。
（6）按发生频率高低分：高频率泥石流、中频率泥石流和低频率泥石流。
（7）按规模大小分：特大规模泥石流、大规模泥石流、中等规模泥石流、小规模泥石流。
（8）按泥石流形成与人类活动的关系分：自然泥石流、人为泥石流。

三、泥石流的治理对策

综合国内外泥石流治理方案和措施可以看出，治理措施主要分生物措施和工程措施两大类。工程措施包括治水、治土、排导、停淤、农田工程，主要起疏导作用；生物措施包括林业、农业和牧业，旨在提高水土保持能力，增加植被覆盖率，减少水土流失。

（1）在山区进行城镇、公路、铁路、工厂及各种设施的建设前，开展泥石流调查与评价，避开在泥石流高发区建设。
（2）对已选定的建设区和工程地段开展地质环境评价工作，采取必要的防治措施预防泥石流灾害。

(3) 开展对泥石流沟的监测、预警预报和"群测、群防"工作，减少泥石流发生造成的人员伤亡。

(4) 在有治理条件和治理经费的情况下，对危害较大的泥石流沟进行治理，或对泥石流危害区内的重要建设物布设防护工程。

(5) 将处于泥石流规模大、又难以治理的泥石流危险区的人员和设施搬迁至安全地带。

(6) 保护生态环境，预防新的泥石流灾害发生。

第三节 崩　塌

崩塌是指陡坡上巨大岩体、土体或碎屑层在重力作用下，沿坡向下急剧倾倒、崩落现象，在坡脚处形成倒石堆或碎屑堆。

崩塌按发生的地貌部位和方式可以分为山崩、塌岸和散落。山崩是山岳区常发生的一种大规模崩塌现象。山崩时，大块崩落石块和小颗粒散落岩屑同时进行，崩塌体可达数十万立方米。山崩常阻塞河流，形成堰塞湖和毁坏森林、村镇。目前，国内已知较为知名的山崩地质遗迹有陕西西安翠华山（图6-7）、河南关山和福建政和蛙岩（图6-8），均已建设成为地质公园。

图6-7　陕西翠华山山崩石海景观
（据翠华山景区官网，2012）

图6-8　福建政和蛙岩崩塌地质遗迹景观
（据福建政和佛子山国家地质公园综合考察报告，2011）

一、崩塌形成的条件和因触发素

1. 形成条件

崩塌形成的主要条件有地貌、地质、气候等。

地貌条件：大型崩塌主要在深切的高山峡谷区，濒临海蚀崖、湖蚀崖的山坡，或临近总受水侵蚀的水库库岸的山坡等地貌部位。那里因河流、波浪不断侵蚀切割坡脚而引起崩塌。2009年山西吕梁山黄土崩塌事件23人不幸遇难，主要是山西吕梁山区黄土地貌特殊，在自然因素作用下易发生崩塌。

地质条件：主要是指岩性结构和构造，岩性结构疏松、破碎的岩石容易发生崩塌。岩层结构主要包括断层面、节理面、层面、片理面等及其组合方式，当岩层层面或解理面的倾向与坡向一致，倾角较大，又有临空面的情况下，最容易发生崩塌。

气候条件：气候可使岩石风化破碎，加快坡地崩塌。在日温差、年温差较大的干旱或半干旱地区，强烈的物理风化作用促使岩石风化破碎，以致产生崩塌。此外，崩塌也常发生在降雨季节。例如，2009年山西中阳的崩塌滑坡灾害，就是经历了较大的降水过程，强烈的降雨及后期融雪对山坡体物质进行了浸润，降低了其稳定性。

2. 触发因素

崩塌的主要触发因素有暴雨、强烈的融冰化雪、爆破、地震及不当的人类活动等。

暴雨增加岩体负荷，破坏了岩体结构，软化了黏土夹层，减低了岩体之间的聚结力，加大下滑力并使上覆岩体失去支撑而引起崩塌。

地震及不适当的大爆破施工破坏了岩体结构，加大了下滑力，能使原来不具备崩塌条件的山坡发生崩塌。比如，福建政和蛙岩和陕西翠华山的山崩遗迹就与古地震有关（表6-2）；2008年的汶川特大地震，在汶川县境内形成了数百处崩塌和滑坡，其中草坡乡的崩塌面积占该乡总面积的35%，北川县的唐家山崩滑体阻塞形成面积达3.3km²的堰塞湖。

人类活动，比如，在山区进行工程建设时，若不顾及地形地质条件，任意开挖、过分开挖边坡坡脚，改变了斜坡外形，使上部岩体失去了支撑产生大规模的崩塌。

表6-2 福建政和蛙岩、陕西翠华山崩塌地质遗迹对比表

名称	面积（km²）	岩性	构造	诱发因素	崩塌景观类型	主要景点
陕西翠华山	7.85	注入式球状混合片麻岩、混合花岗岩	两组节理断层	地震、强降水、断裂活动	山崩悬崖（高200~300m）、崩塌洞穴（风洞、冰洞、蝙蝠洞）、崩塌石堆（甘湫峰、翠华峰石海）、堰塞湖、坝（水湫池、甘湫池）	甘湫砾海、双洞探奇等
福建政和蛙岩	2.01	火山碎屑岩	深大断裂节理	地震、流水冲蚀	断崖壁、崩塌洞穴、崩塌石堆、堰塞湖、坝、崩岩单体、瀑布	蛙岩、地下迷宫

二、崩塌的分类

崩塌的分类标准不同，类型也不同，主要从坡地物质组成、崩塌诱发因素、崩塌规模大小、崩塌体移动方式4个方面来具体划分（表6-3）。

表 6-3 崩塌分类表

分类标准	类　型
按照物质组成	崩积物崩塌、表层风化物崩塌、沉积物崩塌、基岩崩塌
按照诱发因素	暴雨崩塌、地震崩塌、冲蚀崩塌、侵蚀崩塌、冻融崩塌、开挖崩塌
按照规模大小（m³）	山崩 ≥ 1 000、大型崩塌 100~1 000、中型崩塌 10~100、小型崩塌 1~10、崩塌 ≤ 1
按照崩塌体移动方式	散落型崩塌、滑动型崩塌、流动型崩塌

注：据杨景春、胡厚田等修改整理。

三、崩塌的治理措施

由于崩塌的治理难度大，目前治理崩塌的措施主要有以下几种。

1. 锚固法

对于具有主要拉张裂隙的危岩体，锚固法具有很强的加固效用，对于结构面比较破碎的危岩体可以结合挂网的方法，然后定期清理网内崩落碎石。

2. 排水

排水法适用于水侵蚀破坏岩体严重的地区。具体方法是首先在来水方向挖一些明渠进行排水；其次可以在裂隙内注入沥青（或注浆法）等防水防蚀材料。还可以在有水活动的地段，布置排水构筑物，以进行拦截疏导。

3. SPDER 主动防护网系统技术

SPDER 主动防护网系统是一种以高强度钢绞线螺旋网片为主体、全新的主动柔性防护网。这种防护系统覆盖包裹在所需防护斜坡或岩石上，起到加固和围护作用，充分利用高强度钢丝和钢丝绳材料的柔性来发挥其"以柔克刚"的优势。所以，在山岭重丘地区高陡岩质边坡可使用柔性防护系统技术，这是一种新型的边坡、危岩体防治技术。

4. 静态爆破技术

静态爆破技术可在无振动、无飞石、无噪音、无污染的条件下破碎或切割岩石，而且爆破时不会损坏周围的任何物体，又能达到破碎岩石的目的。这是对大的或是多因素影响的危岩体的有效治理方法。

四、崩塌与滑坡的区别

崩塌和滑坡有明显的区别，虽然它们同属斜坡重力变形破坏的块体运动现象，但在形成、运动、堆积等方面有许多区别，具体比较如表 6-4 所示。

表 6-4　滑坡与崩塌的主要差别

项　目	崩　塌	滑　坡
斜坡坡度	一般＞50°	一般＜50°
发生部位	只发生在坡脚以上的坡面上	坡面上，坡脚处，甚至在坡前剪出
边界面特征	侧面和底面独立存在，不能构成统一平面	侧面和底面有时连成统一的曲面
底面摩阻特征	底面摩阻大	底面摩阻小
群体底面特征	各崩塌块体底面往往各自独立存在	各滑动底面有时为统一的滑动面
运动本质	弯裂	剪切
运动速度	极快	极快至极慢
运动状态	多为滚动、跳跃	相对整体滑移
运动规模	很小—较大，块体一般不超过数千立方米	较小—极大
典型标志	坡面上出现反向错台	地表裂缝，滑坡平台
典型内部结构	松动开裂，局部架空，叠瓦状构造	保持岩层的原始结构、构造特征
堆积体名称	倒石堆	滑坡体

注：据中国数字科技馆山地灾害科普专栏修改整理。

第四节　蠕　动

蠕动主要是指土层、岩层和它们的风化碎屑物质在重力作用控制下，顺坡向下发生十分缓慢的移动现象。移动的速度每年小的只有若干毫米，大的可达几十厘米。

根据蠕动的规模和性质，可以将其分为两大类型：疏松碎屑物的蠕动和岩层蠕动。

（1）疏松碎屑蠕动（土屑或岩屑蠕动）：斜坡上松散碎屑或表层土粒，由于冷热、干湿变化而引起体积胀缩，并在重力作用下常常发生缓慢的顺坡向下移动。

引起松散土粒和岩屑蠕动的主要因素有：①较强的温差变化和干湿变化（包括冻融过程），这是在寒冷地区引起岩土屑蠕动的主因；②一定的黏土含量，碎屑中黏土含量越多，蠕动现象越明显;③一定的坡度,在25°~30°的坡地上最明显。除此之外,蠕动还受到植物的摇动、动物践踏以及人类活动等因素的影响。

(2) 基岩岩层蠕动:暴露于地表的岩层在重力作用下也发生缓慢的蠕动。蠕动的结果使岩层上部及其风化碎屑层顺坡向下呈弧形弯曲,但并不扰乱岩层层序。

引起岩层蠕动的原因:在湿热地区主要由于干湿和温差变化造成,在寒冷地区是由冻融作用所致。岩溶蠕动多发生在陡坡较陡(35°~45°)处,由柔性层状岩石如千枚岩组成的山坡上,其作用特别显著,有时在刚性岩层如薄层状石英岩、石英质灰岩等组成的山坡上也会发生。

表6-5为我国近5年发生的大型滑坡、崩塌、泥石流等灾害统计表。

表6-5 近5年我国各地发生的大型滑坡、崩塌、泥石流等灾害的统计表

灾害名称	发生时间	主要诱发因素	主要损失情况
贵州凯里山体滑坡	2013-2-18	地质条件+采煤频繁	2死,3伤
福建古田山体滑坡	2012-5-2	非法盗采稀土+降水	6人遇难
保山隆阳区滑坡	2011-9-1	连续强降雨	8死,40人失踪
贵州关岭山体滑坡	2010-6-28	强降雨	36.4万人受灾,3人失踪,倒塌房屋292间
兰州山体滑坡	2009-5-16	断裂构造+风化+降水	6人被埋,32户居民房屋倒塌
岷县特大泥石流	2012-5-10	独特的地理地质条件	45人死,14人失踪,房屋倒塌19 445间
湖南岳阳洪泥石流	2011-6-10	短时集中强降雨	29人死,20人失踪
舟曲泥石流	2010-8-9	特殊地质环境+降雨	1 434人遇难,331人失踪
山西临汾泥石流	2008-9-8	非法采矿+降雨	277人死,4人失踪,经济损失9 619.2亿元
云南楚雄泥石流	2008-11-8	强降雨势陡峭+特殊地质	26人死,31人失踪,经济损失917亿元
云南腾冲泥石流	2007-7-19	持续强降雨	27人死,2人失踪,3间工棚被埋
贵州黔东南州崩塌	2013-2-18	地质隐患	5人失踪
平山山体崩塌事件	2012-7-1	不稳危岩体+降雨	7户民房受损
章丘采石场崩塌	2011-8-4	坡陡+垂直断面	3人遇难
山西吕梁山崩塌	2010-11-16	特殊的黄土地貌	19人遇难
中阳黄土崩塌	2009-11-16	特殊的黄土地貌	6间房屋倒塌,23人被埋

注:据百度等资料整理收集。

关键点

1. 坡地地貌是指斜坡上的岩块、土体在重力作用下，沿坡向下移动所形成的地貌，主要有崩塌、滑坡、泥石流、蠕动等类型。

2. 滑坡是指斜坡上的土体或岩体，受河流冲刷、地下水活动、地震及人工切坡等因素影响，在重力作用下，沿着一定的软弱面或软弱带，整体地或者分散地顺坡向下滑动的自然现象。

3. 泥石流是山区常见的一种突发性灾害，是介于崩塌、滑坡等块体运动与挟沙水流运动之间的一系列连续流动现象。

4. 崩塌是指陡坡上巨大岩体、土体或碎屑层在重力作用下，沿坡向下急剧倾倒、崩落现象，在坡脚处形成倒石堆或碎屑堆。

5. 蠕动主要是指土层、岩层和它们的风化碎屑物质在重力作用控制下，顺坡向下发生的十分缓慢的移动现象。

讨论与思考题

一、名词解释

坡地地貌；滑坡；滑坡体；滑坡面；滑坡壁；泥石流；崩塌；蠕动

二、简答与论述

1. 简述坡地重力地貌的形成条件。
2. 滑坡地貌的形态特征有哪些？
3. 简述滑坡的形成条件和发展阶段。
4. 与古滑坡地质遗迹相关的地质公园有哪些，其特征如何？
5. 结合实例分析，滑坡的治理措施有哪些？
6. 以甘肃舟曲泥石流为例，阐释泥石流的形成条件与影响因素。
7. 简述崩塌的形成条件和触发因素。
8. 简述和比较当前我国国家地质公园中与崩塌地质遗迹相关的景观地貌特征及异同。
9. 简述崩塌的治理措施。
10. 崩塌与滑坡有何区别？
11. 试分析岩层蠕动的原因。

第七章
河流地貌

　　河流，是指经常或间歇地沿着狭长凹地流动的水流，其水量由一定范围内的地表水和地下水补给。河流的源头一般是在高山的地方，然后沿地势向下流，一直流入像湖泊或海洋等地为终点。

　　中国河流分为注入海洋的外流河和流入内陆湖泊或消失于沙漠、盐滩之中的内流河。外流河有流入太平洋的长江、黄河、黑龙江、辽河、海河、淮河、珠江等，有流出国境再向南注入印度洋的雅鲁藏布江，有流出国境注入北冰洋的额尔齐斯河；内流河主要有塔里木河。

　　由于我国领土广阔、地形多样、地势由青藏高原向东呈阶梯状分布、气候复杂、降水由东南向西北递减等自然环境特点，形成了我国的河流具有数量多、地区分布不平衡、水文特征地区差异大、水力资源丰富等特点。

　　河流是地球上水文循环的重要路径，是泥沙、盐类和化学元素等进入湖泊、海洋的通道，对物质、能量的传递与输送起着重要作用。流水还不断地改变着地表形态，形成不同的流水地貌、河流地貌（fluvial landforms），是河流作用于地球表面，经侵蚀、搬运和堆积过程所形成的各种地面形态，如冲沟、深切的峡谷、冲积扇、冲积平原及河口三角洲等。

第一节　河床与河漫滩

一、河床

　　河床（river bed）是河谷中枯水期水流所占据的谷底部分。河床横剖面在河流上游多呈"V"

形，下游多呈低洼的槽形，主要受流水侵蚀和地转偏向力的共同作用而形成。从河源到河口的河床最低点的连线称作河床纵剖面。河床纵剖面总体上是一条下凹形的曲线，它的上游坡度大而下游坡度小。山区河床横剖面较狭窄，纵剖面较陡，深槽与浅滩交替，且多跌水、瀑布；平原区河床横剖面较宽浅，纵剖面坡度较缓，微有起伏。

（一）山地河床地貌

山地河流发育比较年轻，以下蚀作用为主，河床纵剖面坡降很大，多壶穴（深潭）、深槽、岩槛、跌水（瀑布）、浅滩，河床底部起伏不平，水流湍急，涡流十分发育。

急流和涡流是山地河流侵蚀地貌的主要动力。由河流、溪流挟带的沙石旋转磨蚀基岩河床而形成大小不同、深浅不一的近似壶形的凹坑，称为壶穴（图7-1）。壶穴普遍分布于河床基岩节理充分发育处或构造破碎带，有时深度能达到数米或更深。在瀑布或跌水的陡崖下方及坡降较陡的急滩段最容易形成壶穴。壶穴发育在岩面上，成为石质河床加深的主要方式。当壶穴批次连通之后，河床即加深了，这些崩溃了的壶穴，就成为新河道上一条条石沟地形，这样一条深水道便产生出来了。原来的石质河床此时也会部分干涸，形成高水河床。

山地河床以河床浅滩地形（图7-2）发育为特点。山地河床浅滩地形，按组成物质可分为石质浅滩和砂卵石浅滩两类，其中后者与平原河流的浅滩属于同一性质。因为山地河流滩多急流，对船舶的航行造成危险，所以浅滩又成为滩险。浅滩的成因有：①坚硬岩层横阻河底（即岩槛），称为石滩，如黄河九曲处的青铜峡、刘家峡等；②峡谷两岸土石崩落阻塞河床而成，如北盘江虎跳峡谷的虎跳石滩；③冲沟沟口的扇形地和泥石流阻塞河床而成。由暴流冲沟所成的扇形地伸入河床而成的滩险，称为"溪口滩"，它最为常见。

图7-1 壶穴

图7-2 浅滩

（二）平原河床地貌

根据平原河道的形态及其演变规律，可以将它分为3种类型：顺直河道（顺直微弯型）、弯曲河道和分汊河道。其中分汊河道又可划分为相对稳定型和游荡型两亚类。

1. 顺直河道

河道的顺直与弯曲，人们往往把河道的长度与其直线距离之比值作为划分标准。这一比值称为弯曲率。它的大小变化一般在1~5之间。顺直河道弯曲率为1.0~1.2，而弯曲率为1.2~5的称为弯曲河道。顺直河道（图7-3）在平原或山地中都有分布，不过平原上的顺直河道比山地更少，长度更短。在全球，顺直河道比弯曲及分汊河道都要少得多。

顺直河道不易保存，而且大多数略带弯曲，原因是河道在各种自然条件的影响和地球偏转力的作用下，主流线经常偏离河心，折向一边河岸冲击，因此河道出现了弯曲。上游一旦弯曲，下游水流便作"之"字形的反复折射，于是产生了一连串的河湾。在湾顶上游，来水集中，水力加强，发生冲刷并形成深槽；在两相邻河湾之间过渡段以及湾顶对岸，水流分散，水力减弱，发生沉积，形成河湾之间的浅滩和紧贴岸边的边滩。深槽、浅滩和边滩经常变位，水深很不稳定，这给水利工程和河港建设带来不利的影响。

图7-3 顺直河道

2. 弯曲河道

它是平原地区比较常见的河型，又称为曲流。曲流有两种类型：自由曲流（图7-4）和深切曲流（图7-5）。

自由曲流：又称迂回河曲，一般发育在宽阔的河漫滩（河岸冲积平原）上，组成物质比较松散和厚层，这就有利于曲流河床比较自由地在谷底迂回摆动，不受河谷基岸的约束。

深切曲流：它出现在山地中，是一种深深切入基岩的河曲，又称嵌入河曲。因这种河曲被束缚在坚硬的岩层中，故称为强迫性曲流。深切曲流在生成之前本来是平原上的自由曲流，后由于地壳的强烈上升，河床下切，河道仍保持原有的弯曲，形成深切曲流。若地壳迅速上升，河流强烈下蚀，侧蚀占次要地位，此时形成的深切曲流谷坡对称，称为正常深切曲流；若地壳上升较慢，河流的下蚀与侧蚀相伴，河道向侧方移动，形成谷坡不对称的深切曲流，称为变形深切曲流或增幅深切曲流。深切曲流不断发展，也会发生截弯取直，取直后在原弯曲河道的中间，留下相对凸起的基岩孤丘，称为离堆山。河流深切，使被废弃的曲流位置相对增高，称为高位废弃曲流。

图7-4 自由曲流

图7-5 深切曲流

3. 分汊河道

平原上发育的无论是直道还是弯道，如果河床中出现一个或几个以上的江心洲时，都会使河床分成两股或多股汊道,造成河道宽窄相间的藕节状,这种河道称为分汊河道。平原上分汊河道按其稳定程度分为相对稳定型(图7-6)和游荡型(图7-7)两种。

相对稳定型汊道的地形标志是发育有江心洲。心滩是指河心中的沙质堆积浅滩,多因河床底部有障碍物或双向环流作用导致沉积物堆积而成。在弯曲河床的过渡段、束窄段上游的壅水段和下游的展宽段、干支流汇口段等地方,河流流速减小,水流搬运能力减弱,以致泥沙逐渐堆积形成雏形心滩;雏形心滩形成后,又进一步增加河床对水流的阻力,使滩面上流速进一步减小,雏形心滩则不断加积,直至高出枯水期水面,形成心滩。

游荡型汊道是指河床中汊道密布而时分时合,汊道与汊道之间的洲滩也经常变形、变位的河道,又称为网状河道或不稳定汊道,以黄河下游最为典型。游荡型汊道的特点主要是:河身宽、浅且较为顺直;河流的含沙量和输沙量大;河床内心滩众多,而且变化迅速;河汊密布,水流系统乱散,且变化无常等。

图7-6 相对稳定型汊道

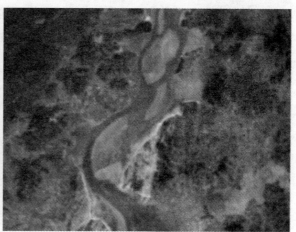

图7-7 游荡型汊道

二、河漫滩

河漫滩(flood plain)是在河流洪水期被淹没的河床以外的谷底平坦部分。在大河的下游,河漫滩可宽于河床几倍至几十倍。

(一)河漫滩形成过程

前苏联学者桑采儿ЕВ认为河漫滩的形成是河床不断侧向移动和河水周期性泛滥的结果(图7-8)。弯曲河床的水流在惯性离心力作用下趋向凹岸,使其水位抬高,从而产生横比降与横向力,形成表流向凹岸而底流向凸岸的横向环流。凹岸及其岸下河床在环流作用下发生侵蚀并形成深槽,岸坡亦因崩塌而后退。凹岸侵蚀掉的碎屑物随底流带到凸岸沉积下来形成小边滩。边滩促进环流作用,并随河谷拓宽而不断发展成为大边滩。随着河流不断侧向迁移,边滩不断增长扩大,并具倾向河心的斜层理。洪水期,河水漫过谷底,边滩被没于水下,由于凸岸流速较慢,洪水携带的细粒物质(泥、粉沙)就会在边滩沉积物之上叠加沉积,形成具有水平层理的河漫滩沉积,洪水退后,河漫滩露出地表成为较平坦的沉积地形。

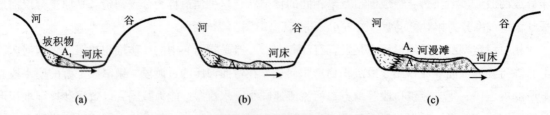

图 7-8　河漫滩的形成过程（改编自桑采儿 E B）

A_1.河床相冲积物；A_2.河漫滩相冲积物

(a) 小边滩；　(b) 大边滩；　(c) 河漫滩

通常靠近河心的边滩下部，沉积物为粗粒推移质，多为砾石；在远离河心的边滩上部，沉积物为细粒悬移质如粉沙、黏土和亚黏土，因此，河漫滩具有二元结构（图7-9），即顶部颗粒较细具水平层理的河漫滩相冲积物覆盖于底部颗粒较粗具有斜层理或交错层理的河床相冲积物之上。一般只在宽阔的河谷或平原地区的河漫滩，才有较厚的二元相沉积。有些坡陡流急的山区河流，侵蚀作用较强，河床两侧常常没有沉积物保留，只有狭窄的石质漫滩，或者只有粗大的砾石组成的漫滩。

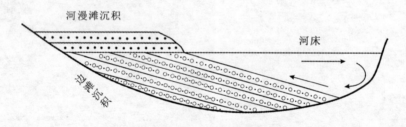

图 7-9　河漫滩二元结构示意图

（二）河漫滩类型

1. 汊道型河漫滩

分布于分汊型河床中，因泥沙堆积河床中发育众多心滩，其上形成一系列鬃岗与洼地相间分布的地形。

2. 河曲型河漫滩

这类河漫滩常常发育有滨河床沙坝和迂回扇等。在弯曲型的河床中，洪水期水流使凹岸发生强烈的侵蚀，凸岸发生强烈的堆积，形成一条顺岸弯曲的沙坝，称为滨河床沙坝。河流平水期堆积物较少，凸岸此时形成分隔前后两次洪水期的两列沙坝之间的洼地。

在多次洪水作用下，随着河曲的发展，凸岸形成一系列弧形垄岗状沙坝与洼地相间的扇形地，称为迂回扇。迂回扇上的垄岗向下游河流方向辐聚，向上游辐散。

3. 堰堤式河漫滩

它发育在顺直或微弯河床的两岸。此类河漫滩起伏较大，地貌结构由岸边向外可分为三带。

一是天然堤带，分布在岸边，与岸平行排列，由颗粒较粗的砂砾组成。它是河水在洪水期满溢河岸，因岸边流速骤减，大量的较粗粒悬移质首先堆积而成。在多次洪水作用下，天然堤不断增高，河床也不断淤高，成为地上河。许多大河的天然堤宽度达 1~2km，高 5~10m。

二是平原带，在天然堤带的内侧，高度较低，堆积颗粒较细，以粉沙和黏土为主。它是洪水越过天然堤带之后，在流速减慢和堆积物数量减少的情况下堆积而成。滩面平坦，以 1°~2° 向内微微倾斜。

三是洼地沼泽带，离河岸最远，一侧连接平原带，另一侧与谷坡相邻。此处由洪水带来的泥沙数量已经很少，堆积层最薄，而且颗粒最细，所以地势低洼，加上谷坡带来积水，所以往往形成湖泊沼泽地。

4. 平行鬃岗式河漫滩

顺直河段如作单向移动（受地球自转偏向力或新构造运动的影响），而在河床一岸形成一系列平行鬃岗，鬃岗之间为浅沟或湖泊、沼泽，另一岸却只有一条断续分布的沙坝，这种河漫滩称为平行鬃岗河漫滩。它是介于河曲型河漫滩与堰堤式河漫滩之间的过渡形式。

第二节　河流阶地

由于河流下切侵蚀，原先河谷底部（河漫滩或河床）超出一般洪水位，呈阶梯状分布在河谷谷坡上，这种地形称为河流阶地（river terrace）（图 7-10、图 7-11）。

阶地在河谷地貌中较普遍，每一级阶地由平坦的或微向河流倾斜的阶地面和陡峭的阶坡组成。前者为原有谷底的遗留部分，后者则由河流下切形成。阶地面与河流平水期水面的高差即为阶地高度。

图 7-10　克什克腾世界地质公园河流阶地

图 7-11　河流阶地（黄河）

一、阶地特征

阶地按地形单元划分为阶地面、阶地陡坎、阶地前缘和阶地后缘（图 7-12）。阶地面比较平坦，微向河床倾斜；阶地面以下为阶地陡坎，坡度较陡，是朝向河床急倾斜的陡坎。阶地高度是从河床水面起算，到阶地面的高度；阶地宽度指阶地前缘到阶地后缘间的距离；阶地级数从下往上依次排列。

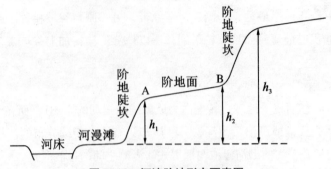

图7-12 河流阶地形态要素图

A.阶地前缘；B.阶地后缘；h_1.阶地前缘高度；h_2.阶地后缘高度；h_3.第二阶地前缘高度

一般河谷中常有一级或多级阶地，多级阶地的顺序自下而上排列，高出河漫滩的最低级阶地称一级阶地，向上依次为二级阶地、三级阶地……在同一河谷剖面上，阶地相对年龄一般是高阶地老，低阶地新。阶地的海拔高度（绝对高度）一般自上游向下游降低，但由于构造运动或其他原因，同一级阶地的海拔高度有时下游反而比上游高。

二、阶地类型

依据组成物质与结构，阶地可分为侵蚀阶地、堆积阶地、基座阶地和埋藏阶地4类，见表7-1。

表7-1 4种不同类型河流阶地对比表

阶地类型	分布位置	物质组成	形成过程
侵蚀阶地	山区河谷	基岩	河流长期侵蚀
堆积阶地	河流中下游	冲积物	在谷地展宽并发生堆积，后期下切深度未达到冲积层底部
基座阶地	河流中下游	阶地上部由冲积物组成，下部则为基岩	在谷地展宽并发生堆积，后期下切深度超过冲积层而进入基岩
埋藏阶地	河流中下游	上部为堆积物，下部为早期阶地	阶地形成以后，地壳下降或侵蚀基准面上升，河流大量堆积，使阶地被堆积物覆盖，埋藏于地下

根据成因类型，阶地大致分为以下几种。

1. 气候阶地

气候向干冷方向发展，则流域物理风化作用加强，流域植被覆盖度减少，引起水系上游部分沟谷活动加强，坡面冲刷强度加大，流域补给河流的水量减少，流域供给河流的含沙量增加，造成河床中上游普遍淤积；气候向湿热方向发展，则河流泥沙量减少，径流量增加，引起水流挟沙能力增大，使河床发生下切侵蚀，从而形成河流阶地。由于这类阶地是流域气候变化的产物，故称为气候阶地。

2. 回旋阶地

侵蚀基准面下降通常会引起河床比降的增加，比降的加大引起水流下切侵蚀作用增强，从而形成河流阶地。由于海平面变化在挽近地质历史时期交替出现，因此，因侵蚀基准面交替变化而形成的阶地称为回旋阶地。

3. 构造阶地

当流域地壳构造抬升时，河床比降加大，水流侵蚀作用加强，河流下切形成阶地。地壳运动是间歇性的，在地壳上升运动期间，河流以下切为主；在地壳相对稳定时期，河流以侧蚀和堆积为主，这样就在河谷两侧形成多级阶地。这种因构造运动形成的阶地，称为构造阶地。

4. 人工阶地

人类活动能使河流的水流和河床情况发生一定的变化，如由于水库的兴建，上游河段因基准面的上升，使原河流阶地被水淹没成为河床或河漫滩。而水库以下的河段，由于洪峰后水库调平，下泄径流量减少，原河漫滩受不到洪水的淹没变成新的阶地。

三、阶地的形成过程

阶地的形成过程只能有两个，一个是阶地面的形成过程，另一个是阶地陡坎的形成过程。对于不同类型的阶地其形成过程也不完全相同。

1. 侵蚀阶地

由于阶地由基岩构成，同时要求有足够宽度的谷底，要求河流的下切能力和侧蚀能力都很强，或地壳暂时稳定，使河流有足够的时间调整向均衡方向发展。但是要达到动力平衡很难，所以阶地面宽度小，阶地面坡降大。如果有其他动力的参与就容易多了，如古冰川槽谷的谷底、流入谷中的熔岩以及横亘河谷的坚硬岩层等都可以成为侵蚀阶地的阶地面。

2. 冲积阶地

由于堆积阶地的种类很多，在此重点说明冲积阶地。冲积阶地由冲积物构成，从而形成阶地面。冲积物的形成分两种情况：

（1）均衡状态的沉积，河流的侵蚀和堆积处于均衡状态，河床相和河漫滩相冲积物都很发育，界限清楚，具有明显的二元结构，砾石的分选和磨圆都很好，阶地面纵向坡度较小。

（2）加积状态下的沉积，阶地面形成时，河流以堆积作用为主，冲积物厚度大，河床相、漫滩相冲积物相互叠加，在剖面上湖沼堆积、决口扇堆积分布于不同高度上，分选、磨圆较差，交错层理发育。

冲积阶地陡坎的形成过程也可大致分为两种情况：

（1）河流下切冲积物形成陡坎，其由于侵蚀基准面下降导致河流下切能力增强而形成。

（2）水流量减小原沉积坡变成阶地陡坎，人为的和天然的因素使源头折断或分流，气候转干等都可以使河水量减小形成这样的阶地陡坎。

第三节

冲（洪）积扇

山地河流携带大量碎屑物质，流出山口因坡度急剧变缓，流速骤减，所携物质大量堆积，形成一个从出山口向外展开的半锥形堆积体，平面呈扇形，称为冲积扇（alluvial fan）。因其搬运沉积作用主要发生在洪水期，又称洪积扇（diluvial fan）。

一、冲（洪）积扇的类型特征

冲（洪）积扇在不同的气候区有不同的形成过程和特征。

1. 湿润区

由于湿润地区的水流比较稳定，因此出山口河流形成的冲积扇规模大，组成物质分选较好，砾石磨圆度高，扇面上分流和网流十分发达。扇面物质在湿热气候作用下，土质呈现红壤化。山区水流两侧的溪沟坡陡、水流急，在山洪暴发时形成洪流或泥石流，挟带的大量碎屑物质便在沟口附近堆积，形成由大小不一的砾石、砂土和黏土等组成锥形的冲积锥。这些碎屑物质分选程度和磨圆度均较差，孔隙度较大，透水性较强。一般情况下，冲积锥面积较小，其上段坡度较大，中段坡度锐减，前缘地段地势展平，坡度减至 $1°\sim2°$。

2. 半湿润区

出山口河流在山前多发育大面积的冲积扇。如中国华北平原西部山前的黄河、漳河、滹沱河和永定河等冲积扇，表面形态扁平，坡度较小，形成广阔的冲积扇平原。其中，黄河冲积扇面积达 72 144km²，扇面上废弃的古河床高地和河间洼地呈指状分布，波状起伏的微地貌特点十分明显（图 7-13、图 7-14）。

图 7-13 冲积扇

图 7-14 洪积扇

3. 干旱区

降雨量极少，暂时性洪流在山麓谷口处形成洪积扇。组成洪积扇的泥沙石块，颗粒粗大，磨圆度差，层理不明显，透水性强，扇面网状水系发育不显著。在山前断裂活动的盆地，洪积扇具有很大的沉积厚度，紧靠山前部分通常厚度达数百米。洪积扇从顶部到扇缘的高差也可达数百米。一系列洪积扇互相联结则形成洪积平原，又称山麓洪积平原。

二、冲（洪）积扇的形成过程

冲积扇的表面有许多由暂时性洪流冲蚀而成的沟槽，它是洪水期的主要排泄通道，当洪水退水时，这些沟槽中沉积了一些砾石，称为槽洪沉积。有时洪水期由沟槽带到洪积扇边缘的砂砾，堆积成规模很小的次生扇。洪水量较大时，沟槽中的水流可漫溢到洪积扇面上形成大片漫流，漫流的深度和流速都相对较小，只能将细砂或黏土带到扇面上沉积，形成一层具有水平层理或斜交层理的细砂或黏土沉积物，称漫洪沉积。扇顶部位大多由砾石构成，孔隙度大，透水性好，洪水时一部分水流渗入地下，大量砾石便在扇顶部位堆积下来形成由砾石组成的舌状堆积体，这种沉积称为筛滤沉积。如果洪水量大这种舌状堆积体可深入到扇中部位，它的纵向坡度比洪积扇的坡度要小。

三、冲（洪）积扇的结构

冲（洪）积扇的结构如图7-15所示，从平面看，冲积扇扇顶堆积的是粗大的砾石，由扇顶向扇缘的堆积物颗粒逐渐变细。冲积扇的底部主要由黏土或亚黏土物质组成，垂直向上物质逐渐变粗，由砂砾石组成。这是当冲积扇发育时，每次洪水水量增大，带来砂砾物质增多，后一次堆积超覆前一次堆积时才能形成。实际上，冲积扇的结构是砂砾互层和砾石层中夹砂透镜体或砂层中夹砾石透镜体，因为每次洪水量不同，带来的砂砾量不等，颗粒大小不一样，堆积范围也不同。

另外，洪水时槽沟中堆积的槽洪沉积物是粗砂砾石，而扇面上堆积的漫洪沉积物是一些细砂和黏土，由于冲积扇上的沟槽很不稳定，每次洪水都有可能形成新的沟槽。老沟槽沉积物如被压在新沉积物之下，在剖面中出现槽洪堆积的砂砾被洪漫堆积的细砂或黏土所覆盖，并呈透镜体状分布。筛滤沉积物若被后期冲积扇堆积物覆盖，在剖面中也能出现砾石透镜体结构。

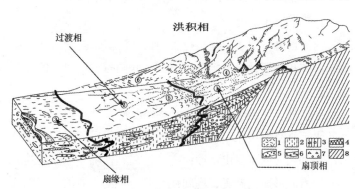

图7-15 洪积扇岩相分带结构示意图（据杨子庚，1981）
①扇顶相；②扇形相；③滞水相；④加叠冲出锥；⑤风力吹扬堆积；⑥扇间洼地。
1.黏土及亚黏土；2.亚砂土；3.含砾石黏土、沙土（泥流型洪积物）；4.泥炭及沼泽土；5.砂透镜体；6.砾石透镜体；7.坡积碎石；8.基岩

总体上看，冲积扇上层砂砾含量多，空隙大，透水性强；下层黏土含量多，空隙小，透水性弱。当地表水下渗转为地下水时，遇到黏土层，垂直下渗的水流速度变慢，地下水转为水平流动，到了冲积扇的边缘，地下水位接近地面，成泉水溢出。因此，冲积扇的边缘地带常是人类经济活动的场所，居民点和农田大多分布在这些地方，即干旱区的绿洲。

第四节 河口三角洲

河流注入海洋或湖泊时，因流速降低，水流动能显著减弱，所携带的泥沙大量沉积，形成一片向海或向湖伸出的平面形态近似三角形的堆积体，即为河口三角洲（delta）。

在纵剖面上，三角洲自下而上由底积层、前积层和顶积层构成。前积层是三角洲的主体部分，由河流沉积物向海（或湖）推进沉积而形成。前积层向外在三角洲的底缘逐渐转变成近水平的粉沙和黏土的薄层，称为底积层。当三角洲生长时，河流向海洋或湖泊方向推进，在前积层上发育网汊状河流，河流有轻微的淤积，并且扩展成新的冲击层，即顶积层。

三角洲是由于河口区的堆积作用超过侵蚀作用而形成的，它的形成需要以下几个条件：首先，必须具有丰富的泥沙来源，根据世界上许多三角洲的河流含沙量测定，河流年输沙量约等于或大于年径流量的 1/4 就会形成三角洲；其次，河口附近的海洋侵蚀搬运能力较小，泥沙才容易沉积下来；第三，口外海滨区水深较浅，坡度平缓，一方面对波浪起消耗作用，另一方面浅滩出露水面，有利于河流泥沙进一步堆积。

一、三角洲形成过程

三角洲形成过程可分为以下 3 个阶段（图 7-16）。

1. 水下形成阶段

河流自出口门之后，在宽浅的口外海滨，能量消耗，泥沙发生堆积，从而出现一系列水下浅滩、心滩和沙坝，以及水下汊道，与此同时，口门两侧亦发育了水下边滩。但这时的口外海滨仍为一连续水体。

2. 沙岛及汊道形成阶段

水下心滩或边滩不断接受陆源及海源物质的沉积而增高，特别是汊道的横向环流作用，使心滩堆积加强并逐渐露出水面而变成沙岛和沙嘴。原来的连续水面也被沙岛分割成几股汊道，汊道的两岸有时形成天然堤，堤间往往是低平的小海湾、潟湖或沼泽洼地。洪水泛滥时，这些低洼地带淤积泥沙和黏土及死亡了的植物发育了泥炭层。这样，洼地便逐渐消失成了沙岛的组成部分。

3. 三角洲形成阶段

被沙岛分割的各股汊道，由于水量分配、输沙特征以及侵蚀和堆积的不均匀性，必然使得某些汊道发展成为主河道,而另一些支汊道由于水流不畅,引起淤塞和消亡,并导致了沙岛的联合或并岸。这样,沙岛、沙嘴通过塞支、并连,最后成为三角洲。

这种三角洲发育模式,往往由于河口水流、波浪和潮汐作用的差异而造成多种类型。

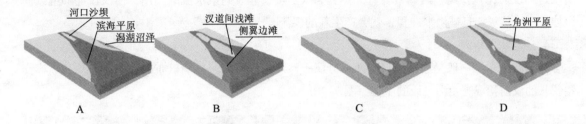

图 7-16 三角洲发育过程 (据 http://image.baidu.com)
A.长江口水道被河口沙坝分为南、北两支;B.在地转偏向力的长期作用下,河道右偏,使北支水道不断淤塞;
C.长江北岸三角洲、沼泽地及边滩连成一片;D.发育了广阔的三角洲。

二、三角洲类型

河口区河床纵坡降小,水流分散,加之海水或湖水的顶托作用,使河水的活力大大减小,河流携带的大量碎屑物在河口区沉积下来,形成形态各异的三角洲沉积。三角洲根据形状可分为尖头状三角洲、扇状三角洲、鸟足状三角洲、岛屿状三角洲。

1. 尖头状三角洲

在波浪作用较强的河口地区,河流以单股入海,或只有小规模的交汊,在此情况下,只有主流出口处沉积量超过波浪的侵蚀量,使三角洲以主流为中心,呈尖形向外伸长,称为尖头状三角洲(图7-17)。

2. 扇状三角洲

在海水浅波浪作用较强能将伸出河口的沙嘴冲刷夷平的地区,常形成扇状三角洲(图7-18)。它的特点是:河流入海泥沙多,三角洲上河道变迁频繁,有时分几股入海。泥沙在河口迅速淤积,形成大的河口沙嘴,沙嘴延伸至一定程度,因比降减少,水流不畅而改道,在新的河口又迅速形成新的沙嘴。而老河口断流后,又受波浪与海流的作用,沙嘴逐渐被蚀后退,形成扇状轮廓。直至其上再有新河道时,这段岸线才又迅速向前推进。因此,随着河口的不断变迁,三角洲海岸线是交替向前推进的,并在海滨分布许多沙嘴,使三角洲岸线呈锯齿状。

图 7-17 尖头状三角洲

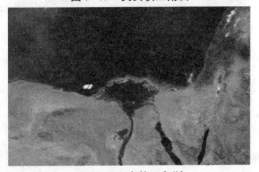

图 7-18 扇状三角洲

3. 鸟足状三角洲

在波浪作用较弱的河口区，河流分汊为几股同时入海，各汊流的泥沙堆积量均超过波浪的侵蚀量，泥沙沿各汊道堆积延伸，形成长条形大沙嘴伸入海中，使三角洲外形呈鸟足状（图7-19）。由于这种汊道比较稳定，两侧常发育天然堤，天然堤又起着约束水流的作用，使汊流能够继续向海伸长。天然堤一旦被洪水冲积，就会产生新的汊流。

4. 岛屿状三角洲

岛屿状三角洲一般是通过河口心滩—分汊—沙岛发展而成，星罗棋布的沙洲、沙岛和纵横交错狭长的汊河构成三角洲平原的主体（图7-20）。

图 7-19　鸟足状三角洲

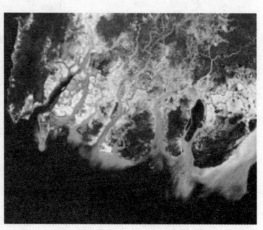

图 7-20　岛屿状三角洲

第五节　冲积平原

我国的东北平原、华北平原、长江中下游平原以及四川盆地内部的成都平原，都是由河流的冲积作用形成的冲积平原。

一、冲积平原类型特征

冲积平原（图7-21）是在构造沉降区由河流带来大量冲积物堆积而成的平原。它可由一条或几条河流形成。冲积平原多发生在地壳下沉的地区，这里地势平坦，有深厚的沉积层。例如江淮平原第四纪松散沉积物的厚度达数百米，组成物质主要为冲积物，表层大多为亚黏土及黏土，下部为砾石、沙及粉沙。密西西比平原、西西伯利亚平原、亚马孙平原和恒河平原等都是世界有名的大冲积平原。

图 7-21 冲积平原

冲积平原的形态与物质结构主要取决于河流的特性。由于河流泛滥，粗粒物质首先在沿河地带堆积，而较细物质被带至较远的地方，慢慢堆积下来，使沿河两岸往往形成由沙、粉沙构成的略微高起的天然堤。而河间地带地势相对低下，常有湖沼分布，组成物质多为亚黏土、黏土和湖沼的沉积物。

规模较大的冲积平原根据形成部位主要分为3类：一类是山前平原，属冲积-洪积型，由洪积扇的合并或大冲积扇构成，如黄河出孟津形成的大冲积扇；另一类是中部平原，即广阔的河漫滩平原，一般分布在河流中下游或山间盆地，主要由冲积物组成，如长江中游平原（江汉平原）；再一类为滨海平原，属于冲积-海积型，沉积物质颗粒较细，泛滥带与河间低地地势高差很小，沼泽面积较大，海面升降或周期性海潮入侵，造成海积层与冲积层相互交替的现象，主要分布在沿海地区以及太湖湖滨地带。华北平原主要是由黄河和海河等三角洲不断向海滩推进而形成的冲积平原。

根据形状也可分为3类：一是积扇平原，大量泥沙堆积在山地河流出山口处所成扇形的平原；二是泛滥平原，沿河搬运的泥沙在洪水期经常泛滥、堆积在河床两侧的河浸滩上，沿河呈带状分布的平原，为大型的河漫滩；三是三角洲平原，河口区的泥沙所成的三角洲，进一步发展而成的平原。

二、冲积平原的结构

冲积平原的结构与它的形成过程有关。山前平原主要是较粗颗粒的洪积物和河流冲积物。中部平原以河流堆积物为主，由于中部平原的河流常有变化，故在结构上较为复杂，当构造下沉且河流摆动范围不大时，河流沉积的砂层一层层叠加起来，形成厚层河床沉积砂体，横向过渡为河间地沉积。河间洼地常发育湖沼，在剖面中呈透镜体状。如果河流改道，放弃原来河床，在地势较低的河间地形成新河床，在剖面中就形成一些孤立分散的河床沙透镜体沉积。中部平原沉积层中常有海相夹层，这是短期海侵作用形成的。滨海平原是由海相和河流相共同组成，不同类型的沉积物呈水平相变。如果陆源物质增多，陆地向海方向增长，河流相沉积在海相之上；如果陆源物质减少，海水伸入陆地，海相沉积又超覆在河流相沉积之上。

关键点

1. 河流是塑造景观地貌的重要动力，河流地貌是河流作用于地球表面，经侵蚀、搬运和堆积过程所形成的各种地面形态。

2. 河流阶地是由于河流下切侵蚀，原先河谷底部（河漫滩或河床）超出一般洪水位，呈阶梯状分布在河谷谷坡上的地形。其形成与间歇性新构造运动、气候变化、河流袭夺等因素相关。

3. 洪积扇与冲积扇成因基本相同，前者为暂时性洪流堆积物形成地貌，后者为常年性河流堆积物形成地貌。

4. 河口三角洲是河流注入海洋或湖泊时，因流速降低，水流动能显著减弱，所携带泥沙大量沉积，形成一片向海或湖伸出的平面形态近似三角形的堆积体。

讨论与思考题

一、名词解释

河流地貌；河床；河漫滩；河流阶地；侵蚀阶地；基座阶地；河流袭夺；冲积扇；洪积扇；河口三角洲；冲积平原

二、简答与论述

1. 河床的类型如何划分？
2. 简述河漫滩的形成过程及二元结构。
3. 滑坡的形成条件有哪些？包括哪些发展阶段？
4. 河流阶地有哪些类型，分别是怎么形成的？
5. 简述冲（洪）积扇的结构及形成过程。
6. 比较分析洪积物、冲积物及泥石流堆积物的物质结构和形态特征的区别。
7. 简述河口三角洲的形成过程。

第八章
岩溶地貌

岩溶地貌发生在可溶岩分布地区，可溶岩主要是指碳酸盐类、硫酸盐类及卤盐类岩石。岩溶地貌由岩溶作用生成，岩溶作用主要是水对可溶性岩石的溶蚀、冲蚀等化学作用及崩塌、堆积等物理作用的总称，以化学溶蚀作用为主，物理作用为辅。岩溶作用的空间十分广阔，既作用在地表也作用在地下，从而造成了丰富多彩的地表与地下岩溶地貌。两类地貌虽然各自发展，但又相互影响。一方面地表地貌的高度降低，类型减少，趋向消亡；另一方面是地下地貌不断暴露并逐渐成为地表地貌。如果地壳发生构造运动，那么这种变化就会变得更加复杂。

在岩溶作用下，地表呈现各种形态。其中，岩溶发育阶段不同，形态差异明显。另外，在不同地区，岩溶形态也不相同。

第一节 地表岩溶地貌

一、溶沟和石芽

溶沟和石芽是石灰岩表面的溶蚀地貌。地表水流沿石灰岩表面流动，溶蚀、侵蚀出许多凹槽，称为溶沟。溶沟宽十几厘米至几百厘米，深以米计，深浅不等。溶沟之间的突出部分，称为石芽。

石芽除有裸露型之外，还有埋藏型。埋藏型石芽多是在地下水渗透过程中溶蚀而成。在热带，地面植被生长茂密，土壤中 CO_2 含量较多，入渗水流的溶蚀力特别强，形成规模很大的埋藏石芽，其上覆盖有溶蚀残余红土和少量石灰岩块。通常，从山坡上部到下部，石芽类型依次为全裸露石芽、半裸露石芽和埋藏石芽（图8-1）。

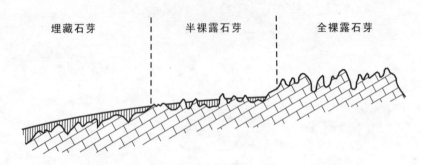

图8-1 石芽剖面示意图（据潘凤英等，1984）

石芽的发育与可溶性岩石的纯度及厚度有关。在厚层、质纯的石灰岩上可以发育出高大而尖锐的石芽；在薄层，泥质和硅质灰岩或者白云岩上发育的石芽比较低矮圆滑。其原因是不纯的石灰岩很难产生溶沟，或者溶沟被难于溶解的蚀余物质覆盖，石芽不显露，即使已成的石芽也容易崩落。

石林是一种非常高大的石芽，或称石芽式石林。石林式石芽在我国云南路南发育最好，最高达30余米（图8-2），它是在厚层、质纯、倾角平缓和具有较疏垂直节理的石灰岩，以及湿热气候条件下形成的。它们挺拔林立，方圆数十里，蔚为壮观。

石林在国内外都有分布。中国石林地貌主要分布在北纬25°~26°以南（部分达到北纬28°，甚至31°）的热带、亚热带地区。例如贵州思南石林，面积约有 $5.2km^2$。石林与地表的相对高差为3~17m，单体1m处周长0.8~2.9m，单体形态多样（图8-3），有针状、塔状、柱状、城堡状等，纤细如小家碧玉。植被覆盖率较高，多以树林、石林"双相林"和谐共生。该石林岩性单一，主要为二叠系灰岩，多具燧石团块、眼球状构造，石林岩体多空洞、孔隙，组合形态奇异犹如雕刻，形成众多象形景观。

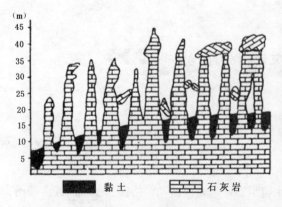 

图8-2 路南石林剖面图（据Balazs D）和实际景观图

图 8-3　贵州思南石林景观

二、峰林、峰丛、孤峰和溶蚀洼地

由碳酸盐岩石发育而成的山峰，按其形态特征可分为孤峰、峰丛和峰林（图 8-4）。它们都是在热带气候条件下，碳酸盐岩石遭受强烈的岩溶作用后所造成的特有地貌。这些山峰峰体尖锐，外形呈锥状、塔状（圆柱状）和单斜状等。山坡四周陡峭，岩石裸露，地面坎坷不平，石芽溶沟纵横交错，而且分布着众多漏斗、落水洞和峡谷等。山体内部发育有大小不等的溶洞和地下河，整个山体被溶蚀成千疮百孔。

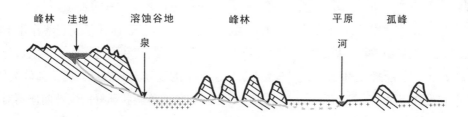

图 8-4　峰丛、峰林和孤峰的分布图（据北京大学等，《地貌学教程》，1985）

1. 峰林

峰林是成群分布的石灰岩山峰，山峰基部分离或微相连。它是在地壳长期稳定状态下，石灰岩体遭受强烈破坏并深切至水平流动带后所成的山群，其形成过程如图 8-5 所示。与峰林相随产生的多是大型的溶蚀谷地和深陷的溶蚀洼地等，我国峰林地貌以桂林、阳朔等地最为著名。

2. 峰丛

峰丛是一种连座峰林，顶部山峰分散，基部连成一体。当峰林形成后，地壳上升，原来的峰林变成了峰丛顶部的山峰，原峰林之下的岩体也就成了基座。此外，峰丛也可以由溶蚀洼地及谷地等分割岩体形成。在我国南方喀斯特区，峰丛分布很广，高度较大，如广西西北部的峰丛海拔达千米以上，相对高度超过 600m，而且许多成行排列，显示它的发育与构造线一致（图 8-6）。一般峰丛位于山地中心部分，峰林在山地边缘，而孤峰则分布于溶蚀平原或溶蚀谷地上。

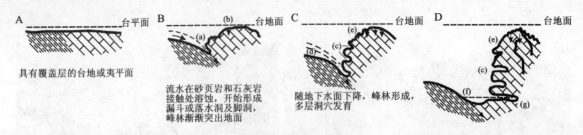

图 8-5 峰林形成示意图

(a) 落水洞或脚洞庭湖； (b) 石芽和溶沟； (c) 多层洞穴； (d) 砂页岩丘陵； (e) 峰林； (f) 积水洼地； (g) 脚洞

图 8-6 广西阳朔喀斯特峰林与贵州思南喀斯特峰丛

3. 孤峰

孤峰指散立在溶蚀谷地或溶蚀平原上的低矮山峰，它是石灰岩体在长期岩溶作用下的产物（图 8-7），如桂林的独秀峰、伏波岩等。孤峰形态主要受岩石纯度和构造影响。锥状孤峰是顶部小、基部大的山峰，峰脚坡积物较多，它生成于岩层水平的不纯石灰岩区。塔状孤峰为圆柱形，山坡陡直，它是在层厚、质纯而产状水平的石灰岩上形成的。单斜状孤峰的山坡两侧不对称，一坡陡峭而另一坡缓和，其形态与岩层的单斜产状有关。

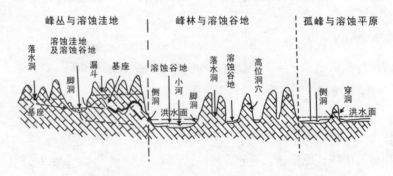

图 8-7 峰丛、峰林和孤峰剖面示意图

4. 溶蚀洼地

溶蚀洼地是由四周为低山丘陵和峰林所包围的封闭洼地。其形状和溶蚀漏斗相似，但规模比溶蚀漏斗大许多。其平面形状有圆形、椭圆形、星形和长条形，垂直形状有碟形、漏斗形和筒形，由四周向中心倾斜。溶蚀洼地底部较平坦，直径超过100m，最大可达2km。

溶蚀洼地是由漏斗进一步溶蚀扩大而成底部常发育落水洞和漏斗，此外，还发育一些小溪。从洼地四壁流出的泉水，经小溪汇流进入落水洞中。溶蚀洼地常发育于褶皱轴部或断裂带中，沿大断裂带发育的溶蚀洼地，常呈串珠状排列。如果溶蚀洼地底部被黏土或边缘的坠积岩块所覆盖，底部的溶蚀漏斗和落水洞被阻塞，就会形成岩溶湖。洼地是包气带岩溶作用下的产物，也是岩溶作用初期的地貌标志，因此它在岩溶高原上发育最为普遍。洼地的发展，最初是以面积较小的单个漏斗（溶斗）为主，随着多个漏斗不断溶合扩大，形成面积较大的盆地。它的发展不但使地面切割加剧，而且还促进了正地貌的形成，如洼地越发育，峰丛石山越明显。溶蚀洼地在云贵和广西等地分布广泛，如贵州思南的溶蚀洼地（图8-8）。

图8-8　贵州思南乌江喀斯特国家地质公园：洼地

三、干谷、盲谷和伏流

干谷和盲谷是河流作用下的谷地。其中干谷是喀斯特区往昔的河谷，现在已经无水或仅在洪水期有水活动，是遗留谷地。河流干涸的直接原因是喀斯特潜水位降低到河谷之下，因此河水潜入地下，成为伏流。引起潜水面下降的原因可能是地壳上升和喀斯特作用向地下发展，以及地下河袭夺地表河流上游，使它的下游变成干谷；曲流河段因地下河的裁弯取直也同样会产生干谷地貌（图8-9）。盲谷是一种死胡同式河谷，其前方常被陡崖所挡，河水从崖下落水洞潜入地下，成为地下河。盲谷前端的落水洞还会往上游迁移，这是由地下河不断向河流上游袭夺造成的。盲谷在贵州思南十分发育，其与地下岩溶地貌交替出现（图8-10）。

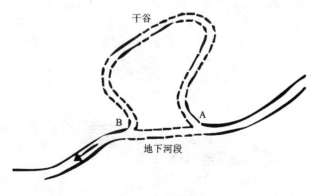

图8-9　盲谷与干谷

图 8-10　思南乌江喀斯特国家地质公园：干谷–落水洞、盲谷–岩溶泉

第二节

地下岩溶地貌

一、溶洞及溶洞堆积物

溶洞又称洞穴，是地下水沿着可溶性岩石的层面、节理或断层进行溶蚀和侵蚀形成的地下孔道。当地下水流沿着可溶性岩石的较小裂隙和孔道流动时，其运动速度很慢，这时只进行溶蚀作用。随着裂隙的不断扩大，地下水除继续进行溶蚀作用外，还产生机械侵蚀作用，使孔道迅速扩大为溶洞。

1. 溶洞的形态

溶洞的形态多种多样，规模亦不相同（图8-11）。根据溶洞的剖面形态可分为水平溶洞、垂直溶洞、阶梯状溶洞、袋状溶洞和多层状溶洞等。这些形态各异的溶洞或是与地下水动态有关，或是与地质构造有关。在垂直循环带中发育的溶洞多是垂直的，规模较小；在水平循环带中形成的

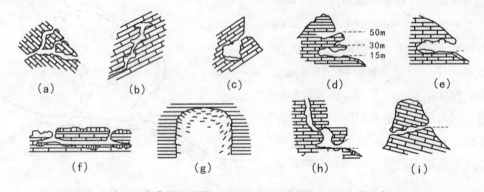

图 8-11　溶洞形态类型剖面图（据杜恒俭，陈华慧等，1981；黄万波，1976）
(a) 管道状；(b) 阶梯状；(c) 袋状；(d) 多层洞穴；(e) 水平盲洞；(f) 地下长廊；(g) 地下厅；(h) 通天洞；(i) 通山洞

溶洞多是水平的，有时受断层面倾向或地层产状的影响，也可能是倾斜的。有些溶洞发育还受岩层中节理的控制，经常见到溶洞的方向与某一组特别发育的节理方向一致。

溶洞内经常充满水，形成地下河、地下湖和地下瀑布。当地壳上升，地下水水位下降，溶洞将随之上升，使洞内水溢出。地壳多次间歇抬升，就会出现多层溶洞。溶洞在我国各地都有分布（图8-12至图8-14）。

图8-12　贵州思南犀牛洞

图8-13　湖北恩施腾龙洞

图8-14　甘肃漳县避兵洞

2. 溶洞堆积物

溶洞堆积物多种多样，除了地下河床冲积物如卵石、泥砂（其中有砂矿、黏土矿物等）外，还有崩积物、古生物以及古人类文化层等堆积。但最常见和最多的是碳酸钙化学堆积，并且构成了各种堆积地貌，如石钟乳、石笋、石柱、石幔等。

石钟乳：它是悬垂于洞顶的碳酸钙堆积，呈倒锥状。其生成是由于洞顶部渗入的地下水中 CO_2 含量较高，对石灰岩具有较强的溶蚀力，呈饱和碳酸钙水溶液。当这种溶液渗至洞内顶部出露时，因洞内空气中的 CO_2 含量比下渗水中 CO_2 含量低得多，所以水滴将失去一部分 CO_2 而处于过饱和状态，于是碳酸钙在水滴表面结晶成为极薄的钙膜，水滴落下时，钙膜破裂，残留下来的碳酸钙便与顶板联结成为钙环。由于下渗水滴不断供应碳酸钙，所以钙环不断往下延伸，形成细长中空的石钟乳。如果石钟乳附近有多个水滴堆积时，则形成不规则的石钟乳（图8-15）。

石笋：它是由洞底往上增高的碳酸钙堆积体，形态成锥状、塔状及盘状等。其堆积方向与石

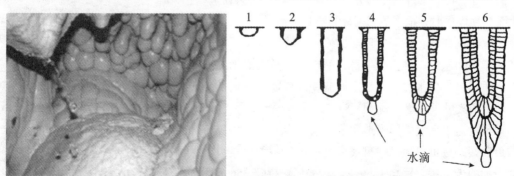
图8-15　石钟乳（甘肃漳县）及其形成过程图

钟乳相反，但在位置上两者对应。当水滴从石钟乳上跌落至洞底时，变成许多小水珠或流动的水膜，这样就使原来已含过量 CO_2 的水滴有了更大的表面积，促进了 CO_2 的逸散，因此，在洞底产生碳酸钙堆积。石笋横切面没有中央通道，但同样有同心圆结构（图8-16）。

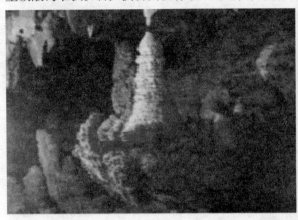 

图8-16　贵州思南乌江喀斯特国家地质公园：石笋和石柱

石柱：石柱是石钟乳和石笋相对增长，直至两者连接而成的柱状体。由洞顶下渗的水溶液继续沿石柱表面堆积，使石柱加粗。

石幔：含碳酸钙的水溶液在洞壁上漫流时，因 CO_2 迅速逸散而产生片状和层状的碳酸钙堆积，其表面具有弯曲的流纹，高度可达数十米，十分壮观。

3. 溶洞崩塌地貌

溶洞内部周围岩石的临空和洞顶因溶蚀变薄，会使洞穴内的岩石应力失去平衡而发生崩塌，直到洞顶完全塌掉，变为常态坡面为止。崩塌是溶洞扩大和消失的重要作用力，形成的地貌主要有崩塌堆、天窗、天生桥、穿洞等。

崩塌堆：洞顶岩层薄、断裂切割强以及地表水集中渗入的洞段容易发生崩塌，洞底就会出现崩塌堆；洞内化学堆积的发展也会引起溶洞的崩塌，如巨大的石钟乳坠落。

天窗：洞顶局部崩塌并向上延及地表，或地面往下溶蚀与下部溶洞贯通，都会形成一个透光的通气口，称为"天窗"。若天窗扩大至洞顶塌尽时，地下溶洞则称为竖井。

天生桥、穿洞：溶洞的顶部崩塌后，残留的顶板横跨地下河河谷两岸中间悬空，称为天生桥，呈拱形，宽度数米至百米。有些天生桥是由于分水岭地区地下河流溯源侵蚀袭夺而形成的。穿洞是桥下两头可以对望的洞（图8-17）。

贵州六盘水乌蒙山国家地质公园内的金盆天生桥位于六盘水市的最北端，是世界最高的可通公路的天生桥，也是世界上桥拱高度最大的天生桥。桥高136m，跨度60m，桥宽35m，桥拱拱顶厚15m。国内外主要的天生桥形态特征对比如表8-1所示。

图8-17　思南乌江喀斯特国家地质公园：天生桥和穿洞

表 8-1　国内外主要的天生桥对比

天生桥名称	拱桥高度（m）	拱桥跨度（m）	拱桥厚度（m）	可通公路与否
六盘水金盆天生桥	121	50~60	15	可以
重庆武隆天生桥	96	34	150	不可以
重庆武隆青龙桥	103	31	168	不可以
重庆武隆黑龙桥	116	28	107	不可以
美国弗吉尼亚天生桥	58	30	12~16	可以
斯洛文尼亚天生桥	35	20	20	可以

二、地下河和岩溶泉

1. 地下河

地下河是石灰岩地区地下水沿裂隙溶蚀而成的地下水汇集和排泄的通道。地下河的水流主要由地表降水沿岩层渗流或由地表河流经落水洞进入地下河组成，少数地下河水流由深源和远源地下水补给组成。地下河具有和地表河一样的主流、支流组合的流域系统，水文状况也随地表河洪枯水期的变化而变化。地下河分布深度常和当地侵蚀基准面相适应，如果有隔水层的阻挡，或者第四纪地壳上升幅度大于溶蚀深度，地下河则高于当地侵蚀基准面，形成悬挂式的地下河（图8-18）。

地下河常引起地表塌陷而造成灾害，在工业基地、交通枢纽和人口密集地区研究地下河的分布和发育，进行灾害评价尤为重要。另外，地下河蕴藏丰富的地下水资源，也是价值很高的旅游资源，科学开发地下河资源是重要的研究课题。

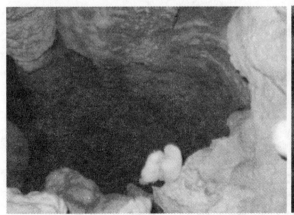

图 8-18　贵州思南乌江喀斯特国家地质公园：地下河

2. 岩溶泉

岩溶地区常有泉水出露，按泉的涌水特征和成因可分为如下几种。

(1) 暂时性泉。这一类泉多分布在垂直循环带或过渡带，只在雨季或融雪季节，垂直循环带充水以及洪水期受河水上涨影响，地下水位上升成暂时泉。

(2) 周期性泉。这类泉多形成在过渡带和水平循环带之间，它的形成机理类似虹吸管原理，泉的涌量呈周期性变化，有时水量很大，有时水量很小。例如贵州省猫跳河红板桥附近的周期泉，最大涌水量达 22.5~88.5L/s，最小涌水量才 0.45L/s，每一周期相隔 30~35min。

(3) 涌泉。这类泉水主要来自水平循环带的深部或深部的层间含水层，流量大且较稳定。

第三节　过渡带岩溶地貌

一、岩溶漏斗

漏斗是岩溶地貌中的一种口大底小的圆锥形洼地，平面轮廓为圆形或椭圆形，直径数十米，深十几米至数十米。漏斗下部常有管道通往地下，地表水沿此管道下流，如果通道被黏土和碎石堵塞，则可积水成池。

漏斗按成因可分为溶蚀漏斗、沉陷漏斗和塌陷漏斗 3 种。溶蚀漏斗是地面低洼处汇集的雨水沿节理裂隙垂直向下渗漏不断溶蚀形成的〔图 8-19（a）〕。在有较厚的松散沉积物或砂岩覆盖的岩溶地区，如有通往地下的裂隙，水流在下渗过程中，会带走一部分细粒的砂和黏土物质，使地面下沉形成沉陷漏斗〔图 8-19（b）〕。塌陷漏斗多是溶洞的顶板受到雨水的渗透、溶蚀或强烈地震发生塌陷而成〔图 8-19（c）、（d）〕。

漏斗是岩溶水垂直循环作用的地面标志，因而漏斗多数分布在岩溶化的高原面上。例如宜昌山原区地面上，漏斗很发育，溶蚀洼地和落水洞等很多，平均每平方千米达 30 多个。这是由于长江的一些支流已溯源侵蚀伸入该区，地下水垂直循环作用强烈，发育有较密集的岩溶漏斗和洼地。如果地面上有呈连续分布的成串漏斗，这往往是地下暗河存在的标志。

(a) 溶蚀漏斗

(b) 沉陷漏斗

(c) 塌陷漏斗

(d) 深层岩溶塌陷漏斗

图 8-19　漏斗的种类（据詹宁斯 J N 简化，1980）

二、落水洞

落水洞（图 8-20）是岩溶区地表水从谷地流向地下河或地下溶洞的通道，它是岩溶垂直流水对裂隙不断溶蚀并伴随坍陷而成。它是从地面通往地下深处的洞穴，垂向形态受构造节理裂隙及岩层层面控制。洞口常接岩溶漏斗底部，洞底常与地下水平溶洞、地下河或大裂隙连接，具有吸纳和排泄地表水的功能，故称落水洞。落水洞大小不一，形状也各不相同。按其断面形态特征，可分为裂隙状落水洞、竖井状落水洞和漏斗状落水洞等；按其分布方向有垂直的、倾斜的和阶梯状的。在广西一带，许多落水洞的洞口直径为 7~10m，深度为 10~30m，最深可达百米以上。

竖井又称天坑（图 8-21）。当地壳上升，地下水位也随之下降，落水洞进一步向下发育而成竖井，深度可达数百米。

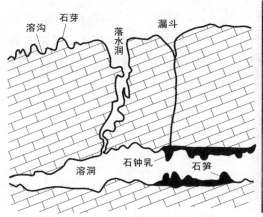

图 8-20　漏斗与落水洞

图 8-21　白雨竖井

第四节
岩溶地貌的形成条件和演化过程

一、岩溶地貌的形成条件

由于可溶性盐岩在水中的溶解度与水中的二氧化碳含量有关，而水中的二氧化碳含量又受温度、气压以及土壤中有机质的氧化和分解等因素控制，此外，可溶性盐岩在水中的溶解度还受岩石的成分、结构和构造的影响。因此，整个岩溶作用过程会受到很多因素的影响，岩溶的形成必须具备以下条件。

(一) 岩石的可溶性

岩石的可溶性主要取决于岩石成分、结构和构造。

1. 岩石成分对溶蚀率的影响

可溶性岩石大致可以分为3类：碳酸盐类岩石（石灰岩、白云岩、硅质灰岩、泥质灰岩）；硫酸盐类岩石（石膏、芒硝）；卤盐类岩石（石盐、钾盐）。其相对溶解度依次为：卤盐类岩石＞硫酸盐类岩石＞碳酸盐类岩石。

碳酸盐类岩石的矿物成分主要是方解石（$CaCO_3$）或白云石〔$CaMg(CO_3)_2$〕，含有SiO_2、Fe_2O_3、Al_2O_3及黏土等杂质。石灰岩的成分以方解石为主，白云岩的成分以白云石为主，硅质灰岩是含有燧石结核或条带的石灰岩，泥灰岩则为黏土物质与$CaCO_3$的混合物。一般来说，碳酸盐类岩石溶解度从大到小依次为：石灰岩＞白云岩＞硅质灰岩＞泥灰岩。

实验表明，碳酸盐类岩石的相对溶解度与岩石中CaO/MgO比值密切相关。在含CO_2的水溶液中，若以纯方解石的溶解度为1，可溶岩石的相对溶解度随CaO/MgO比值增大而变大（图8-22）：当CaO/MgO比值在1.2~2.2之间（相当于白云岩），相对溶解度在0.35~0.80之间；当CaO/MgO比值在2.2~10.0之间（相当于白云质灰岩），相对溶解度介于0.80~0.99之间；当CaO/MgO比值大于10.0（相当于石灰岩）时，相对溶解度趋近于1。

随着溶蚀时间的延续，上述关系的相关性越来越不明显。这是因为溶蚀作用取决于溶解度和溶解速度两个方面，刚开始溶解时，溶液中溶质含量较少，浓度较低，方解石和白云岩都是未饱和的，说明两者溶解速度有着明显的差异；随着溶液趋于饱和，溶解度将是控制溶液浓度的主要因素，再加上结构、构造及其他因素的影响。因此，碳酸盐岩的成分与溶蚀率的相关性是复杂多变的。

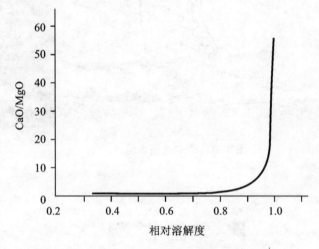

图8-22 CaO/MgO比值与相对溶解度关系曲线图

(据杨景春，张寿越，1988)

2. 岩石结构对溶蚀率的影响

岩石结构对溶蚀率的影响主要体现在岩石结晶颗粒的大小、结构类型及原生孔隙性。

结晶岩石的晶粒越小，相对溶解速度越大，隐晶结构一般具有较高的溶蚀率。因为小晶粒较之大晶粒而言，单位面积内有较多的边和角，非中和键的浓度大，且很多微晶是磨蚀的产物，表面保持着残余的弹性应变，因此溶解度较大。

岩石的组织结构和相对溶解度有密切关系。根据对广西碳酸盐岩的实验表明，鲕状结构与隐晶—细晶质结构的石灰岩有较大的溶解速度，不等粒结构石灰岩比等粒结构石灰岩的相对溶解度大（表8-2）。

表 8-2　广西不同结构的碳酸盐类岩石的相对溶解度

石灰岩类型			白云岩类型		
结构特征	CaO/MgO	溶解度	结构特征	CaO/MgO	溶解度
隐晶质微粒结构	18.99	1.12	细晶质生物微粒结构	2.13	1.09
细晶质微粒结构	27.03	1.06	隐晶质向镶嵌结构过渡	1.44	0.88
鲕状结构	21.04	1.04	细晶及隐晶质镶嵌结构	1.65	0.85
微粒细粒中粒结构	21.43	0.99	中晶及细晶质镶嵌结构	1.53	0.71
中晶质镶嵌结构	25.01	0.56	中晶质镶嵌结构	1.36	0.66
中粒、粗粒结构	14.97	0.32	中粗粒镶嵌结构具溶孔	1.73	0.65

注：据金玉璋，1984。

岩石的原生孔隙度对岩溶的影响甚大。孔隙度越高，越有利于岩溶的发育。一般来说，原生的碳酸岩比变质的碳酸岩孔隙度大；盆地或大陆架深水区沉积生成的碳酸盐岩比过渡性沉积区生成的碳酸盐岩的孔隙度大。

(二) 岩石的透水性

只有当岩石具有透水性时，含 CO_2 的水才能在岩石中流动，与岩石发生作用，进行溶蚀而不易饱和。岩石的透水性主要取决于岩石的孔隙度和裂隙度，其中裂隙度尤为重要，它与岩石的成分、结构和构造破裂程度有关。

(1) 成分纯、刚性强的岩石透水性好，如纯灰岩刚性强，裂隙开扩，长而深，因而透水性好，可形成大型溶洞；而泥质灰岩刚性弱，节理比较紧闭，经溶蚀后又会残留很多黏土，常阻塞裂隙，因而透水性差。

(2) 厚层的可溶性岩石较薄层可溶性岩石的透水性好，这是由于前者的隔水层较少，岩性均一，往往形成深而宽的裂隙。

(3) 构造发育的地段岩溶作用强，褶皱和断裂作用使岩石的破裂程度加大，从而使岩石透水性增强。所以构造线的方向，往往控制了溶洞的延伸方向。

(三) 水的溶解性

水对碳酸盐岩的溶蚀能力主要是由水中所含 CO_2 决定的。纯水的溶蚀力是极其微弱的，只有含 CO_2 的水才具有溶解性，CO_2 含量越高，其溶解性越强。

水中 CO_2 的含量受空气压力和温度的影响，据实验，大气中 CO_2 的局部气压与水中 CO_2 的含量成正比。一般空气中 CO_2 含量约占空气体积的 0.03%，因此在自由大气下，空气中 CO_2 的分压力为 30.39Pa。此时渗流于碳酸盐岩中的水溶解力为 100~150mg/L；当水流向下渗透，由于压力的增加，CO_2 浓度加大，水的溶解力可达 150~300mg/L。当空气中 CO_2 压力不变时，水中 CO_2 的含量和 $CaCO_3$ 的溶解度均随温度升高而降低。但温度升高，水的电离度大，对溶蚀作用有利，同时温度升高也使得化学反应的速度加快。此外，土壤中有机质的氧化与分解也可产生大量的 CO_2，通常含量达 1%~2%，在高温区通过有机质氧化作用，CO_2将大量增加，对促进$CaCO_3$溶解起着重要作用。因此，亚热带和热带岩溶作用比寒冷区和干燥区发育。

（四）水的流动性

滞留的水，由于不能及时补给CO_2，其溶解力是有限的，$CaCO_3$很容易达到饱和。流动的水，由于水温、水流及气压条件的不断改变，可保持水的溶解性能。特别是不同CO_2浓度的地下水混合，会大大提高水的溶解力。

地下水的流动性一方面取决于岩石的透水性，另一方面取决于降水量，而后者与气候相关。在湿热地区，雨量丰富，地表水不断渗入地下，地下水经常得到补充，使溶液不易饱和，常保持较高的溶蚀力。在干旱地区，降水很少，地下水常年得不到补充，流动缓慢，溶液容易饱和，溶蚀力较低。在寒冷区，由于以固体降水为主并发育冻土，阻碍了地下水的流动，溶蚀力亦较低。

（五）溶蚀基准面

岩溶作用的下限面称溶蚀基准面。在厚层均一的石灰岩区，大规模溶蚀作用的基准面与当地大型水体面（主要河流水面、大湖水面等）位置大体相当；但在有些地区河床以下10~80m（或更深）仍有溶洞发育。地壳上升，溶蚀基准面相应下降，岩溶化层加厚。在石灰岩与不透水岩层（页岩、黏土层）互层地区，厚层无裂隙贯通的不透水岩层顶面称为当地溶蚀基准面。若地下水沿贯通不同性质岩层的断裂带下渗，岩溶可以在地下深处灰岩中沿张开的断裂带发育，直到断裂封闭处而止，称深部岩溶，在巨厚层不同岩溶化程度的碳酸盐岩岩系中，相对溶解度小的碳酸盐岩层是岩溶作用较弱的层位，相对于其上的岩溶化强烈的碳酸盐岩层也具有一定的溶蚀基准意义。构造破裂带与硫化矿床氧化带的灰岩溶蚀作用则受当地条件制约。

二、岩溶地貌的演化过程

岩溶地貌也和其他成因的地貌一样，有其发生、发展和消亡的过程，即从幼（青）年期、壮年期发展到老年期，从而完成一个岩溶旋回。

1. 幼（青）年期

在原始的可溶性岩体面上，岩溶开始发育，地表面上以石芽、溶沟和漏斗图［图8-23（a）］发育为特征；该时期以垂直岩溶作用为主，地表水系变化不大。

2. 壮年期

垂直岩溶作用进一步加强，水平岩溶作用也迅速发展。漏斗、落水洞、溶蚀洼地、干谷、盲谷广泛发育［图8-23（b）］。地下溶洞廊道彼此贯通。这时，大部分的地表水都通过落水洞汇入地下。

3. 壮年晚期

地下岩溶洞穴进一步发展、扩大，洞穴顶板不断塌陷，许多地下河又转为地上河，大量的溶蚀洼地和溶蚀谷地出现［图8-23（c）］。

4. 老年期

地表水系又广泛发育，岩溶平原与孤峰、残丘组成地貌景观［图8-23（d）］。

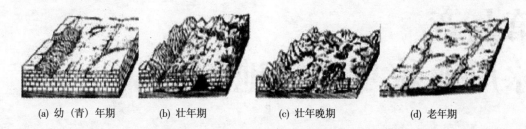

(a) 幼（青）年期　　(b) 壮年期　　(c) 壮年晚期　　(d) 老年期

图 8-23　岩溶发育阶段示意图（据《第四纪地质地貌学》根据锐茨 R，1962）

岩溶旋回受间歇性新构造运动影响，在岩溶地块隆起时期，以各种垂直岩溶形态发育为主；在岩溶地块稳定时期，以水平岩溶发育为主。地壳稳定时间越长，地下溶洞与通道的规模越大，随之洞顶板的崩落也越多，于是出现了大型的溶蚀洼地、溶蚀谷地，最后发展成岩溶平原。如果该区可溶性岩层很厚，地壳再一次抬升，则可开始第二次岩溶旋回。早期岩溶平原及其残留岩溶形态被抬升而形成的岩溶夷平面（或岩溶准平原），与一定的构造运动旋回相适应，在区域上可以对比说明岩溶发育的多旋回性，形成多期岩溶地貌的重叠。在厚层可溶性岩层区，当河流阶地与地下层状溶洞同步发育时，河流阶地系统可与多层溶洞作时代的对比，但二者高度有差距。在上述情况下，阶地系列可以作为推断该区地下可能有成层溶洞存在的依据之一。

关键点

1. 岩溶地貌由岩溶作用而成，按空间分布可分为地表岩溶地貌和地下岩溶地貌。
2. 地表岩溶地貌是碳酸盐岩受到不同程度的喀斯特作用所形成的地表地貌。
3. 碳酸钙化学堆积构成了各种地下岩溶堆积物地貌。
4. 岩溶地貌的形成与岩石的可溶性和透水性、水的溶解性和流动性、溶蚀基准面等因素有关。
5. 岩溶地貌的演化过程是一个岩溶旋回，可分为幼（青）年期、壮年期和老年期。

讨论与思考题

一、名词解释

溶沟；石芽；峰林；峰丛；孤峰；溶蚀洼地；干谷；盲谷；溶洞；地下河；岩溶泉；岩溶漏斗；落水洞

二、简答与论述

1. 岩溶地貌的分类有哪些？
2. 地表岩溶地貌有哪些类型？它们有何特征？
3. 溶洞是怎样形成的？
4. 说明典型的洞穴堆积地貌类型的特征和成因。
5. 岩溶地貌的形成主要受哪些因素影响？
6. 岩溶地貌发育分哪几个阶段？每个阶段有何特征？

第九章
冰川地貌与冻土地貌

冰川是降雪积压而成并能运动的冰体。现在世界上冰川覆盖面积约为 1 623 万 km^2，占陆地面积的 11%，集中了全球 85% 的淡水资源，主要分布在极地、中低纬的高山和高原地区。第四纪冰期，欧、亚、北美的大陆冰盖连绵分布，留下了大量冰川遗迹。冰川的进退不仅与气候变化密切相关，而且还会引起海面升降与地壳均衡变化。同时，它也是塑造地貌非常重要的一种外营力。冰川地貌主要包括现代冰川地貌景观与古冰川遗迹，是自然恩赐的美的化身，是旅游资源开发利用的一个重要组成部分，是地质公园、风景名胜区等的关注焦点。

冻土的主要外力作用是融冻作用，以融冻作用为主所形成的一系列地质地貌现象总称为冻土地貌，在许多出版物和文献中将冻土地貌称为冰缘地貌，但是实际上以冻土地貌为特征的冻土区范围，早已超出了狭义的冰缘区界线。全世界冻土地貌分布面积为 3 500 万 km^2。在第四纪最大冰期时，世界上冻土作用区域更为广大。因此，对冻土地貌的研究具有非常重要的意义。

第一节　冰川形成和冰川作用

一、雪线与成冰过程

雪线是常年积雪的下界，即年降雪量与年消融量相等的均衡线（图 9-1）。雪线以上年降雪量大于年消融量，降雪逐年加积，形成常年积雪，进而变成粒雪和冰川冰，发育冰川。雪线是一种气候标志线，其分布高度主要取决于气温、降水量和地形条件。不同地区的温度、降水量和地形不同，雪线的高度也不相同。

（1）温度：多年积雪的形成首先取决于近地表空气层的温度是否长期保持在0℃以下，气温随高度和纬度升高而逐渐降低。在中国西部，从青藏高原、昆仑山往北到天山、阿尔泰山，雪线高度由6 000m依次下降到5 500m、3 900~4 100m和2 600~2 900m。再往北到北极地区，雪线降至海平面（图9-2）。

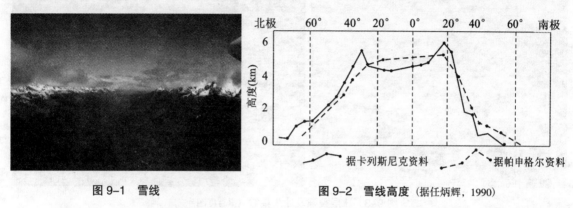

图9-1 雪线　　　　　　　图9-2 雪线高度（据任炳辉，1990）

（2）降水量：一般固态降水越多，雪线越低；固态降水越少，雪线越高。因而全球雪线高度最高处应在亚热带高压带，而不在赤道。

（3）地形：地形对雪线高度的影响主要表现在山势、坡向等方面。陡峻的山地，不利于冰雪的积累与保存，雪线位置相对较高；阴蔽的凹地或平缓的地势，有利于冰雪的积累，雪线位置较低。

然而，冰川的形成需要经过一定的成冰作用。降雪在地面需要经过一系列的作用才能形成冰川冰。首先，大气中形成的多棱角雪花及其他形式的冰晶落地以后自动圆化（粒雪化），其次是粒雪在压力或热力作用下，更紧密地结合起来，即形成冰川冰。冰川冰的密度大于$0.85g/cm^3$，但小于$1g/cm^3$。成冰作用具有明显的地带性。在高降雪量、温度也较高的海洋性气候区，以暖型成冰作用为主，其特点是以融化-再冻结过程占优势，有融水参加，成冰速度快。在干旱低温的大陆性气候区，冷型成冰作用占优势，以压实作用为主，成冰速度慢。

二、冰川运动与冰川作用

冰川运动是冰川区别于其他自然界冰体的主要特征。冰川运动的诱发因素主要是冰川本身的重力和压力。取决于冰床坡度的流动，称重力流，多见于山岳冰川；取决于冰面坡度的流动，称压力流，多见于大陆冰川。冰川的实际运动情况则由冰川的厚度、冰川下伏地形坡度和冰川表面坡度等因素控制。

冰川有两种运动方式：①冰川借助冰与床底岩石界面上融水的润滑和浮托，沿冰床向前滑动，称基底滑动；②由于冰川冰是不同粒度冰晶的集合体，当冰川达到一定厚度时（最小为30m），在自身压力下,冰内晶粒开始发生平行晶粒底面的粒内剪切蠕变,一致使冰晶向前错位,其宏观积累效果表现为整个冰川的定向蠕动,称为塑性流动。一般情况下,冰川的运动速度是这两种运动的代数和。

冰川运动速度是缓慢的,比河流流水速度小得多,一年只能前进数十米至数百米。并且,随季节有较明显变化,在消融区冰川运动的趋势是夏天快、冬天慢。由于冰川运动速度在各个部位的不协调,在运动过程中,冰川表面及冰层常产生一系列的冰川裂隙和冰层褶皱(图9-3)。

图9-3 冰层裂隙及冰川褶皱(据百度图片)

冰川作用是冰川地貌的主要塑造动力,包括冰川的侵蚀作用、搬运作用和堆积作用。

冰川搬运能力极强,它不仅能将冰碛物搬运很远的距离,而且还能将巨大的岩块搬运到很高的部位,这些巨大冰碛砾石又称为漂砾。冰川消融以后,不同形式搬运的物质,堆积下来形成相应的堆积物,称冰碛物。

三、冰川的类型

随着冰川发育条件和演化阶段的差异,全球现代冰川的形态类型多种多样,分类标准也不尽相同。杨景春等(2005)按照冰川发育的气候条件和冰川温度状况,分为海洋性冰川和大陆性冰川;严钦尚等根据冰川发育规模、运动性质和所处的地貌条件,分为山岳冰川(包括悬冰川、冰斗冰川、山谷冰川、山麓冰川、平顶冰川)和大陆冰川;曹伯勋等(1995)根据冰川形态、规模等又分为山岳冰川类型和冰原、冰帽及冰盖。

综上,山岳冰川主要分布于中低纬高山地区,冰川形态严格受山岳地形的限制。按其发育规模及形态可分为以下几类。

(1)冰斗冰川及悬冰川(图9-4、图9-5):在雪线附近,占据着圆形谷源洼地或谷边洼地的小型冰川,其消融区和积累区不易分开,称为冰斗冰川。当冰斗内积雪量大于消融量,冰川将不断被补给冰从冰斗挤出,呈小型冰舌,悬挂于冰斗口外的陡坎上,这称为悬冰川。

(2)山谷冰川:在有利的地形、气候条件下,冰雪积累逐步增加,冰斗口外的悬冰川不断伸长至山谷中,并沿山谷流动,形成山谷冰川(图9-6)。

图 9-4 冰斗冰川（横断山脉）

图 9-5 悬冰川

（3）山麓冰川：一条巨大的山谷冰川或几条山谷冰川从山地流出，在山麓地区扩展或汇合成广阔的冰川叫山麓冰川（图 9-7）。山麓冰川规模不等，随着规模的增大，向大陆冰盖过渡。

图 9-6 山谷冰川（云南明永冰川）

图 9-7 山麓冰川

此外，还有大陆冰川，主要分布于南极和格陵兰等地，规模巨大。其中在微弱切割的分水岭及高原上，发育面积较大，表面平坦或下凹的冰体称为冰原，其面积可达几百平方千米。随着冰雪的积累，冰原表面由下凹转变为穹型上凸，即称为冰帽（图 9-8）。冰帽规模一般较冰原大，最大可达 5 万多平方千米。面积超过此数则称为冰盖，又称大陆冰盖（图 9-9）。冰盖厚度巨大，表明呈冰盾，由厚达两三千米的巨大中心向四周流动。

图 9-8 冰帽

图 9-9 冰盖（南极冰盖）

第二节 冰川地貌

冰川地貌分为冰蚀地貌、冰碛地貌和冰水堆积地貌三部分。冰蚀地貌包括冰斗刀脊和角峰、冰川谷和峡湾、羊背石冰川磨光面和冰川擦痕等。冰碛地貌是由冰川侵蚀搬运的沙砾堆积形成的地貌，有冰碛丘陵、侧碛堤、中碛堤、终碛堤等几种类型。冰水堆积地貌是在冰川边缘由冰水堆积物组成的各种地貌，分为冰水扇、外冲平原、冰砾阜阶地、冰砾阜、锅穴、蛇形丘等几种类型（表9-1）。

表9-1 冰川地貌类型划分

类型		基本特征/成因
冰蚀地貌	冰斗	雪线附近的椭圆形基岩洼地
	刃脊	薄而陡峻的刀刃状山脊
	角峰	棱角状的尖锐山峰
	冰蚀槽谷	由山谷冰川剥蚀作用所形成平直、宽阔的谷地，横截面常呈"U"形
	悬谷	支谷冰川谷底高悬于主冰槽谷的坡上
	羊背石	顶部浑圆，迎冰坡较平缓，背冰坡较陡峻和粗糙
	冰川磨光面、擦痕	擦痕的一端粗，另一端细
冰碛地貌	冰碛丘陵	冰碛物堆积后形成的波状起伏的丘陵
	侧碛堤	与冰川平行的长堤状地形
	终碛堤	冰碛物在冰舌前端堆积成的向下游弯曲的弧形长堤
	鼓丘	由一个基岩核心和泥砾组成的丘陵。平面呈椭圆形，纵剖面呈不对称的上凸形
冰水堆积地貌	冰水扇	终碛堤外围堆积成的扇形地
	冰水湖	冰融水流到冰川外围洼地中形成的冰水湖泊
	锅穴	地表停滞冰块被冰水堆积物掩埋，冰块融化后冰水堆积物塌陷形成
	冰砾阜	冰面上或冰川边缘的湖泊、河流中的冰水沉积物，在冰川消融后沉落到底床堆积而成
	冰砾阜阶地	冰川全部融化后，冰水物质堆积在冰川谷的两侧而成
	蛇形丘	狭长而曲折的垄岗地形

注：此表转引自曹伯勋，1995，修改。

一、冰蚀地貌

1. 冰斗、刃脊和角峰

冰蚀地貌主要是冰斗冰川在发展过程中塑造的地貌。其中，冰斗（cirque）是冰川在雪线附近塑造的椭圆形基岩洼地，是雪蚀与冰川剥蚀的结果。典型冰斗由峻峭的后壁（三面）、深凹的斗底（岩盆）和冰坎组成（图9-10、图9-11）。冰斗发育于雪线附近的地势低洼处，剧烈的寒冻风化作用，使基岩迅速冻裂破碎，崩解的岩块随着冰川运动搬走，洼地周围不断后退拓宽，底部被蚀深，并导致凹地不断扩大而形成。冰斗在冰川退缩后可形成冰斗湖。古冰斗底的高度标志着古雪线的位置，不同时期古冰斗高度与现代雪线的高差，是研究古温度波动的重要标志。

由于冰斗后壁受到不断的挖蚀作用而后退，当两个冰斗或冰川谷地间的岭脊变窄，最后形成薄而陡峻的刀刃状山脊称为刃脊，也叫鳍脊（图9-12）；当不同方向的两个及以上冰斗后壁后退时，发展成为棱角状的尖锐山峰，叫做角峰（图9-12）。由于组成刃脊和角峰的岩性和地质构造不同，有的可残留，有的则被破坏殆尽。

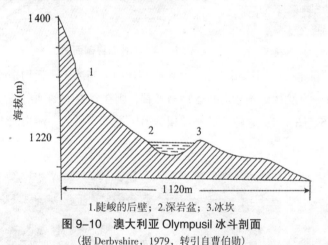

1.陡峻的后壁；2.深岩盆；3.冰坎

图9-10 澳大利亚Olympusil冰斗剖面
（据Derbyshire，1979，转引自曹伯勋）

图9-11 冰斗

图9-12 角峰与刃脊

2. 羊背石和冰川擦痕

羊背石（sheepback rock）是由冰蚀作用形成的石质小丘，特别在大陆冰川作用区，石质小丘往往与石质洼地、湖盆相伴分布，成群地匍匐于地表，犹如羊群伏在地面上一样（图9-13），故得名。它由岩性坚硬的小丘被冰川磨削而成。顶部浑圆，纵剖面（图9-14）前后不对称，迎冰坡一般较平缓，带有擦痕、刻槽及新月形的磨光面，是冰川磨蚀作用的结果；背冰坡较陡峻且粗糙，由阶状小陡坎及裂隙组成，是冰川拔蚀作用的结果。羊背石的长轴方向，与冰川运动的方向平行，因而可以指示冰川运动的方向。

图9-13　羊背石　　　　　　　　　　图9-14　羊背石纵剖面图

在羊背石上或"U"形谷壁及在大漂砾上，常因冰川的作用而形成磨光面，当冰川搬运物是砂和粉砂时，在较致密的岩石上，磨光面更为发达；若冰川搬运物为砾石，则在谷壁上刻蚀出条痕或刻槽，称之为冰川擦痕（槽）(图9-15、图9-16)，擦痕的一端粗，另一端细，粗的一端指向上游。

图9-15　冰川磨光面　　　　　　　　图9-16　冰川擦痕

3. 冰川谷

由山谷冰川剥蚀作用所形成的平直、宽阔的谷地，叫冰蚀槽谷，因其横截面是"U"形，故又称"U"谷或幽谷（图9-17），它是山岳冰川分布最广的地形。

当冰川流速一定时，冰川下蚀能力随冰川厚度的增加而增强，在谷地下部较强，使冰槽谷横剖面呈明显的抛物线形或"U"形，谷坡呈凹形，上部陡而下部缓，并逐渐过渡为宽阔的平坦谷底。冰槽谷纵剖面（图 9-18）向下游倾斜，但起伏不平，冰蚀洼地与冰蚀岩坎频繁交替，底床有时向上倾斜，这是冰川选择性剥蚀的结果。在洼地后侧的顺向坡上，冰川在重力驱动下流动（伸张流），不断加深洼地后壁；在洼地前端，冰川在纵向压力作用下旋转滑动并沿剪切面向上逆冲（压缩流）、磨蚀，使洼地进一步加深，形成深度较大的冰蚀岩盆。在平面上，冰槽谷平直，两侧排列着冰川切削山嘴而形成的冰蚀三角面。

图 9-17　"U" 形谷

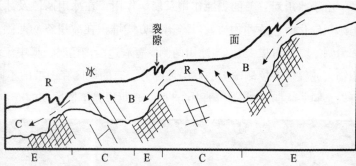

图 9-18　冰槽谷纵剖面形成机制图解（引自曹伯勋，2006）

冰川消融后，岩盆积水，常成为串珠状湖泊（图 9-19），又称冰川梯级湖，是指在同一个冰川谷中，冰斗上下串联或冰碛叠置地区，不同高度上排列着两个以上的冰成湖群。

支谷冰川谷底高悬于主冰槽谷的坡上，称为悬谷。悬谷的形成源自冰川侵蚀力的差异，主冰川因冰层厚、下蚀能力强，故 "U" 形谷较深，而支冰川较浅，在支冰川和主冰川的交汇之处，常有冰川底面高低的悬殊，当支冰川的冰进入主冰川时必为悬挂下坠成瀑布状的悬谷（图 9-20）。

图 9-19　串珠状湖泊

图 9-20　悬谷

二、冰碛地貌

1. 冰碛丘陵

冰川消融后，原来的表碛、内碛和中碛都沉落到冰川谷底，和底碛一起统称基碛。这些冰碛物受冰川谷底地形起伏的影响或受冰面和冰内冰碛物分布的影响，堆积后形成波状起伏的丘陵，称冰碛丘陵或基碛丘陵（图9-21）。

大陆冰川区的冰碛丘陵规模较大，高度可达数十米至数百米，例如北美的冰碛丘陵高400m。山岳冰川也能形成冰碛丘陵，但规模要小得多，如西藏东南部波密，在冰川槽谷内的冰碛丘陵，高度只有几米到数十米。冰碛丘陵之间的洼地，如果是漂砾和黏土混合组成，透水性很小，常能积水成池。

2. 侧碛堤

由于冰川对谷壁的剥蚀作用及崩塌作用，在冰川两侧及冰川表面边缘聚集了大量碎屑物质。当冰川融化时，这些物质就以融出的方式堆积在冰川谷的两侧，形成与冰川平行的长堤状地形，称为侧碛堤（图9-22）。当冰川两侧发育着边沿沟槽时，槽中流水可将侧碛堤完全毁掉或加工成冲积物，或仅仅冲掉侧碛堤的靠山坡部分。有的地区在山坡的不同高度上存在着多道侧碛堤，它们可以是同一冰期不同融化阶段的产物，也可以是不同冰期的产物。

图9-21　冰碛丘陵

图9-22　侧碛堤（据刘航，2010）

3. 终碛堤

当冰川的补给和消融处于相对平衡状态时，由于冰川中部运动稍快，冰碛物就会在冰舌前端堆积成向下游弯曲的弧形长堤，称终碛堤（尾碛堤）（图9-23、图9-24）。

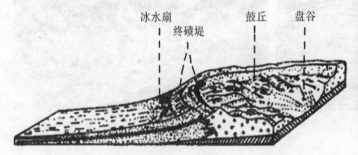

图9-23　终碛堤与冰水扇示意图（据彭克A,1936）

图9-24　终碛堤

大陆冰川终碛堤的高度约30~50 m，长度可达几百千米，弧形曲率较小。山岳冰川的终碛堤高达数百米，长度较小，弧形曲率较大。

终碛堤成因与冰川的进退有关。当冰川处于平衡状态时，冰舌处的大量底碛和内碛沿冰体剪切面被推举到冰川表面形成表碛，另一部分内碛由于冰川表面消融而出露为表碛。这些表碛如果滚落到冰川末端边缘堆积下来,待冰川退缩时,就形成弧形的终碛堤。这种成因的终碛堤称冰退终碛堤。如果冰川的积累大于消融,冰川前进,除一部分冰碛沿冰体剪切面被推举到冰川表面再滚落到冰川末端边缘外,同时冰川以外的谷地中的砂砾或过去的冰层也被推挤向前移动,形成终碛堤,称推挤终碛堤。

4. 鼓丘

鼓丘(图 9-25)是由一个基岩核心和泥砾组成的丘陵。它的平面呈椭圆形,长轴与冰流方向一致,纵剖面呈不对称的上凸形,迎冰面坡缓,是基岩,背冰面坡陡,是冰碛物。它的高度可达数十米。北美的鼓丘高度为 15~45m,长 450~600m,宽 150~200m。欧洲有些鼓丘高只有 5~10m,但长度可达 800~2 600m,宽 300~400m。

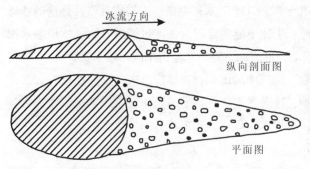

图 9-25 鼓丘的平面图和剖面图(根据弗林特 R F, 1971)　　图 9-26 鼓丘景观

鼓丘分布在大陆冰川终碛堤以内的几千米到几十千米范围内,常成群分布(图 9-26)。山谷冰川终碛堤内也有鼓丘分布,但数量较少。鼓丘的成因是冰川在接近末端,底碛翻越凸起的基岩时,搬运能力减弱,发生堆积而形成。

三、冰水堆积地貌

冰雪融化后形成的水流称为冰水。冰水堆积是指冰川消融时冰下径流和冰川前缘水流的堆积物,大多数是原有冰碛物,经过冰融水的再搬运、再堆积而成。因此,它们既具有河流堆积物的特点(如有一点分选、磨圆度和层理构造),同时又保存着条痕石等部分冰川作用痕迹。按其形态、位置及成因等,分为冰水扇、冰水湖、冰砾阜和冰砾阜阶地、锅穴和蛇形丘等地貌。

1. 锅穴

锅穴指分布于冰水平原上常有一种圆形洼地,深数米,直径十余米至数十米。底部有底碛物等隔水层时,可积水成池,称窝状湖。锅穴是由于地表停滞冰块(死冰)被冰水堆积物掩埋,冰块融化后冰水堆积物塌陷而形成(图 9-27)。

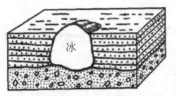

(a) 砂砾层中的死冰块

(b) 死冰融化后形成的锅穴

图 9-27 锅穴成因(根据弗林特 R F, 1971)

2. 冰砾阜和冰砾阜阶地

冰砾阜是一些圆形的或不规则的小丘（图9-28），由一些有层理的并经分选的细粉砂组成，通常在冰砾阜的下部有一层冰碛层。冰砾阜是冰面上或冰川边缘的小湖或小河的冰水沉积物，在冰川消融后沉落到底床堆积而成。在山谷冰川和大陆冰川中都发育有冰砾阜。

在冰川两侧，由于岩壁和侧碛吸热较多，附近冰体融化较快，又由于冰川两侧冰面相对中部低，所以冰融水就汇聚在这里，形成冰川两侧的冰面河流或湖泊，并带来大量冰水物质。当冰川全部融化后，这些冰水物质就堆积在冰川谷的两侧，形成冰砾阜阶地，它只发育在山地冰川谷中。

3. 蛇形丘

蛇形丘是一种狭长而曲折的垄岗地形，由于它蜿蜒伸展如蛇，故称蛇形丘（图9-29）。两坡对称，一般高度15~30m，高者达70m，长度由几十米到几十千米；主要组成物质是略具分选的沙砾堆积，夹有冰碛透镜体。蛇形丘的成因有两种：①冰下隧道成因，在冰川消融时期，冰川融水很多，它们沿冰川裂隙渗入冰下，在冰川底部流动，形成冰下隧道，隧道中的冰融水携带许多沙砾，沿途搬运过程中将不断堆积，待冰全部融化后，隧道中的沉积物就显露出来，形成蛇形丘；②冰川连续后退，由冰水三角洲堆积而成。在夏季，冰融水增多，携带的物质在冰川末端流出进入到冰水湖中，形成冰水三角洲，到下一年夏季，冰川再次后退，又形成另一个冰水三角洲，一个个冰水三角洲连接起来，就形成串珠状的蛇形丘。

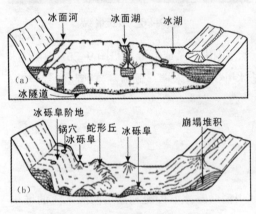

图9-28 冰砾阜和冰砾阜阶地
（根据弗林特R F，1971）

图9-29 蛇形丘（根据弗林特R F，1971）

第三节

冻土地貌

冻土是指处于0℃以下，并含有冰的土（岩）层。按其冻结时间的长短，可分为冬季冻结、夏季融化的季节性冻土和常年不化（冻结持续时间在3年以上）的多年冻土两类。全球冻土的分布，具有明显的纬度和垂直地带性规律。自高纬度向中纬度，多年冻土埋深逐渐增加，厚度不断减小，年平均地温相应升高，由连续多年冻土带过渡为不连续多年冻土带、季节冻土带。

冻土地区的外力作用主要是冻融作用。冻融作用是指，随着温度周期性地发生正负变化，冻土层中水分相应地出现相变与迁移，导致岩石的破坏，沉积物受到分选和干扰，冻土层发生变形，产生冻胀、融陷和流变等一系列复杂过程。经冻融作用而产生的特殊地貌，称为冻土地貌（cry-morphology）。

一、石海、石河与石冰川

冰川前缘区常年负温，物理风化强烈，岩石长期在这样的条件下被冰劈作用破坏，地面广泛裸露冻裂的岩块和碎石，称石海（图9-30）。石海多形成于富有节理的花岗岩、玄武岩和石英岩等坚硬岩石地区。形成石海的地形要求地面较平坦且坡度小于10°，即可使寒冻崩解的岩块不易移动而能长期得到保存。

岩块受重力作用往沟谷洼地聚结成带，因冻胀、收缩和春季底土解冻等使石块整体往下蠕动，称石河（图9-31）。它多发育于多年冻土区具有一定坡度的凹地。它是由填充谷地的冻融风化碎屑物，在重力作用下，石块沿着湿润的碎屑下垫面或多年冻土层顶面，徐徐向下运动而形成的。大型的石河又称石冰川。

不对称谷地缓坡上的寒冻风化崩解岩屑，沿坡下移，堆积成岩屑坡。石海、石河、岩屑坡和冻裂岩柱等是冻土山地常见的地貌景观。

图9-30　石海

图9-31　石河

二、多边形土和石环

饱含水分、由细粒土组成的冻土地区，当冻土活动层冻结后，若温度继续下降或土层干缩，因冻裂作用而产生裂隙，形成了被裂隙所围绕的、中间略有突起的多边形土（图9-32）。

石环（图9-33）是由细粒土和碎石为中心，周围由较大砾石为圆边的一种环状冻土地貌。它们在极地、亚极地及高山地区常有发育并且形成速度很快。石环形成在有一定比例的细粒土地区，细粒土一般不少于总体积的25%~35%,并且土层中要有充分的水分,所以石环多发育在平坦的河漫滩或洪积扇的边缘。

石环的形成主要是松散堆积物在冻融作用的反复进行下发生的垂直分选所致,过程如下:由粗细混杂物质组成的冻土层,冬季地表冻结时,因为颗粒之间的孔隙水结冰而使整个地面上升,即冻胀作用,其中的砾石也被抬高;到了春天解冻时,砾石以外的部分都解冻了,地面又下沉,唯独砾石以下的黏土尚未解冻,故砾石仍然高起;以后,砾石下细土部分也解冻,缩小了体积,留出了空隙,但这空隙很快被周围融化的细土所充填,结果砾石再不能回到原来的位置。这样的过程经过反复多次,砾石就被挤到土层的表面上来。

除上述垂直方向的分选外,还有水平方向的分选。水平分选主要是在活动层上部和表面进行,它使粗大的砾石被挤向边缘的裂隙移动、集中,从而形成了网格状的石质多边形土。如果要石质多边形彼此不接触,石边就会加宽,整个多边形趋向圆形,从而形成石环。

图9-32 多边形土

图9-33 石环

三、冻融泥流阶地

在永久冰缘区坡度为2°~30°的斜坡上,冻结的含碎石细土层上部的活动层,在春、夏季融化时使土层饱水,高孔隙水压使土层的剪切强度降低;或春、秋两季,土层温度围绕结冰点波动,土体体积频繁胀缩,使土层蠕动。上述两种过程均可使融化土层在重力作用下,沿永冻层面往坡下缓慢运动,称为冻融泥流作用,运动速度一般不超过1m/a。一旦坡度变缓、土层变薄或土体失去水分,运动即行停止。当斜坡表面水分分布均匀时,土层整体运动,形成大片较连续的泥流阶地;当水分不均匀时,土层分裂运动,形成若干不同流速单元的泥流舌群(图9-34)。

四、冻胀丘和冰核丘

由于地下水受冻结地面和下部多年冻土层的遏阻,在薄弱地带冻结膨胀,使地表变形隆起,称冻胀丘(图9-35)。其高为几十厘米到几米。有的冻胀丘为一年期,冬季出现,夏季消失。

土层冻结时,若土层中的某些部分不断接收冻结层间水或层下水的补给,将形成一个地下冰核，冰核使地面隆升成丘，即冰核丘。高纬区其高度从几十米到200多米，冰核丘为永久冻土，可保存几十年甚至几百年。

图9-34 泥流舌群

图9-35 冻胀丘

关键点

1. 冰川地貌主要包括现代冰川地貌景观与古冰川遗迹。
2. 冰川作用是冰川地貌的主要塑造动力，包括冰川的侵蚀作用、搬运作用和堆积作用。冰川地貌分为冰蚀地貌、冰碛地貌和冰水堆积地貌3部分。
3. 冰蚀地貌主要是冰斗冰川在发展过程中塑造的地貌。
4. 冻土分为冬季冻结、夏季融化的季节性冻土和常年不化（冻结持续时间在3年以上）的多年冻土两类。
5. 冻土地貌是经冻融作用而产生的特殊地貌。

讨论与思考题

一、名词解释

雪线；刨蚀作用；冰斗；悬谷与冰蚀谷；刃脊与角峰；羊背石与鼓丘；终碛堤与中碛堤；底碛与基碛；冰砾阜阶地与冰砾阜；锅穴；蛇形丘；冰碛物与冰水沉积物；冰水扇与冰水阶地；冻土；石河；冰核丘与冻胀丘

二、简答与论述

1. 什么叫雪线？不同地区的雪线高度为什么不同？
2. 山岳冰川和大陆冰川各有哪些主要特点与种类？
3. 冰川地质作用有哪些？形成哪些地貌？
4. 冰蚀地貌有哪些主要类型和特点？
5. 试分析冰碛地貌的类型和主要特征。
6. 冻土地貌有哪些主要形态类型？

第十章
风成地貌与黄土

风成地貌与黄土地貌是干旱和半干旱区发育的独特地貌，它们在时间和空间分布上以及成因上都有密切联系。

风力对地表物质的侵蚀、搬运和堆积过程中所成的地貌，称为风成地貌。风成地貌虽然可出现在诸如大陆性冰川外缘（冰缘区），湿润区的植被稀少的沙质海岸、湖岸和河岸。但是，主要还是分布在干旱和半干旱地区，特别是其中的沙漠地带。那里日照强，昼夜气温剧变，物理风化强烈，降水少、变率大而又集中，蒸发强烈，年蒸发量常数倍、数十倍于降水量。地表径流贫乏，流水作用微弱。植被稀疏矮小，疏松的沙质地表裸露，特别是风大而频繁。所以，风就成为塑造地貌的主要营力，风成地貌特别发育。

黄土地貌，特别是现代的黄土侵蚀地貌，流水的侵蚀作用当然十分显著。然而，黄土 (loess) 的堆积地貌、黄土物质的形成中，虽然也有流水作用的堆积物（黄土状土），以及风化残积物经成土作用的产物等，但风力作用却是主导的，是风把干旱沙漠和戈壁地区以及大陆冰川区冰水平原上的细颗粒吹送到半干旱草原区堆积成的。因此，风成地貌与黄土地貌，它们都是第四纪地质历史时期广大干旱、半干旱区内特殊的干燥气候环境的产物，而风力作用是其塑造地貌的重要营力。

风沙移动和黄土的水土流失，都对工农业生产、交通等经济建设有很大的危害，所以，防治沙害和水土保持是当前干旱、半干旱区的人民在对自然灾害斗争中的一项非常重要任务，是环境保护、国土整治的重要课题。

第一节

风沙作用

风是沙粒运动的直接动力,当风速作用力大于沙粒惯性力时,沙粒即被起动,形成含沙粒的运动气流,即风沙流。风沙流对地表物质所发生的侵蚀、搬运和堆积作用称为风沙作用。使沙粒沿地表开始运动所必需的最小风速称为起动风速(或临界风速)。一切大于临界风速的风都是起沙风。

起动风速与沙粒的粒径大小、沙层表土湿度状况及地面粗糙度等有关。一般沙粒愈大,沙层表土愈湿,地面越粗糙,植被覆盖度越大,起动风速也愈大。

在一定粒径范围内,随粒径增大,起动风速也增大。起沙风速与粒径平方根成正比(图10-1)。但对特别大和特别细的沙粒都不易起动。据实验测定,粒径约为0.015~0.5mm时,0.1mm左右的沙粒最容易起动。随着大于或小于0.1mm的粒径增大或减小,其启动风速都将增大。粒径为0.1~0.25mm的干燥沙,起动风速值仅为4~5m/s(指2m高处风值)。

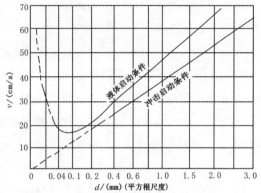

图 10-1 风力作用下的泥沙起动条件
(据拜格诺 R A,1959)

一、风沙侵蚀作用

风沙对地表物质的吹扬和研磨作用,统称风沙的侵蚀作用。

1. 吹蚀作用

风吹过地表时,产生紊流,使沙离开地表,从而使地表物质遭受破坏,称为吹蚀作用。吹蚀作用的强度与风速成正比,与粒径成反比,风速超过启动风速愈大,吹蚀能力愈强。一般组成地表的颗粒愈小、愈松散、愈干燥,要求的启动风速较小,受到的吹蚀愈强烈。据研究,在一定范围内,若风中夹带沙粒,可增强风对地表的吹蚀能力。风沙流中沙子的冲击作用,使得地面的沙粒更容易从土壤中分离出来进入风沙流(图10-2)。

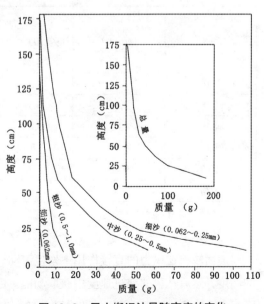

图 10-2 风力搬运沙量随高度的变化

2. 磨蚀作用

风沙流紧贴地面迁移时,沙粒对地表物质的冲击和摩擦作用,称为磨蚀作用。迎风面的岩壁,特别是砂岩,由于风沙流钻进孔隙之中,不断旋磨,可能形成口小内大的风蚀穴。由于风沙流中的沙粒集中分布在距地面 30cm 之内,所以沙漠区的电线杆下部可因磨蚀而折断,故常常用砖或土砌底座。

二、风沙搬运作用

地表松散的碎屑物质,在风沙流的作用下,从一处转移到另一处的过程称为风沙的搬运作用。其搬运方式有悬移(悬浮)、跃移(跳跃)和蠕移(推移)(图10-3,表10-1)。

1. 悬移

细小的沙粒受气流紊动上升分速的作用,而悬浮于空中的搬运方式称为悬移。紊动气流的垂直向上分速约等于平均风速的1/5。若风速为5m/s,粒径小于0.2mm,沙粒就能悬移,因为它们在空气中沉降速度都小于1m/s;风速愈大,能悬移的粒径就大些,含量也会增多。当风速变小后,悬移质中较大的粒径就容易沉降到地表,而粒径小于0.05mm 的粉沙和尘土,因为体积细小,质量轻微,一旦悬浮后就不易沉降,而随空气运离源地,甚至在 2 000km 以外才沉落。

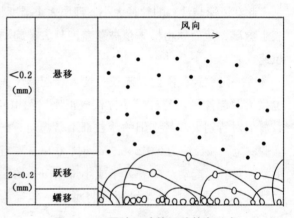

图10-3 风沙运动的3种基本形式

表10-1 气流中跃移和蠕移沙量比较

2m 高处风速 (m/s)	总输沙量 (g/min)	蠕移		跃移	
		沙量 (g/min)	所占百分比 (%)	沙量 (g/min)	所占百分比 (%)
5.0	0.78	0.24	31	0.54	69
6.0	1.39	0.31	22	1.08	78
7.0	2.83	0.59	23	1.94	77
8.0	4.05	0.82	20	3.23	80
9.0	6.19	1.15	19	5.04	81
10.0	9.42	1.86	19	7.56	81
平均			22		78

注:据朱震达等,1974。

2. 跃移

地面沙粒在风力的直接作用下发生滚动、跳跃。当风速超过启沙风速,沙粒从地面跃起一定的高度,然后从风的前进速度中获取动能。由于沙粒的密度比空气密度大,所以在自重作用下沉降,一旦沙粒与地面碰撞,水平分速就转变为垂直分速,从而反跳起来。

跳跃的沙粒和组成地面的颗粒弹性愈大，反跳也愈高，跳起的沙粒又受风速的推进获得能量，前进的水平分速增大，在自重作用下再沉降，再与地面碰撞而跳起，沙粒如此弹跳式的搬运作用，称为跃移。当地面是卵石时，沙粒反弹较高。当地面是沙粒时，沙粒插入沙粒之间，形成一个小孔穴，能量消耗，但同时把附近一两个颗粒冲击跃起。当地面是粉沙时，沙粒就埋进粉沙中，使粉沙粒扰动扬起，产生扬尘作用。风速越大，跃移的沙粒离开地面越高，数量也越多。

3. 蠕移

跃移沙粒以比较平缓的角度冲击地面，其中有一部分能量传递给被打散跳起并继续跃移的沙粒，而另一部分能量却在与周围沙粒的冲击摩擦中损失，这个能量损失转化为推动地表沙粒徐徐向前滚动的动能。

在低风速时，滚动距离只有几毫米，但在风速增加时，滚动的距离就大了，而且有较多的沙粒滚动；高风速时，整个地表有一层沙粒都在缓慢向前蠕动，这种搬运沙子的方式称为蠕移。

高速运动的沙粒，通过冲击方式可以推动 6 倍于它的直径或 200 多倍于它的重量的表层沙粒运动，所以蠕移质比跃移质沙粒为大，而且重沙也可以在蠕移中富集，但蠕移的速度较小，一般不到 2.5cm/s。而跃移质的速度快，一般每秒可达数十厘米到数百厘米。

风对地表松散碎屑物搬运的方式，以跃移为主（其含量约为 70%~80%），蠕移次之（约为 20%），悬移很少（一般不超过 10%）。对某一粒径的沙粒来说，随着风速的增大，可以从蠕移转化为跃移，从跃移转化为悬移；反之，也是一样。跃移和蠕移是紧贴地表的，风沙流搬运的物质主要在距地表 30cm 之内（一般占 80% 左右），特别集中在 10cm 之内，1m 以上含量就很少了。

三、风沙堆积作用

风沙的堆积作用包括沉降堆积和遇阻堆积。在气流中悬浮运行的沙粒，由于风速减弱，当沉速大于紊流漩涡的垂直分速时，就要降落堆积在地表，称为沉降堆积。沙粒的沉速随粒径增大而增大。

风沙流运行时，遇到障碍，使沙粒堆积起来，称遇阻堆积。风沙流因遇障碍发生减速，而把部分沙粒卸积下来，也可能全部（或部分）越过，绕过障碍物继续前进，在障碍物的背风坡形成涡流。在风沙流经常发生的地区，粒径小于 0.05mm 的沙粒悬浮在较高的大气层中，遇到冷湿气团时，粉粒和尘土就成为凝结核随雨滴大量沉降，成为气象上所说的尘暴或降尘现象。

第二节　风成地貌

风对地表松散碎屑物的侵蚀、搬运和堆积过程所形成的地貌，称风成地貌。全球各地到处都可以有风，但只有在风吹扬起地表松散颗粒、形成风沙流的过程中，才能形成各种风成地貌。

一、风蚀地貌

风的吹蚀作用仅限于一定高度,因风的挟沙量在近地表10cm高处最多,跃移的沙粒上升高度一般不超过2m,所以风蚀地貌在近地面处最明显,主要风蚀地貌有以下几种(表10-2)。

表10-2 风蚀地貌类型划分表

风蚀地貌名称	主要特征	成因分析
风蚀壁龛(石窝)	直径约20cm,深10~15cm小凹坑	昼夜温差风化,片状剥落,旋转磨蚀
风蚀蘑菇	上部宽大、下部窄小的蘑菇状地形	近地面风沙流,较强侵蚀岩石下部
风蚀柱	高低不等、大小不同的孤立石(土)柱	垂直裂隙发育岩石或土体,长期吹蚀
风蚀垄槽(雅丹)	不规则的背鳍形垄脊和宽浅沟槽	干涸湖底、干缩裂开,裂隙扩大
风蚀谷	沿主风向延伸,底部崎岖,宽窄不均	偶有暴雨冲刷(冲沟),风蚀扩大
风蚀洼地	小型:椭圆形,沿主风向伸展,深1m	松散物质组成的地面、风蚀而成
	大型:深度可达10m左右	流水侵蚀基础上再经风蚀改造
风蚀残丘(风城)	桌状平顶较多,亦有尖峰状,高10~30m	基岩地面,风蚀谷扩展,残留小丘
风棱石	棱角明显,表面光滑	适当沙粒,强风和开阔地面

注:据吴正,2009;杨景春等,2005,整理修改。

1. 石窝(风蚀壁龛)

陡峭的岩壁受风沙的吹蚀和磨蚀,岩壁表面形成大小不等、形状各异的小凹坑,其直径大多约20cm,深达10~15cm,有群集,有分散,使岩石表面具有蜂窝状的外貌,称为石窝。石窝的形成是因干旱区的昼夜温差较大,使岩石表面在物理风化和化学风化的频繁作用下,岩石表面呈片状剥落,形成很多浅小的凹坑。以后,风沙就沿此凹坑向里钻磨,被带到凹坑内的沙粒受风力作用在凹坑内发生旋转,不断地磨蚀凹坑的内壁,结果形成口小坑大的石窝(图10-4)。

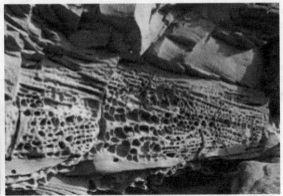

图10-4 风蚀壁龛

2. 风蚀蘑菇和风蚀柱

突起的孤立岩石，尤其是裂隙比较发育的不太坚实的岩石，受风蚀作用后而成上部宽大、下部窄小的蘑菇状地形，称风蚀蘑菇（图10-5）。它是由于近地面的风沙流的含沙量较大，对岩石下部侵蚀较强而形成的。

如果风蚀蘑菇顶部岩石的重心和基部岩石不一致，则上部岩石很容易坠落下来。坠落下来的大石块如在地上不稳定，当刮大风时，则能随之摇摆，称为摇摆石或风动石。垂直裂隙发育的岩石或土体，在风长期吹蚀下，形成一些孤立的石（土）柱，称为风蚀柱（图10-5）。

图 10-5　风蚀蘑菇和风蚀柱

3. 雅丹（风蚀垄槽）

吹蚀沟槽与不规则的垄岗相间组成的崎岖起伏、支离破碎的地面，称为风蚀垄槽。它们通常发育在干旱地区的湖积平原上。由于湖水干涸，黏性土因干缩裂开，主要风向沿裂隙不断吹蚀，裂隙逐渐扩大，使原来平坦的地面发育成许多不规则的陡壁、垄岗（墩台）和宽浅的沟槽（图10-6）。这种地貌以罗布泊附近雅丹地区最为典型，故又叫雅丹地貌。沟槽可深达10余米，长达数十米到数百米，沟槽内常为沙粒填充。雅丹原是我国维吾尔族语，意为陡峭的土丘。塔里木盆地的罗布泊区域，有些雅丹地形的沟深度可达10余米，长度由数十米到数百米不等，走向与主风向一致，沟槽内常有沙子堆积。在垄脊顶部常有白色盐壳，又称白龙堆。

图 10-6　塔里木盆地的雅丹地貌和玉门魔鬼城的雅丹地貌（据百度图库）

4. 风蚀谷和风蚀残丘

荒漠区有时一次暴雨能把地面侵蚀成很多沟谷，风就沿着沟谷吹蚀，沟谷进一步扩大，成为风蚀谷。风蚀谷无一定形状和走向，宽窄不均，蜿蜒曲折，有时为狭长的沟壕，有时又为宽广的谷地。在陡峭的谷壁下部，常堆积着崩塌的岩屑堆，谷壁上有时有许多大大小小的石窝。

经长期风蚀后，风蚀谷不断扩大，原始地面不断缩小，最后残留下来的小块原始地面称为风蚀残丘。它的外形各不相同，以桌状平顶较多，亦有成尖峰状的，高度一般在10~30m不等。在较软弱的水平岩层地区，经风力长期吹蚀，塑造成一些顶平壁陡的残丘，远远望去，好似废毁的千年城堡，称为风蚀城堡。中国西北荒漠地区常可见到这种现象，新疆东部十三间房一带和三堡、哈密一线以南的第三纪（古近纪十新近纪）地层有许多风蚀城堡（图10-7）。

图10-7 风蚀残丘和风蚀城

5. 风蚀洼地

风蚀洼地：松散物质组成的地面，经风长期吹蚀形成大小不同的以椭圆形为主的，沿主风向伸展的洼地称风蚀洼地（wind-erosion depression）。单纯由风蚀作用造成的洼地多为小而浅的蝶形洼地。如准噶尔盆地3个泉子干谷以北的许多碟形洼地，直径都在50m以下，深度仅1m左右。风蚀洼地的形状和尺度既取决于风况，也取决于大于起动风速的风等。当往下侵蚀达到水位或不易侵蚀的土层（黏土或盐土），能阻止洼地表面的风蚀，而成为控制风蚀的局部基准面（图10-8）。当风蚀深度低于潜水面时，地下水出露可潴水成湖，如我国呼伦贝尔沙地中的乌兰湖、毛乌素沙地中的纳林格尔、敦煌月牙泉等（图10-9）。

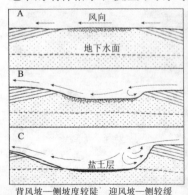

图10-8 风蚀洼地的形成
（据Small，1972）

图10-9 风蚀洼地（敦煌月牙泉）

6. 风棱石

风棱石（ventifact）是指任何被风携砂磨蚀或磨砂而磨损、切削或抛光的具有多面体的石头或砾石。狭义的风棱石是指具有几个扁平面相交而形成棱角的小石块，一般位于荒漠区的砾漠中。广义的风棱石可指受到风沙磨蚀的更大的岩块，因风蚀而形成各种奇特的形态。

依据棱的多少，又有单棱石、三棱石和多棱石之分，但以三棱石最常见。它是部分突露地表的砾石，经定向风长期打磨而露出地面部分形成一个磨光面，后由于风向的改变或砾石的翻转重新取向，又形成另一个磨光面，面与面之间则隔着尖棱，这就形成了风棱石（图10-10）。棱的多少与风向变化、翻转次数、原来砾石的形状有关。

图 10-10　风棱石

[（a）来自 http://roll.sohu.com/20130204/n365471330.shtml，（b）据吕洪波：采集地克拉玛依]

二、风积地貌

前进中的风沙流在遇障碍物（植物、山体、凸起的地面或建筑物）时，就会因受阻而产生涡漩或减速，使其动能降低而发生堆积，形成各种风积地貌。风积地貌的形态与风沙流的结构、运动方向和含沙量有关。国内外很多沙漠地貌学家先后用不同指标对风积地貌（沙丘）进行了分类。吴正（2009）等根据成因-形态原则，采用三级分类系统对沙丘进行分类：①横向沙丘（沙丘形态的走向和气沙风合成风向相垂直或60°~90°的交角）；②纵向沙丘（沙丘形态的走向和气沙风合成风向相平行或30°以下的交角）；③多方向风作用下的沙丘（沙丘本身不与气沙风合成风向或任何一种风向相垂直或平行。根据风沙流的结构等特征，费道洛维奇 Б А（1954）将风积地貌划分为4种类型。

（一）信风型风积地貌

单向风或几个近似方向风的作用下形成的各种风积地貌。这种类型的风积地貌又称信风型风积地貌。荒漠地区主要形成沙堆、新月形沙丘、纵向新月形沙丘和纵向沙垄，在荒漠区的边缘或在海岸带、湖岸带非荒漠区常有抛物线沙丘发育。它们的形态走向与起沙风的合成风向之间夹角小于30°，或近于平行，这类沙丘又称纵向沙丘。

1. 灌丛沙丘

风沙流在前进中，遇到障碍物时，便在其背风面发生沉积，形成各种不规则的沙堆，是不稳定的堆积体（图10-11）。

图 10-11　柴达木盆地的沙堆（灌丛沙丘）

2. 新月形沙丘

新月形沙丘是一种平面形如新月的沙丘。其纵剖面有两个不对称斜坡：迎风坡凸而平缓，延伸较长，坡度 5°~20°，背风坡微凹而陡，坡度为 28°~34°，有时达 36°；背风坡的坡度大小与不同粒径沙粒的休止角有关。在新月形沙丘背风坡的两侧形成近似对称的两个尖角，成为新月形沙丘的两翼，此两翼顺着风向延伸（图 10-12）。在迎风坡与背风坡连接的地方，形成弧形的脊，成为新月形沙丘脊。单个新月形沙丘多分布在荒漠边远地区，有时沙质海滨地带也有分布。

图 10-12　新月形沙丘

新月形沙丘（barchan）是从饼状沙堆到盾形沙堆再到雏形新月形沙丘演化而来。由于沙堆的存在使地面起伏，风沙流经过沙堆时，使近地面的风速发生变化，在沙堆顶部风速较大，沙堆的背风坡风速较小。从沙堆顶部和绕过沙堆两侧的气流在沙堆背风坡产生涡流，并将带来的沙粒堆积在沙堆后的两侧，形成马蹄形小洼地，这就形成盾形沙丘。如果风速和沙量继续增大，沙堆背风坡的小凹地就将进一步扩大，背风坡相对最大高度接近沙丘最高位置，从沙堆顶部和两侧带来的沙粒在涡流的作用下不断堆积在沙堆后部的两侧，形成雏形新月形沙丘。雏形新月形沙丘再进一步扩大和增高，使气流在通过它的顶峰附近和背风坡坡脚部分时，产生更大的压力差，从而在背风坡形成更大的漩涡，使原有浅小马蹄形洼地扩大，从迎风坡吹越沙丘顶的流沙，在沙丘顶部附近的背风坡处堆积，当增长到一定程度，沙粒就会在重力作用下沿背风坡下滑，落在洼地内，再被涡流吹向两侧堆积，这时就形成了典型的新月形沙丘（图 10-13）。

新月形沙丘形成后，沙粒不断从迎风坡向背风坡搬运、堆积，在沙丘内部形成与背风坡倾斜方向一致的斜层理。新月形沙丘的剖面形态见图10-14。

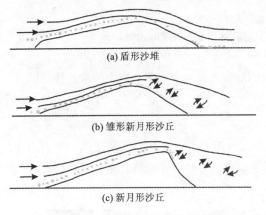

图 10-13　新月形沙丘形成的过程
（据吴正，2009）

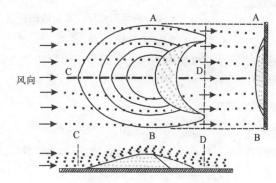

图 10-14　新月形沙丘剖面图
（据拜格诺 R A，转引自王锡魁等，2008）

3. 纵向沙垄

纵向沙垄是沙漠中顺着主要风向延伸的垄状堆积地貌（图10-15）。垄体较为狭长平直。高度一般为10~30m，长数百米至数十千米。总体特征为两坡对称而平缓，丘顶呈浑圆状。

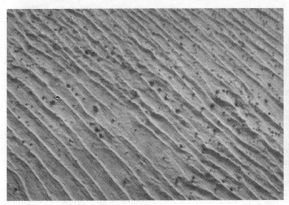

图 10-15　纵向沙垄（据百度图片）

纵向沙垄形成的主要原因有以下几种：

（1）由新月形沙丘发展而成。在两个风向呈锐角相交时，新月形沙丘的一翼沿着两个风向的合成风向伸延，另一翼因其处于背风面，逐渐退缩；以后，当风向又转变为主风时，伸长的一翼又会沿主风向伸长。这样反复，最后即形成纵向沙垄（图10-16）。我国阿尔金山北麓就有这种作用形成的沙垄，长度可达 5km。

（2）由单向风和龙卷风共同作用而成。在沙漠区龙卷风与单向风作用下，则气流被压低沿着地面呈水平螺旋状向前推进，风从低地将沙子吹起堆积在两侧沙堆的顶部，逐渐形成长达数十千米的纵向复合沙垄。

（3）受地形影响而成。在山口或垭口附近，风力特别强烈，可形成顺风向延长的纵向沙垄。纵向沙垄上发育许多密集的沙丘链，称为复合纵向新月形沙垄。

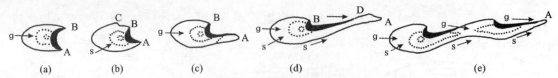

图 10-16 新月形沙丘发育为纵向新月形沙垄图（根据拜格诺 R A,1959）
g.主要风向；S.次要风向；A/B.沙丘翼部；C.萎缩翼；D.沙立脊

（4）由灌丛沙堆发育而来。在温带荒漠有植物生长的地方，当两个或两个以上的灌丛沙堆同时顺主要风向延伸，最后相互衔接，便形成纵向沙垄。

4. 抛物线沙丘

抛物线沙丘与新月形沙丘相反，沙丘的两个翼角指向风源方向，沙丘的凹侧迎风，平面上像一条抛物线，一般高 2~8m。抛物线沙丘是一种固定或半固定的沙丘，在水分和植被条件较好的荒漠边缘地区或者海岸带常有发育（图 10-17）。

 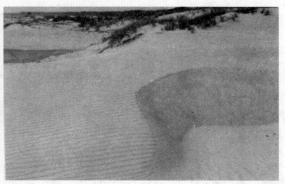

图 10-17 抛物线沙丘

（二）季风-软风型风积地貌

是指在两个方向相反的风交替作用时，其中一个风向占优势所形成的沙丘。这类风积地貌的排列延伸方向大都与主风向垂直，沙丘经常是前后往返或移动。季风-软风型风积地貌有新月形沙丘链、横向沙垄和梁窝状沙地等。

1. 新月形沙丘链

在两个方向相反的风的交替作用下，新月形沙丘的翼角彼此相连而形成新月形沙丘链，它的高度一般为 10~30m，长几百米至几千米。新月形沙丘之间既有平行连接，也有前后互接。这种地貌在我国季风气候区的沙漠中比较发育（图 10-18）。

图 10-18 新月形沙丘链和横向沙垄

2. 横向沙垄

横向沙垄是一种巨形的复合新月形沙丘链，长 10~20km，一般高 50~100m，最高可达 400m。沙垄整体比较平直，两侧不对称，背风坡陡，迎风坡平缓。缓坡上常形成许多次一级的沙丘链或新月形沙丘。

3. 梁窝状沙地

梁窝状沙地是由隆起的沙脊梁与半月形的沙窝相间组成（图 10-19），是由横向沙丘链发展而成。当在两个风向相反而风力不等的风的交替作用下，形成摆动前进的横向新月形沙丘链，如果在略有植被覆盖的地区，有一部分沙丘链前进受阻，一部分沙丘和另一部分沙丘链相接，就形成梁窝状沙地。

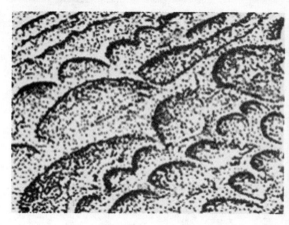

图 10-19 梁窝状沙地和蜂窝状沙丘

（三）对流型风积地貌

夏季的沙漠中常形成龙卷风，在龙卷风作用下形成的堆积地貌称为对流型风积地貌。蜂窝状沙地就是这类地貌的代表（图 10-19）。

蜂窝状沙地是由无数圆形或椭圆形沙窝，周围有丘状沙埂环绕而组成。强烈的龙卷风把沙漠地面吹成一个个圆形洼地，被吹蚀的沙粒，堆积在洼地的四周，形成丘状沙埂。这种地貌在温带荒漠中最为发育。

（四）干扰型风积地貌

当主要气流向前运动时，遇到山地阻挡而产生折射，引起气流干扰形成的各种地貌。其中主要的是金字塔形沙丘（图 10-20）。金字塔形沙丘是一种角锥形沙丘，具有三角形面（坡度约 30°），一般高 50~100m。每个沙丘有 3~4 个斜面组成，每个斜面代表一个风向。其发育条件是：①在几个方向风的作用下，而且各个方向的风力都相差不大；②分布在靠近山地迎风坡附近；③下伏地面微有起伏。风积地貌的形态是非常复杂的。为了调查研究沙丘的活动程度，也常把沙丘分为流动沙丘、固定沙丘和半固定沙丘 3 种。后两类沙丘不同程度地由植被固定。

此外，在荒漠区还可形成一种交错的复合新月形沙丘。如果地面稍有植被，气流受到干扰，改变方向，则可形成格状沙丘（图 10-21）。

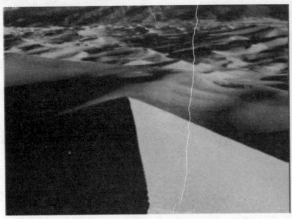
图10-20 金字塔形沙丘

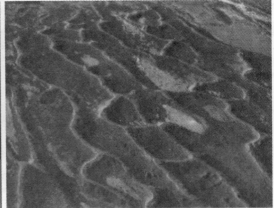
图10-21 格状沙丘

第三节 黄土的分布和性质

黄土是第四纪时期形成的广泛分布的松散土状堆积物，其主要特征是：呈浅灰黄色或棕黄色，主要由粉沙组成，富含钙质，疏松多孔，不显宏观层理，垂直节理发育，具有很强的湿陷性。广义的黄土包括典型风成黄土和黄土状岩石。黄土状岩石是指除风力以外的各种外动力作用所形成的类似黄土的堆积，其特点是具有沉积层理，粒度变化大，孔隙度较小，含钙量变化显著，湿陷性不及风成黄土等。原生黄土经改造后堆积成次生黄土。

在黄土堆积过程中和堆积以后形成的地貌，叫做黄土地貌。由于受特殊气候条件和历史上长期对土地资源不合理利用的影响，我国黄土分布区，尤其是黄土高原地区的水土流失极为严重，成为黄河泥沙的主要来源。因此，黄土地貌的研究，密切关系到水土保持工作，对我国西部地区的生态环境保护和经济建设具有重要意义。

一、黄土的分布

从全球来看，黄土覆盖面积约占地球陆地表面的10%，主要分布在中纬度干旱或半干旱的大陆性气候地区，即现代的温带森林草原、草原及荒漠草原地区，分布于北纬30°—55°和南纬30°—40°的地带内。这是由于内陆干旱荒漠区、半荒漠区的强大反气旋从荒漠中部向荒漠边缘移动，把大量粉沙和尘土吹送到草本灌木的草原地区逐渐堆积下来形成的。另外，中欧和北美的一些地区也有黄土分布，这是在冰期时大陆冰川区的干冷反气旋，将冰碛和冰水堆积物中的一些细粒物质吹到冰川外缘地区沉积而成。因此，人们又把荒漠黄土称为暖黄土，冰缘黄土称为冷黄土。

中国黄土与黄土状沉积物有约63万 km^2，约占全国总面积的4.4%，其中黄土占44万多平方千米。黄土大致沿昆仑山、秦岭以北，阿尔泰山、阿拉善和大兴安岭一线以南分布，构成北西西-南东东走向的黄土带。黄土带的东端向南、北两个方向展布，北自松嫩平原北部（典型黄土北起辽西及热河山地一带），南达长江中下游，处于北纬30°—49°之间，而以北纬34°—45°之间的地带最发育，构成中国黄土的发育中心。

中国黄土分布的海拔高度，自西向东从3 000m降到数十米；新疆个别山地黄土可出现在海拔4 000多米高处。黄土分布亦受坡向影响，西北坡或北坡黄土堆积较厚，在南坡或东南坡黄土或缺失或堆积厚度不大。

黄土的厚度在各地不一。我国黄土最厚的达180~200m，分布在陕西省泾河与洛河流域的中下游地区，其他地区从十几米到几十米不等。根据黄土地层看，在几十米到100~200m的黄土中，可划分为早更新世的午城黄土、中更新世的离石黄土和晚更新世的马兰黄土。

晚更新世黄土的厚度较早更新世和中更新世的薄，位于六盘山以西的渭河上游和祖厉河上游以及六盘山以东的泾河上游，厚度为30~50m，其他地区只有10~20m。中更新世黄土和早更新世黄土在陕西泾河和洛河流域厚度可达175m，到延安、靖边一带，厚约100~125m，山西西部也有近百米厚的黄土，其他地区只有数十米。巨厚的黄土为黄土地貌发育奠定了物质基础。

二、黄土的性质

（一）黄土的成分

黄土的成分包括黄土的粒度成分、黄土的矿物成分和黄土的化学成分3部分。

1. 黄土的粒度成分

组成黄土的颗粒成分以粉沙为主，这是黄土的重要特征之一。在黄土中粉沙（粒径0.05~0.005mm）含量占40%~60%，细粉沙（0.01~0.005mm）的含量一般仅占5%~10%，最多不超过15%。黄土中普遍含有沙粒，但以极细沙（0.1~0.05mm）居多，细沙（0.25~0.1mm）的含量很少，而颗粒大于0.25mm的沙粒通常是没有的。黏土（<0.005mm）的含量一般在20%左右。

黄土的粒度成分的百分比在不同地区的黄土中和不同时代的黄土中都不一样。从水平分布看，它自北而南，自西向东，颗粒由粗变细（表10-3）。从垂直剖面看，从下部老黄土到上部新黄土粒度由细变粗（表10-4）。

表10-3 马兰黄土粒度成分平均值的空间变化

地区	粒级含量（%）		
	>0.05mm	0.05~0.005mm	<0.005mm
山东	8.95	64.70	25.70
山西	27.20	53.56	19.09
陕西	30.29	52.61	17.00
甘肃	24.97	56.36	18.59
青海柴达木	41.93	41.25	16.81

注：据刘东生等，1954。

表 10-4 不同时代黄土粒度百分比

黄土地层	>0.05mm		0.05~0.005mm		<0.005mm	
	马兰黄土	午城黄土	马兰黄土	午城黄土	马兰黄土	午城黄土
山西	27.20	32.16	53.56	41.25	19.09	26.68
陕西	30.29	22.09	52.61	53.49	17.00	24.47
甘肃	23.67	14.11	60.09	62.82	15.69	23.04

注：据刘东生等，1954。

2. 黄土的矿物成分

中国黄土的矿物组成中，碎屑矿物以轻矿物（比重<2.9）为主，主要是石英（50%以上），其次是长石（29%~43%）、碳酸盐矿物（10%~15%）和云母（>2.5%）。重矿物（相对密度>2.9）仅占4%~7%，主要有不透明金属矿物（如磁铁矿、赤铁矿等）、绿帘石类、角闪石类、辉石类和其他硅酸盐矿物。重矿物主要集中在0.05~0.01mm级的颗粒中。

3. 黄土的化学成分

化学成分依赖于其主要矿物成分和风化程度，以 SiO_2 占优势，其次是 Al_2O_3、CaO，再次为 Fe_2O_3、MgO、K_2O、Na_2O、FeO、TiO_2 和 MnO_2。由于黄土中易溶的化学成分含量很高，对黄土地貌发育有着很重要的影响。

（二）黄土的结构

黄土以粉砂为主，一般具有粒状微结构（偏光显微镜下观察），碎屑组成骨骼颗粒由空隙相连。显著风化的黄土与古土壤一般为斑状结构。黄土孔隙率高达40%~50%，吸水能力强，透水性高，除粒间小孔外，还发育各种特有的大孔，如节理、虫孔、放射状孔和植物根孔。由于黄土颗粒之间结合得不紧密，故有许多孔隙。黄土中的水分沿着孔隙向下运动，可溶盐类和细粒粉砂被水分溶解和移动使孔隙逐渐扩大。随着黄土地层时代的变老，孔隙率降低。

黄土的物理性质与黄土地貌发育的关系极为密切。同时，由于黄土疏松、多孔隙、垂直节理发育、极易渗水和含有可溶性物质等特点，很容易被流水侵蚀形成沟谷，也易造成沉陷和崩塌，形成一些黄土柱或黄土陡壁和陷穴等各种地貌。

三、黄土的成因

黄土属多成因沉积物，主要有风成说、水成说和风化残积说3种观点。其中风成说历史长、影响大、拥护者最多。

风成说，最早由德国人李希霍芬 F V（1882）提出，俄国人奥布鲁契夫 B A 发展这一学说；现代黄土风成说，代表人物有刘东生、库克拉（Kukla G J），他们把黄土的物源、搬运方式、堆积过程、黄土性质与古土壤发育等与第四纪全球性冰期旋回和大气环流联系起来，并以现代大气环流-尘暴动态作为认识过去黄土形成过程的参照系统。刘东生等（1985）把黄土成因分为黄土形成与黄土演变两个阶段（图10-22）。

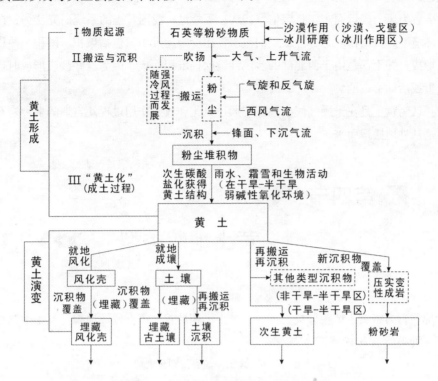

图 10-22　黄土形成过程和黄土演变示意图
（据刘东生等，1985，转引自曹伯勋的《地貌学及第四纪地质学》）

对于中国黄土，其物源（粉砂级石英、长石、方解石等）产生在物理风化强烈的西北区沙漠和戈壁（可能部分来自中亚沙漠），粉尘在高空西风气流和近地面风共同作用下，以尘暴形式被风从北西往南东方向悬移，运移途中粉尘因气流下降和按颗粒大小分异沉降（图10-23）。黄土形成后，在原地暴露于地表时，受物理、化学和生物风化作用，引起黄土不同程度的改变。最强烈的改变发生在相对湿度、粉尘沉积缓慢或中断的气候阶段，生物风化作用增强形成一定类型的土壤；较微的改变则形成风化层；被后期沉积物埋藏，即成古土壤和埋藏风化层。因一系列冷暖气候波动形成黄土—古土壤层序列。而风积黄土经流水改造后形成次生黄土，也有少量黄土是在原地残积而成。

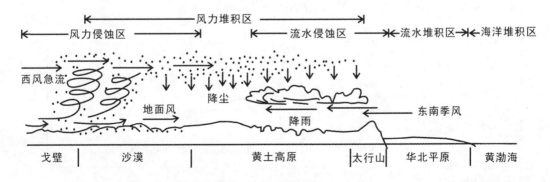

图 10-23　黄土粉尘搬运、堆积示意图

水成说：19世纪末，由莱伊尔（Lyell C）等人提出，认为成土物质主要来源于附近，主要为流水搬运，少数为风力搬运而来。张宗佑（1959）等经过对我国黄土的系统研究认为，在一定的地质、地理环境下，黄土物质为各种形式的流水作用所搬运堆积（包括坡积、洪积、冲积等），经黄土化作用形成，并不都是由于西北部的沙漠沙被吹扬堆积而成，因为这些沙漠形成时代较晚，多是晚更新世或后期形成的。

残积说：认为黄土是在干燥气候条件下，通过风化和成土作用过程使当地的多种岩石改造成黄土，而不是从外地搬运而来。

第四节　黄土地貌类型

按主导地质营力将黄土地貌分类，可分为黄土堆积地貌、黄土侵蚀地貌、黄土潜蚀地貌和黄土重力地貌4种类型（表10-5）。

表10-5　黄土地貌类型划分表

类	小类	型	典型代表地貌
黄土堆积地貌	黄土高原	黄土塬	白草塬、董志塬、洛川塬
		黄土墚	山西柳林
		黄土峁	陕北
	黄土平原、丘陵；渭河平原、宁夏西吉峁丘陵沟壑区		
黄土侵蚀地貌	黄土区大型河谷地貌：黄河、渭河、洛河、泾河		
	黄土沟谷地貌：纹沟、细沟、切沟、冲沟		
黄土潜蚀地貌		黄土碟	圆形、椭圆形
		黄土陷穴	漏斗状、竖井状、串珠状
		黄土桥	洛川地质公园黄土桥
		黄土柱	柱状、尖塔形
黄土重力地貌	泻溜、崩塌、滑坡、湫地		

一、黄土堆积地貌

黄土堆积地貌可分为塬、梁、峁3种类型。塬、梁、峁是黄土高原的黄土堆积的原始地面经流水切割侵蚀后的残留部分。它们的形成与黄土堆积前的地形起伏及黄土堆积后的流水侵蚀都有关。

1. 黄土塬

黄土塬是指在第四纪以前的山间盆地的基础上,被厚层黄土覆盖,面积较大、顶面平坦、侵蚀较弱、周围被沟谷切割的台地。主要分布于陕甘宁盆地南部与西部,以及陇西盆地北部。洛川塬、长武塬、董志塬和白草塬(图10-24),是我国目前保存较完整的黄土塬,塬面宽展平坦,坡度一般小于3°;沟壑密度在1~2km/km²,黄土厚100~200m,作为黄土高原的地貌特征颇具代表性。其中,董志塬介于泾河的支流蒲河与马莲河之间,以西峰镇为中心,长达80km,宽处达40km,面积超过2 200km²。

图10-24 黄土塬(甘肃董志塬)和黄土梁(山西柳林) (引自中国百科网)

黄土塬受到沟谷强烈分割以后就形成残塬。残塬地面起伏略大,塬面呈小块状,单个塬面一般在5km²以下,塬面坡度3°~10°,沟壑密度多在2~3km/km²,沟谷溯源侵蚀与下切侵蚀强烈,例如,山西省隰县、大宁、吉县、蒲县的残塬,相对切割深度150~200m,沟壑密度2~4km/km²,沟谷侵蚀强烈,年土壤侵蚀模数5 000~10 000t/km²。

2. 黄土梁

黄土梁是平行沟谷的长条状高地。梁主要是黄土覆盖在梁状古地貌上,又受近代流水等作用形成的。根据梁的形态可分为平顶梁和斜梁两种。

平顶梁顶部比较平坦,宽度有限,长可达几千米,其横剖面略呈穹形,坡度多在1°~5°,沿分水线的纵向斜度不超过1°~3°。梁顶以下,是坡长很短的梁坡,坡度在10°以上,两者之间有明显的波折。在梁坡以下,即为沟坡,其坡度更大。

斜梁是黄土高原最常见的沟间地,梁顶宽度较小,常呈明显的穹形。沿分水线有较大起伏,梁顶横向和纵向坡度,由3°~5°到8°~10°。梁顶坡折以下直到谷缘的梁坡坡长很长,坡度变化于

15°~35°。墚坡的波形随其所在部位而有不同，在沟头的谷缘上方为凹斜形坡，在墚尾（沟口两侧）为凸斜形坡。墚坡以下，就是沟坡。

3. 黄土峁

黄土峁是顶部浑圆、斜坡较陡的黄土小丘，大多数是由黄土墚进一步切割而成，少数为晚期黄土覆盖在古丘状高地而成，常成群分布（图10-25）。黄土墚、峁经常与谷沟同时并存，组成黄土丘陵。黄土丘陵比黄土塬分布广泛，水土流失严重，重力滑坡造成的地质灾害不时发生。

黄土平原则分布于新构造下降区，如渭河平原（图10-26），是由黄土沉积形成的低平原，只在局部倾斜地面上发育沟谷系统。

图10-25 黄土峁（陕北）（陈永宗摄）　　　　图10-26 渭河平原

二、黄土侵蚀地貌

黄土侵蚀地貌可分为黄土区大型河谷和黄土区沟谷地貌。黄土区大型河谷地貌是长期发展的结果，如黄河、渭河、洛河、泾河，其形成发展与一般侵蚀河谷相似，但由于有风积黄土堆积，晚期黄土覆盖早期河谷阶地的情况经常可见。黄土区千沟万壑，地面被切割得支离破碎，根据黄土沟谷形成的部位、沟谷的发育阶段和形态特征，可将黄土沟谷地貌分为以下几种。

1. 纹沟（rills）

在黄土坡面上，降雨时常形成很薄的片状水流，由于原始坡面上的微小起伏和石块、植物根系、草丛的阻碍，水流可能分异，聚成许多条细小的股流，侵蚀土层，即形成细小的纹沟。彼此穿插、相互交织。纹沟的重要标志是没有沟缘线，沟底纵剖面与斜坡面的坡度一致，经耕犁就立即消失（图10-27）。

2. 细沟（shallow gullies）

坡面水流增大时，片流就逐渐汇集成股流，侵蚀成大致平行的细沟。其宽度一般不超过0.5m，深度约0.1~0.4m，长数米到数十米。细沟的谷底纵剖面呈上凸形，下游开始出现跌水，横剖面呈宽浅的"V"字形，沟坡与黄土地面有明显的转折（图10-28）。

图 10-27 纹沟

图 10-28 细沟

3. 切沟（gullies）

细沟进一步发展，下切加深，切过耕作土层，形成切沟（图 10-29）。切沟的深度和宽度均可达 1~2m，长度可超过几十米。切沟的纵剖面坡度与斜坡坡面坡度不一致，沟床多陡坎。横剖面有明显的谷缘。

4. 冲沟（valley）

切沟进一步下切侵蚀形成冲沟（图 10-30）。其规模较大，长度可达数千米或数十千米，深度达数十米至百米，常下切到早、中更新世黄土层或上新世红土层。冲沟纵剖面呈下凹的曲线，与斜坡凸形纵剖面完全不同。黄土冲沟的沟头和沟壁都较陡，沟头上方或沟床中常有一些很深的陷穴，它是由于下渗的水流对黄土中的钙进行溶蚀，并把一些不溶的细小颗粒带走，使地表发生下陷而形成。之后，进一步促使沟头溯源增长，冲沟增长，沟床加深。冲沟两侧的沟壁常发生崩塌，使沟槽不断加宽。黄土区冲沟系统发展快，具有继承性，部分现代黄土沟谷重叠发育在老沟谷之上。

图 10-29 切沟

图 10-30 冲沟

三、黄土潜蚀地貌

地表水沿黄土中的裂隙或空隙下渗，对黄土进行溶蚀和侵蚀，称为潜蚀。潜蚀后，黄土中形成大的空隙和空洞，引起黄土的陷落而形成的地貌，称之黄土潜蚀地貌。其主要包括以下几种地貌。

黄土碟：是一种直径数米至数十米、深数米的碟形凹地。由于流水聚集凹地内，沿黄土裂隙与空隙下渗、浸润，当潜水面上黄土底部充分含水之后，黄土在重力影响下陷落形成黄土碟。

黄土陷穴：是黄土区地表的穴状洼地，向下延伸可达10~20m，常发育在地表水容易汇集的沟间地或谷坡上部和墚、峁的边缘地带，由于地表水下渗进行潜蚀作用使黄土陷落而成（图10-31）。按照形态可分为竖井状陷穴、漏斗状陷穴和串珠状陷穴。串珠状陷穴，下部有通道相连，常见于冲沟沟床上。

图10-31 黄土陷穴（竖井状和漏斗状）

黄土井：黄土陷穴向下发展，形成深度大于宽度若干倍的陷井，称为黄土井。

黄土桥：两个陷穴之间或从沟顶陷穴到沟壁之间，由于地下水作用使它们沟通，并不断扩大其间的地下孔道，在陷穴间或陷穴到沟床间地面顶部的残留土体形似土桥，称之黄土桥（图10-32）。

黄土柱：是分布在沟边的柱状残土体。它是由于流水不断地沿黄土垂直节理进行侵蚀和潜蚀，以及黄土的崩塌作用而形成的残留土体。黄土柱有柱状和尖塔形，其高度一般为几米到十几米（图10-33）。

图10-32 黄土桥（引自百科网）　　图10-33 黄土柱（陕西）［引自中国地质大学（武汉）《地貌学与第四纪地质学》国家精品课程网站］

四、黄土重力地貌

黄土谷坡的物质在重力作用和流水作用影响下，常发生移动，形成崩塌、滑坡、泻溜等重力地貌（图 10-34）。

1. 泻溜

黄土谷坡表面的土体受干湿和冷热等变化影响，引起物体的胀缩而发生碎裂，形成碎土和岩屑，在重力作用下顺坡而下，称为泻溜。在谷坡的上方，形成泻溜面，坡度多在35°~45°；谷坡的下方是泻积坡，坡度在35°~38°。由于泻溜作用使谷坡上物质泻落到沟床两侧，洪水时期成为沟谷水流的泥沙主要来源之一，这也是黄土沟谷区水土流失的方式之一。

2. 崩塌

在黄土的谷坡上，由于雨水或径流沿黄土的垂直节理下渗，水流在地下进行溶蚀作用，并把一些不溶的细小颗粒带走，使节理不断扩大，谷坡土体失去稳定而发生崩塌。另外，如沟床河流侵蚀岸坡基部或因雨水浸湿陡崖基部而使上坡失去稳定，也能发生崩塌。一般来说，黄土能形成很陡的斜坡而不易崩塌，黄土区能见到许多直立的黄土柱，多年不坠。但是，一旦黄土受湿，其斜坡的稳定性就要大大降低。

3. 滑坡

黄土沟谷的滑坡常在不同时代的黄土接触面之间或黄土与基岩之间产生滑动。例如，马兰黄土与离石黄土或午城黄土接触面之间的滑坡，就是由于不同时代黄土的质地不同、地下水的下渗程度不同造成的。地震时，黄土丘陵区的大型滑坡常能阻塞沟谷而成湖池，湖池淤满后，积水排干而成平整的低洼地，叫湫地。例如，1920年的海原地震，形成许多黄土滑坡，一些大规模的滑坡堵塞河流和沟谷形成几十个湖池，大多数湖池已干涸形成湫地。

图 10-34　黄土泻溜与滑坡

第五节

黄土地貌发育过程

　　黄土地貌发育阶段可以分为两个阶段，即黄土堆积时期的地貌发育阶段和黄土堆积后的地貌发育阶段。黄土堆积形状与古地形关系密切。总的来说，在一些山区，黄土堆积较薄，突起的山峰常露在黄土之上，如山西西北部的河曲、神池的黄土区上耸立着许多基岩山地；在古盆地或倾斜平原上黄土堆积较厚，有时可达 100 多米，形成宽广的黄土塬（如董志塬）。黄土堆积如与河流发育同时，不同时代黄土将堆积在河流谷坡和不同时代的阶地上，时代较老的高阶地上有早期黄土堆积，也有较近期的黄土堆积，低阶地上只有较新的黄土堆积。因此，可通过黄土时代推算河流阶地形成的时代（图 10-35）。

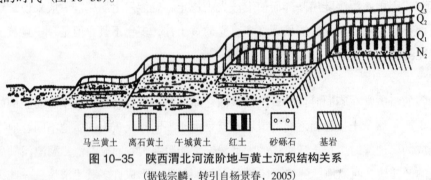

图 10-35　陕西渭北河流阶地与黄土沉积结构关系
（据钱宗麟，转引自杨景春，2005）

　　黄土是在更新世长期的风力作用下堆积形成的，在堆积过程中由于气候变化而有间断。当气候干冷时，西伯利亚冷高气压团南移，中国北部气流扰动加剧，风力增强，黄土堆积速率加大，同时降水较少，地表侵蚀相对微弱，有利于黄土堆积；当气候转为温湿时，西伯利亚冷高压气团北移，中国北部气流扰动减弱，黄土堆积速率减小，同时雨量增加，地表侵蚀加剧，形成冲沟，地表发育土壤。当下一个干冷期到来时，冲沟发育减缓或停止，地面和冲沟的谷坡上堆积了一层黄土，土壤层也被黄土覆盖。气候再次转为温暖时，沿原来的冲沟再次加剧侵蚀，地面又发育一层土壤，所以在黄土沉积层中常留下许多层古土壤和不同时期的侵蚀面。

　　黄土层中的古土壤在剖面中呈红色，又称埋藏古土壤层（图 10-36）。它是由质地黏重的土层组成，上部有时见到淡灰黑色的腐殖质层，下部有白色钙质层。黄土中埋藏的古土壤层是代表黄土堆积间断时期的古地面。在面积广大的塬、梁、峁地区，古土壤层的起伏与今天黄土地面形态大体相似，在塬区古土壤层比较平坦，在梁、峁区则向邻近大沟谷方向倾斜。这说明在黄土开始堆积时，原始地面起伏和黄土堆积过程中的地形形态以及今天黄土地面起伏大体一致。在黄土的多次堆积过程中，只有岭谷之间的地形相对高差较小，一些较小的沟谷可能被填满，但较大的河谷仍一直延续至今。

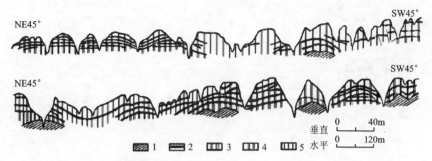

图 10-36　陕西洛川黄土中的古土壤（据刘东生，转引自杨景春，2005）

1.基岩；2.埋藏土；3.午城黄土；4.离石黄土下部；5.离石黄土上部

黄土堆积后的地貌发育，是全新世以来，黄土区受外力（主要是地表流水的侵蚀切割）改造作用，形成形态各异的黄土地貌类型。根据古冲沟中堆积的黄土和古土壤层以及冲沟侵蚀面可以确定古冲沟的时代。陕西洛川黄土塬区 20 万年以来至少有 4 次较强烈的侵蚀期及其间的堆积期。

关键点

1. 风成地貌是风力对地表物质的侵蚀、搬运和堆积过程中所形成的地貌。只有当风吹扬起地表松散颗粒，形成风沙流的过程中，才能形成各种风成地貌。

2. 风成地貌分为风蚀地貌和风积地貌，风积地貌的形态与风沙流的结构、运动方向和含沙量有关。

3. 黄土地貌可分为黄土堆积地貌、黄土侵蚀地貌、黄土潜蚀地貌和黄土重力地貌 4 种类型。

4. 黄土塬、梁、峁的形成与黄土堆积前的地形起伏及堆积后的流水侵蚀有关。

5. 黄土地貌发育阶段可以分为黄土堆积和堆积后的地貌发育阶段，黄土堆积形状与古地形关系密切。

讨论与思考题

一、名词解释

吹蚀作用；磨蚀作用；风蚀洼地；风蚀柱；风蚀穴；风蚀壁龛；雅丹；新月形沙丘；纵向沙垄；横向沙垄；黄土塬；黄土梁；黄土峁

二、简答与论述

1. 什么是启动风速、起沙风及风沙流？沙子在风沙流中是怎样分布的？为什么？

2. 什么是石窝、风蚀蘑菇、雅丹、风蚀洼地和风蚀残丘？它们各自是怎样形成的？

3. 简述新月形沙丘的形态特征、形成和演化。

4. 黄土成因学说主要有哪几种？各种学说的主要观点是什么？

5. 什么是黄土地貌？黄土地貌有哪些类型？

6. 简述黄土地貌的发育过程。

第十一章
海岸地貌

　　海岸带是地球上大气圈、水圈、岩石圈和生物圈最紧密接触的部分，又是响应全球变化和陆-海各种动力作用最迅速、最敏感的地区，同时海岸带作为人类利用和开发海洋的前沿基地又具有非常重要的地位。据统计，全球有40%的人口居住在离海岸100km以内的范围内，世界大约30%的海岸被开发成城市、工业场地、农业用地和旅游用地。但是，目前人类活动使陆地到海岸的物质传输迅速变化，过渡性捕捞、污染以及沿海和外流河流域的不合理开发使海岸带生态系统正在遭受缓慢持续的破坏。海岸带环境、资源与灾害对沿海地区经济发展及人口生存影响极大。

第一节　海岸及海岸地貌类型

　　不同地区海岸的地质构造、岩性和沉积物性质、海岸动力环境和泥沙运动情况各不相同，影响海岸演变的因素十分复杂。这些因素可大致划分为背景因素和动力因素两大类。背景因素指形成海岸时已具有的非动力因素，主要有海平面、陆地地形、地质构造、物质组成、气候、板块构造等；动力因素是指当海岸形成后直接作用于海岸的因素，是海岸演变的驱动力，主要有波浪、潮汐、海流、河流、冰川、地震、火山等自然营力，进入近代以来还有人工因素。

一、海岸类型划分

海岸分类的研究已有百年历史，但由于不同学者研究海岸的视角不同，对全球海岸的分类有很大差异，迄今尚无统一的、公认的分类系统。下面介绍几种较有代表性的海岸分类。

1. 李希霍芬海岸分类

李希霍芬于1886年最早系统提出，根据形态、地质构造运动、切割性质和成因对各种海岸进行分类（表11-1）。

表11-1 李希霍芬海岸分类

按形态分类	1.陡峻的海岸；2.有平坦海滨及其后侧有海蚀崖的海岸；3.有宽广滨岸平原的海岸；4.低海岸
按地质构造运动分类	1.纵海岸；2.横海岸和斜交海岸；3.下沉盆地的凹岸；4.桌状及块状地区的中性岸；5.堆积岸
按切割性质和成因分类	1.海侵岸（太平洋式海岸、大西洋式海岸等）；2.堆积作用与大陆基岩相连岸（潟湖海岸、夷平海岸等）；3.地方成因海岸（火山海岸和珊瑚礁海岸等）

与当时其他学者仅将海岸分为太平洋式、大西洋式两种类型比较，李希霍芬的分类较为全面，但是其分类原则不够统一和严密。

2. 谢泼德海岸分类

20世纪以后，按成因原则对海岸分类的研究进一步深入。谢泼德着重于陆地的原始切割作用和海洋的次生改造作用，以此为基础提出了海岸分类（表11-2）。对于现代海岸的各种情况，谢泼德分类已经相当全面，只是没有较好地反映出各种海岸作用与海岸发育演化的关系。尽管如此，这种海岸分类已经比以前的分类前进了一大步。

表11-2 谢泼德海岸分类

类型	海岸成因类型	特 征
原生海岸	陆面侵蚀成因的海岸	1.淹没山谷的海岸；2.淹没冰川谷的海岸
	陆面堆积成因的海岸	1.河流沉积海岸（三角洲）；2.冰川沉积海岸；3.风积海岸；4.崩塌海岸
	火山海岸	1.熔岩流海岸；2.火山喷发碎屑海岸；3.火山崩塌或火山爆发海岸
	地壳运动形成的海岸	1.断层海岸；2.褶皱海岸；3.喷出物堆积的海岸（泥火山、盐丘）
次生海岸	海蚀海岸	1.海蚀夷平岸；2.海蚀港湾岸
	海积海岸	1.沙坝海岸（沙坝、沙嘴、湾坝、冲出扇）；2.沿岸沉积物堆积伸出的海岸；3.具有沙嘴、沙坝的海滩平原；4.泥滩或盐沼湿地海岸
	生物堆积海岸	1.珊瑚礁海岸；2.龙介礁海岸；3.牡蛎礁海岸；4.红树林海岸；5.湿地草丛海岸

3. 瓦伦丁海岸分类

瓦伦丁从海岸堆积上升和侵蚀下沉两方面因素的消长、平衡，说明海岸的前进和后退趋势，对海岸进行分类。

图 11-1 中 4 个象限分别代表海岸相对海平面上升、海岸发生堆积、海岸相对海平面下沉、海岸发生侵蚀的情况。以经过圆心 O 的直线 DOA 为水平坐标轴，分别以堆积、侵蚀情况程度为正、负坐标值。以直线 EOS 为垂直坐标轴。分别以海岸上升、下沉情况程度为正、负坐标值。一个具体的海岸，其在瓦伦丁海岸分类图上的坐标点位于 E、A 两个象限时，表示海岸发育变化的趋势是海岸线向海前进、陆地增加，此点距 ZOZ_1 轴越远变化速率越快。坐标点位于 D、S 象限时，表示海岸发育变化的趋势是海岸线向陆后退、陆地损失，此点距 ZOZ_1 轴越远变化速率越快。坐标点位于 ZOZ_1 轴上时，表示海岸的侵蚀为抬升所抵消，或者下沉为堆积所抵消，海岸处于稳定时期。

图 11-1 瓦伦丁海岸分类

瓦伦丁的海岸分类方法较为粗糙，没有反映出各种有着不同侵蚀、堆积情况的海岸类型。但是与谢泼德的海岸分类比较，瓦伦丁海岸分类的同时考虑到海岸侵蚀堆积与海岸上升、下沉两方面的影响。

4. 王颖-朱大奎海岸分类

王颖、朱大奎（1980）在对中国海岸进行长期研究的基础上，根据中国海岸的成因，划分出两个最基本的海岸类型——基岩港湾海岸（rock embayed coast）和平原海岸（plain coast）。由于河口海岸（estuarine coast）的特殊性和重要性，又将其在基本类型中单独列出。此外，这一分类还将华南珍贵的珊瑚礁海岸（coral reef coast）和红树林海岸（mangrove coast），作为生物海岸单独列出（表 11-3）。

表 11-3　王颖-朱大奎海岸分类

类　型	特　征
基岩港湾海岸	1.海蚀港湾海岸；2.海蚀-堆积海岸；3.海积港湾海岸；4.潮汐汊道港湾海岸
平原海岸	1.冲积平原海岸；2.海积平原海岸
河口海岸	1.三角洲海岸；2.河口湾海岸
生物海岸	1.珊瑚礁海岸；2.红树林海岸

中国的海岸大体以杭州湾为界，杭州湾以北表现为上升的基岩港湾海岸与下降的平原海岸交错分布。杭州湾以南基本上为隆起的基岩港湾海岸。可以依据地质构造运动、海岸动力因素和陆源物质移动情况，划分为若干海岸大区。如将渤海海岸划分为渤海湾沉降平原海岸大区、辽东半岛长期缓慢上升海岸大区、山东半岛长期缓慢上升海岸大区。

一个海岸大区可以再划分出若干地区，如渤海湾沉降平原海岸大区划分为滦河现代三角洲与古代三角洲海岸区、黄河现代三角洲与古代三角洲海岸区、海河三角洲海岸区。上述一个海岸地区又可以进一步划分为若干小区，如将滦河现代三角洲与古代三角洲海岸区划分为滦河现代三角洲海岸小区、滦河古代海洋三角洲海岸小区、滦河河口及口外海滨沙嘴海岸小区、滦河古代河口及口外海滨沙嘴海岸小区。在一个海岸区域内可以有相互有关的若干类型的海岸，一种类型的海岸也可以跨相邻的两个海岸区域。

王颖-朱大奎海岸分类紧密结合中国海岸的实际，可以为中国海岸带的资源调查、经济开发和工程建设提供更为直接有效的支持和服务。

二、海岸地貌的影响因素及类型划分

海岸地貌的主要影响因素有如下几个方面。

1. 海岸动力作用

海岸动力作用有波浪、潮汐、海流和河流等。其中以波浪作用为主，波浪的能量是控制海岸发育与演化的主要因素之一；潮汐作用只在有潮汐海岸对地貌起塑造作用；海流对海岸地貌的影响稍弱；河流作用只局限在河口地带。此外，海啸带来的巨大波浪对海岸地貌有一定的破坏作用。

2. 岩性与岩层产状控制

岩性影响波浪对海岸的侵蚀速度以及由此产生的碎屑物质的多寡。坚硬而少裂缝的岩石遭受磨蚀程度最轻，常呈现为突出的岬角。岩性强度中等的沉积岩，海蚀崖外常发育海蚀平台，平台外和岸边有疏松沉积物堆积。结构疏松的岩层组成的海岸，岸坡缓斜，海蚀崖不发育，岸外有疏松沉积物堆积，如松软岩层两侧为坚硬岩层组成的海岸，由于海岸蚀退相应较快，形成向陆内凹的海湾。此外，岩层向海倾斜较大时，在岸坡上还可发育阶梯状的海蚀平台。

3. 地质构造影响

地质构造的性质和构造线延伸的方向与海岸的形态和性质关系极大，是海岸分类的重要依据。根据地质构造方向，可把海岸分为纵向海岸、横向海岸和斜向海岸。纵向海岸方向与构造线方向大体一致，岸线平直，少港湾和半岛；横向海岸方向与构造线方向近于垂直，特别当不同岩性频繁交替时，岸线呈曲折的锯齿状，多岬角、港湾；斜向海岸则常发育不对称的呈雁状的曲折岸线。

4. 地壳运动与海平面变动的影响

海岸地区的地壳垂直运动，必然造成海面的相对升降和地势的高低变化，因此它在海岸地貌的发育演化方面起着极为重要的影响。一般来说，海岸的上升会引起水下岸坡的变迁，而大大促进沉积作用，多级古海成阶地的存在往往是该地区地壳上升的结果，同时也反映了古海岸线的变迁。当海岸下沉时，水下岸坡变深，使波浪到达海崖前保存着巨大能量，后来才消耗在对陡崖的冲蚀中。在下沉过程中还形成各种埋藏地貌。海岸地区的地壳运动也影响入海河流河口地带地貌的发育，如在缓慢下沉的河口段常发育三角洲，黄河三角洲的形成就是如此。

此外，海平面的变动，导致海岸的相对升降，引起海岸线的进退，进而影响海岸侵蚀和沉积过程以及海岸地貌的发育。对现代海岸地貌影响最深刻的海平面变动是全新世海平面的变动。末次冰后期以后，随着气候转暖，大量冰川融化，世界海面迅速上升，使海岸向陆地不断推移，现今海岸就是 6 000 年以来发育起来的。

具体海岸地貌类型划分见表11-4，第四节还将对海岸相关的大陆边缘地貌进行简要介绍。

表 11-4 海岸地貌类型划分

类型		主要特征或典型景观
海蚀地貌	海蚀穴（海蚀洞）	凹坑，浙江普陀山的潮音洞、梵音洞、落伽洞等
	海蚀崖	陡崖状，北起大连，南至海南岛鹿回头和广西北海涠洲岛广泛分布
	海蚀拱桥	拱桥状，北戴河的南天门
	海蚀柱	大连的黑石礁，北戴河鹰角石、山东烟墩及青岛石老人等
	海蚀平台	崖脚处形成的缓缓向海倾斜的基岩平台，如广西北海涠洲岛
	海蚀沟	崖壁上凹陷沟槽，如北戴河鸽子窝
海积地貌	泥沙横向移动形成	
	水下堆积阶地	中立带以下向海移动的泥沙在水下岸坡的坡脚堆积而成，如辽东湾的二级阶地
	水下沙坝	未出露海面的与海岸略成平行的长条形水下堆积体，如河北昌黎黄金海岸
	离岸堤	离岸一定距离高出海面的沙堤，如日本皆生海岸离岸堤
	沿岸堤	沿岸线堆积的垄岗状沙堤，如山东东营贝壳堤
	海滩	海岸边缘的沙砾堆积体，如厦门鼓浪屿
	潟湖	由离岸堤或沙嘴将滨海海湾与外海隔离的水域，如台湾的七股潟湖
	泥沙纵向运动形成	
	湾顶滩	海湾湾顶的泥沙堆积体，如渤海湾湾顶
	沙嘴和拦湾坝	一端与陆地相连，另一端向海伸出的泥沙堆积体，如渤海黄河口沙嘴
	连岛坝	一端连接陆地，另一端连接岛屿的沙坝，如山东芝罘岛

第二节 海蚀地貌

一、海蚀崖

当波浪冲击海崖时，造成海崖的侵蚀与后退。这种后退可能相当迅速，一个人在一生当中就能很容易地看到这种变化。基岩海岸受海蚀及重力崩落作用，常沿断层节理或层理面形成的陡壁悬崖，称为海蚀崖（sea cliff）（图11-2、图11-3）。波浪对海蚀崖的侵蚀作用主要是通过波浪冲击所施加的水压力来完成的。这种水压力可以达到很大的量值。另外，波浪携带岩石碎屑或砂砾石在悬崖上剧烈击打产生磨蚀作用，崖脚常形成海蚀穴，经拍岸浪不断冲刷、掏蚀，凹穴不断向里伸进，规模逐渐扩大，最后导致上部岩石崩塌，形成陡峭崖壁；继续冲刷、掏蚀、崩塌，海岸则进一步后退。

图11-2 巴厘岛情人崖

图11-3 塞班岛自杀崖

二、海蚀穴与海蚀洞

海水巨大的冲击力对海岸附近的岩石进行冲蚀、磨蚀，使海面附近的岩石逐渐被冲蚀、磨蚀形成凹槽，称为海蚀穴（图11-4）。在岩石较软或节理、裂隙发育的地方，海蚀穴慢慢扩大形成海蚀洞（图11-5）。

图11-4 广西北海涠洲岛海蚀穴

图11-5 香港瓮缸群岛横洲海蚀洞

三、海蚀拱桥与海蚀柱

波浪从岬角的两侧进行冲蚀、磨蚀，在岬角两侧形成海蚀穴，两边海蚀穴逐渐扩大，最终相互贯通，形成拱桥状地貌，称为海蚀拱桥，又称海蚀穹（sea arch）（图11-6）。海蚀拱桥继续扩大，导致拱顶塌落，残留的部分柱状岩石形成突出的石柱或孤峰称为海蚀柱（sea stack）（图11-7）。

图 11-6　美国水晶湾和戈泽岛的海蚀拱桥　　　　图 11-7　澳门十二门徒景区海蚀柱

四、海蚀平台

海蚀崖在波浪的长期作用下侵蚀后退，留下一个缓缓倾斜的岩石平台，称为海蚀平台，也称为浪蚀台地（wave-cut platform），它是在近水面处由波浪切削夷平而形成的（图11-8、图11-9）。我国海蚀平台发育广泛，如山东半岛庙岛列岛一带，有宽达150多米的海蚀平台，其上还有壮观的海蚀柱。广西北海市涠洲岛地质公园内的海蚀平台（图11-8）平坦而宽阔，退潮时可见宽达几十米至百米的平台面，令人感叹！

图 11-8　广西北海涠洲岛的海蚀平台　　　　图 11-9　澳门十二门徒景区的海蚀平台

海蚀平台的形成和发育要求岩石抗蚀强度和海蚀强度之间保持一定的平衡，岩石抗蚀力过强或过弱均不利于它的充分发育。海蚀平台的成因有不少解释。约翰逊（1919）认为海蚀平台是海蚀崖不断后退的结果（图11-10）。巴特勒姆（1962）认为是潮间带频繁交替的干湿风化作用和海浪将风化物质搬走而使海岸后退的结果（图11-11）。帕拉特（1968）认为海蚀平台可分为高潮台地、潮间带台地和低潮台地3类。高潮台地主要由干湿风化作用与海浪搬运作用形成，潮间带台地是波浪磨蚀作用的结果，高潮台地的前缘如不断受波浪磨蚀亦向潮间带台地演化。低潮台地是灰岩地区的溶蚀作用所致。

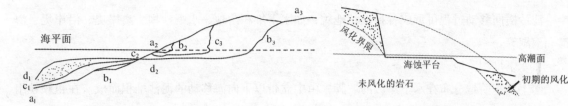

图 11-10　海崖海岸纵剖面的发育过程（根据 Johnson，1919）
a_1、a_2、a_3 代表海蚀崖（后退过程）；b_1、b_2、b_3 代表海蚀平台

图 11-11　海蚀平台的形成
（根据 Bartrum，1962）

五、海蚀沟与海蚀窗

海蚀沟（槽，sea groove）：是基岩海岸在波浪的机械性撞击和冲刷作用下形成的深浅不一的不规则沟（槽）。海蚀沟（槽）一般沿断裂破碎带或岩脉等薄弱地质结构部位发育（图 11-12）。

海蚀窗：是比较独特罕见的海蚀地貌，它是海蚀作用使海蚀崖上部地面穿通岩层直抵海水的一种接近竖直的洞穴；抑或是波浪继续掏蚀、上冲海蚀洞，并压缩洞内空气，使洞顶裂隙扩张，最后击穿洞顶，形成与海蚀崖上部地面沟通的天窗（图 11-13）。

图 11-12　海蚀沟（台湾垦丁）

图 11-13　海蚀窗

第三节　海岸堆积地貌

一旦海岸泥沙的沉积作用强度大于侵蚀作用时，海蚀崖的前面就会出现海滩，一系列新的堆积地形就会普遍形成。

一、泥沙横向移动形成的堆积地貌

泥沙横向移动过程可形成各种堆积地貌，如水下堆积阶地、水下沙坝、离岸堤、沿岸堤、海滩和潟湖等。

1. 水下堆积阶地

水下堆积阶地分布在水下岸坡的坡脚，由中立带以下向海移动的泥沙堆积而成。在粗颗粒组成的陡坡海岸，水下堆积阶地比较发育。

2. 水下沙坝

水下沙坝是一种大致与岸线平行的长条形水下堆积体。当变形的浅水波发生破碎时，能量消耗，同时倾翻的水体又能强烈冲掏海底，被掏起的泥沙和向岸搬运的泥沙堆积在波浪破碎点附近，形成水下沙坝（图11-14）。水下沙坝分布在水下岸坡的上部。在细颗粒的缓坡海岸，浅水波变形强烈，常形成一系列水下沙坝，沙坝的规模和间距向岸逐渐减小。在粗颗粒的陡坡海岸，水下沙坝条数少，一般仅有1~2条（图11-15）。不同季节的风浪规模不一样而使碎浪位置发生变化，水下沙坝的位置常发生迁移，风浪大的季节，沙坝向海洋方向移动，风浪小的季节，沙坝向陆地方向移动。

图11-14 水下沙坝（河北昌黎海岸）

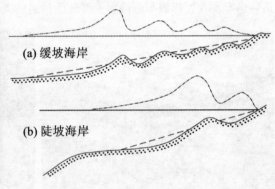
图11-15 水下沙坝与岸坡坡度的关系（据曾科维奇B）

3. 离岸堤和潟湖

离岸堤是离岸一定距离高出海面的沙堤，又称岛状坝。它的长度一般由几千米至几十千米不等，宽度几十米至几百米。海面下降可以使水下沙坝出露海面形成离岸堤，也可能在一次大风暴海面高涨时形成水下沙坝，风暴过后，海面水位迅速退到原来位置，水下沙坝露出海面形成离岸堤。

由离岸堤或沙嘴将滨海海湾与外海隔离的水域称潟湖。潟湖有通道与外海相连，并有内陆河流注入，但也有些潟湖与外海完全隔离封闭，或只在高潮时海水进入潟湖。随着海水和河水进出潟湖的比例变化，潟湖湖水可淡化也可咸化。

4. 沿岸堤和海滩

沿岸堤是沿岸线堆积的垄岗状沙堤，由波浪将外海泥沙搬运到岸边堆积而成，或是由水下沙坝演变形成。沿岸堤的高度一般只有几米，宽数米，常呈多条分布，每一条沿岸堤的位置代表它形成时的岸线位置，它的高度表明形成时的海面高度。淤积海滩上的多列沙脊可能由连续的风暴形成，每一次风暴都形成一条与岸线平行的沙脊。在某些地区，这种类型的滩脊或风暴脊由贝壳组成（图 11-16）。

图 11-16　贝壳组成的沿岸堤

海滩是在激浪流作用下，在海岸边缘的沙砾堆积体，其范围从波浪破碎处开始到滨海陆地。按海滩剖面可分为滩脊海滩（双坡形）和背叠海滩（单坡形）两种（图 11-17）。

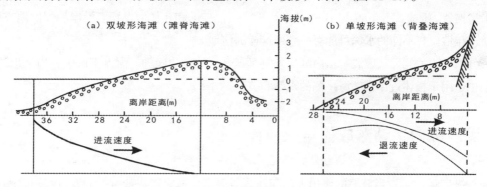

图 11-17　海滩横剖面类型（根据龙舍诺夫 B B, 1959）

海滩（beach）是一种松散沉积物（砂、砂砾和卵石等）的堆积体，其范围从平均低潮线向陆地延展到某些自然地理特征变化的地带，例如海蚀崖或沙丘地带，或者到能生长永久性植物的地方。海滩作为海岸带上一种最具代表性的堆积地貌，约占全球海岸的 30%。图 11-18 中列出了用来描述海滩剖面的术语。

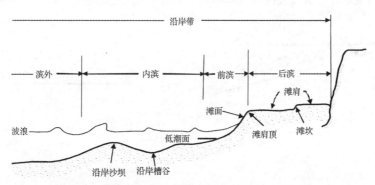

图 11-18　用来描述海滩剖面的术语（据 Komar P D, 1976）

后滨 (backshore)：海滩剖面中的一个地带，其范围从倾斜的前滨向陆延展到生长植物或自然地理特征改变的地方。

滩面 (beach face)：滩肩以下，经常受到波浪冲溅作用的海滩剖面倾斜段。

滩坎 (beach scarp)：由于波浪侵蚀，在海滩剖面上切割而成的垂直的陡崖。其高度通常小于1m，不过也有高于1m的。

滩肩 (beach berm)：海滩上近乎水平的部分，或在退浪作用下沉积物堆积而成的后滨。有些海滩具有一个以上的滩肩，而也有一些海滩没有滩肩。

滩肩顶 (berm crest) 或滩肩外缘 (berm edge)：滩肩的向海界限。

前滨 (foreshore)：滩肩顶（或在没有滩肩顶的情况下，高潮时波浪冲溅的上界）和低潮时波浪冲溅回卷流 (backrush) 作用到的低水线之间的海滩剖面的斜坡部分。这个术语往往与"滩面"近乎同义，但通常其范围更广，前滨海包括滩面以下海滩剖面的某一平坦部分。

内滨 (inshore)：从前滨向海伸展到刚刚超出破波带的海滩剖面部分。

沿岸沙坝 (longshore bar)：大致平行于岸线延伸的沙脊。它可能于低潮时出露。有时可能有一系列这类相互平行但处于不同水深的沙脊。

沿岸槽谷 (longshore trough)：一种平行于沿岸延伸的和在任何发育着沿岸沙坝的地方而出现的长条形洼地。在不同的水深可能有一系列这样的洼地。

滨外 (offshore)：从破波带（内滨）外侧延展到大陆架边缘的，海滩剖面中相当平坦的部分。该术语也适用于描述近岸带向海一侧的水体和波浪。

二、泥沙纵向运动形成的堆积地貌

泥沙纵向运动是指当波浪的作用方向与岸线呈斜交，海岸带泥沙所受的波浪作用力和重力的切向分力不在一条直线上，泥沙颗粒按两者的合力方向沿岸线方向移动。其形成的主要堆积地貌有湾顶滩、沙嘴、连岛坝和拦湾坝等。

1. 湾顶滩（凹岸填充）

海湾内泥沙流受波浪折射的影响，能力降低，泥沙在湾顶堆积而形成湾顶滩。在海岸带建造坝或连岸防波堤，也会在迎泥沙流来向一侧引起类似上述的堆积 [图 11-19 (a)]。

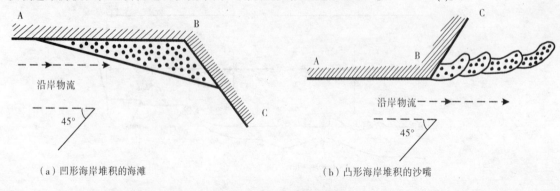

（a）凹形海岸堆积的海滩　　　　　　　　　（b）凸形海岸堆积的沙嘴

图 11-19　湾顶滩和沙嘴

2. 沙嘴和拦湾坝

在凸形海岸转折处发生堆积并不断向前伸长，形成一端与陆地相连，另一端向海伸出的泥沙堆积体，叫沙嘴[图 11-19（b）]。沙嘴若堆积在湾口可形成拦湾坝（图 11-20）。如在海湾内由于波浪折射，形成湾内沙嘴，则称湾中坝。

3. 连岛坝与陆连岛

当岸外存在岛屿时，受岛屿遮蔽的岸段形成波影区，外海波浪遇到岛屿时发生折射或绕射，进入波影区后因波能减弱，泥沙流容量降低，沿岸移动的部分泥沙在岸边堆积下来形成向岛屿伸出去的沙嘴。与此同时，在岛屿的向陆侧也会发育沙嘴，由岛向陆地延伸。当两个方向发育的沙嘴相连接时就形成连岛坝[如山东半岛北岸连接芝罘岛的连岛坝（图 11-21），海南三亚市的鹿回头连岛坝]，岛屿与陆地连成一体，便成为陆连岛（图 11-22）。

图 11-20　沙嘴和拦湾坝

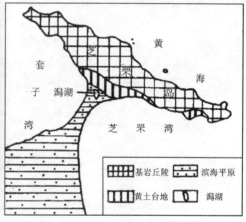

图 11-21　芝罘岛（据张振克，1996）

4. 海岸沙丘

在风力作用下，砂质海滩后侧可以形成波状起伏的沙丘，称为海岸沙丘（coastal dune），属于海滩沙质物质受风的作用在海岸形成的风积地貌（图 11-23）。海岸沙丘排列方向常与风向垂直，迎风面比较平缓坚实，背风坡比较陡峭而松散。

图 11-22　连岛坝（秦皇岛）与陆连岛

图 11-23　海岸沙丘

第四节

大陆边缘地貌

海底和陆地一样是起伏不平的，有高山、深谷，也有广阔的平原和盆地。海底靠近大陆并作为大陆与大洋盆地之间过渡地带的区域成为大陆边缘。在构造上大陆边缘是大陆的组成部分。大陆边缘主要包括大陆架、大陆坡和大陆隆3个地貌类型（图11-24）。

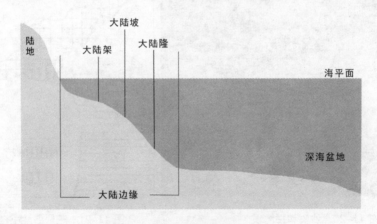

图 11-24　大陆边缘地貌示意图

一、大陆架

大陆架是大陆的水下延伸部分，广泛分布于大陆周围，平均坡度只有0.1°，其深度在低纬区一般不超过200m，在两极可达600m。宽度差别很大，在多山海岸如佛罗里达东南岸外，几乎没有大陆架；而在另一些地区，如西伯利亚岸外的北冰洋大陆架、阿拉斯加岸外的白令海大陆架及我国东海大陆架等，宽度却可达数百千米至1 000km以上。可见，大陆架是一个广阔平坦的浅海区。大陆架主要由第四纪冰川性海面变动与地壳运动相互作用造成。断层、单斜构造、准平原沉陷于海底，也可以形成大陆架。

二、大陆坡

大陆坡位于大陆架和深海沟之间，它是大陆和海洋在构造上的边界。宽15~100km，深度最大可至3 200m或更深，坡度约3°~6°，坡面上常有海底峡谷，故地表比较破碎。

三、大陆隆

大陆坡下部与深海底之间,坡度转缓后形成的平缓隆起地带称为大陆隆(大陆基),水深 2 000~5 000m,因地而异,宽度也变化很大,由 80~1 000km 不等,其面积约占海底总面积的 5%。

关键点

1. 影响海岸演变的因素可分为背景因素和动力因素两大类。
2. 海岸地貌的主要影响因素有海岸动力作用、地壳运动与海平面变动的影响、地质构造影响和岩性与岩层产状控制。
3. 海岸地貌可大致分为海蚀地貌和海积地貌两类。
4. 海岸堆积地貌是海岸泥沙横向或纵向移动过程中形成的堆积地貌。

讨论与思考题

一、名词解释

海蚀崖;海蚀穴与海蚀洞;海蚀拱桥与海蚀柱;海蚀平台;海蚀沟;海蚀窗;海岸沙丘;大陆架;大陆坡;大陆隆

二、简答与论述

1. 海岸地貌有哪些分类系统?
2. 影响海岸地貌的因素及类型划分有哪些?
3. 海蚀地貌包括哪些地貌及其形成条件?
4. 沙质海岸带沉积物的横向运动和纵向运动有什么区别?
5. 大陆边缘地貌是怎样进行分类的?

第十二章
碎屑岩地貌

> 根据沉积岩基本类型划分方案，碎屑岩又称陆源碎屑岩，是他生沉积岩的一种，此外还有火山碎屑岩（纳入岩浆岩的范畴）。这里主要针对的是陆源碎屑岩。
>
> 碎屑岩是机械破碎的岩石残余物，经过搬运、沉积、压实、胶结，最后形成的岩石。碎屑岩中碎屑含量达50%以上，除此之外，还含有基质与胶结物。基质和胶结物胶结了碎屑，形成碎屑结构。按碎屑颗粒大小可分为砾岩、砂岩、粉砂岩等。本章重点介绍我国典型的几种碎屑岩地貌：丹霞地貌、砂岩地貌（张家界峰林）和嶂石岩地貌。

第一节　丹霞地貌

丹霞地貌（danxia landform）（图12-1、图12-2）是我国砂岩地貌中，研究历史最长、研究队伍最大、研究成果最多、极富盛名的地貌类型。早在1928年，冯景兰教授将构成丹霞山的红层命名为"丹霞层"；1938年，陈国达在考察新生代红层时，首次提出了"丹霞山地形"术语。20世纪60年代，曾昭璇系统论述了中国红层及丹霞地貌的岩石特点、构造变动和外力作用。20世纪80年代以来，黄进等全身心投入丹霞地貌研究，已发现全国丹霞地貌700多处，取得了大量的研究成果。

图12-1 湖南崀山丹霞地貌

图12-2 广东丹霞山地貌景观

一、丹霞地貌的定义

丹霞地貌是以广东仁化丹霞山命名的地貌,有"色如渥丹,灿若明霞"之意。关于丹霞地貌的定义,学术界尚未取得一致的认识。陈安泽等认为:发育于中、上白垩统河湖相砂砾岩层中,由流水侵蚀、溶蚀、重力崩塌作用形成的赤壁丹崖、方山、锥峰、嶂谷等造型地貌为代表的地貌景观。黄进等认为:有陡崖的陆相红层地貌称为丹霞地貌。刘尚仁等认为:有陡崖的红色沉积岩地貌,无论海相红层、陆相红层形成的都是丹霞地貌。因此,广义可以接受的丹霞地貌概念为:由红色砂砾岩构成的,以丹崖赤壁为主要特色的一类地貌,总称为丹霞地貌。

丹霞地貌最基本的特征可以概括为"顶平、身陡、麓缓"(图12-3)。"顶平"是由于岩层产状水平,山顶较少受到侵蚀而保持平缓状态;"身陡"是由于岩层透水性良好,垂直节理发育,坡面多沿垂直节理崩落,形成峭壁形态;而流水下渗,节理扩大,被切岩体往往有多个临空面,因应力释放、卸荷作用促成崖壁的崩塌剥落,坡面后退的同时崩塌物质堆积在坡麓,形成"缓坡"。当岩层的产状为倾斜时,丹霞地貌的形态也可能变为"顶斜、身陡、麓缓"。

图12-3 典型的丹霞地貌特征(据彭华,2000)

二、丹霞地貌的分类

丹霞地貌的造型是多种多样的。由于丹霞地貌发育的物质基础、构造条件、外动力因素等差异,形成了丰富多彩的丹霞地貌类型。大尺度的可以是丹霞山体,如天水麦积山;中尺度如天生桥、一线天;小尺度的如蜂窝状洞穴等。黄进、彭华等对其地貌进行了综合的类型划分,如表12-1所示。

表 12-1 中国丹霞地貌分类方案

划分依据	指标特征	类型	典型地貌
地层倾角	岩层倾角＞10°	近水平丹霞地貌	坪石金鸡岭
	岩层倾角 10°~30°	缓倾斜丹霞地貌	武夷山鹰嘴崖
	岩层倾角 30°~70°	陡倾斜丹霞地貌	康乐王家沟门
	岩层倾角＞70°	近垂直丹霞地貌	四川芦山
有无盖层	裸露的红色碎屑岩	典型丹霞地貌	金鸡岭
	红色碎屑岩上覆其他盖层	类丹霞地貌	大沙沟
气候因素	湿润区丹霞地貌		武夷山
	半湿润区丹霞地貌		炳灵寺
	半干旱区丹霞地貌		坎布拉
	干旱区丹霞地貌		梨园河谷
地貌发育阶段	幼年期丹霞地貌		贵州赤水
	壮年期丹霞地貌		丹霞山
	老年期丹霞地貌		江西龙虎山
是否喀斯特化	没有喀斯特地貌现象	非丹霞喀斯特地貌	资源八角寨
	有丹霞熔岩等现象	丹霞喀斯特地貌	北流铜石岭
形态分类	宫殿式（柱廊状、窗棂状）、方山状、峰丛状、峰林状、岩墙状、岩堡状、残峰孤峰独石状丹霞地貌		
组合结构	高原峡谷状、山岭状、峰丛状、孤峰状、丘陵状丹霞地貌		
受人工改造明显		人工丹霞地貌	番禺采石场

三、丹霞地貌的形成条件与影响因素

影响丹霞地貌形成发育的主要条件包括岩石、内外营力等。

（一）物质基础：丹霞红层

形成丹霞地貌的物质基础是红色的碎屑岩，包括角砾岩、砾岩、砂砾岩和细粒碎屑岩等。由于沉积环境的差异和后期地质作用的改造，红层的颜色还有棕黄、褐黄、紫红、褐红、灰紫等偏红色调。红层一般沉积在古热带和亚热带盆地中，红层的红色主要是高价铁（Fe^{3+}）相对富集而成，这个富集的过程需要有足够的淋溶作用并保持长时期的氧化环境。

至于红层形成的时代，目前，国内发现均不早于中生代，其中以白垩纪最多，约占80%（彭华，2000），而以三叠纪最老。

（二）构造影响：地质构造的控制

1. 区域构造控制了红层盆地的分布

中生代以来，我国许多在海西运动后稳定的陆台发生活化，东部地区受太平洋板块影响，形成一系列北东—北北东向的隆起带与坳陷带；西部地区受印度板块挤压，从北向南渐次成陆并形成若干盆地；中部则形成一个北东向的压扭性地带。

2. 断层节理控制了山块的格局

盆地内部的构造线格局是控制丹霞地貌山块格局乃至山块形态的基本因素。大的构造线控制山块总体排列方向，小的构造则控制山块走向、密度和平面形态。例如，广东丹霞山的山块排列基本沿北北东向的大断层延伸，而江西龙虎山的山块的走向、山头的排列则主要沿近东西向的断层和大节理延伸（图12-4）；江西龙虎山北北东、北东东、北西向密集节理则控制了丹霞石寨、峰丛、石墙、石柱等排列的方向（图12-5）。

图12-4　江西龙虎山局部构造线和山块分布

图12-5　网格状断裂构造切割控制丹霞地貌景观

3. 岩层产状控制了坡面的形态

根据黄进等人研究，岩层产状对丹霞地貌形态的影响主要是对于山块顶面和构造剖面的控制。一般而言，近水平岩层上发育的丹霞地貌具有"顶平、身陡、麓缓"的坡面特征；缓倾斜岩层上发育的丹霞地貌则"顶斜"，具有单面山的特点；陡倾斜岩层所发育的丹霞地貌若不是保留了古侵蚀面的话，往往形成尖顶。甘肃刘家峡地区的岩层倾角达50°~60°，其构造剖面已构成陡崖坡。

4. 地壳升降控制了地貌发育进程

地壳升降的影响体现在红层盆地必须是后期上升区，以便为侵蚀提供条件。上升到一定程度而长期相对稳定，有利于丹霞地貌按连续过程从幼年期到老年期逐步演变；间歇性抬升则可能发育多层性丹霞地貌，比如丹霞山的五级夷平面和多级河流阶地。另外，黄进（2009）等在丹霞山区河流阶地冲积层进行的热释光及光释光采样分析，算出丹霞山区的平均地壳上升速率为0.94m/万年，并可得丹霞山现代地貌形成于距今约580万年前，丹霞山崖壁后退速率平均约为0.5~0.7m/万年。

（三）外力条件：流水、风化、重力等作用

直接影响丹霞地貌发育的外动力主要有流水、风化和重力等作用，其中流水是塑造地貌的主

动力。在干旱区,风力对于外表形态的塑造具有不可忽视的作用;在湿润区,生物对于风化作用具有一定的影响。

1. 流水作用

其在丹霞地貌发育和演化过程中的主导性表现为流水是下切和侧蚀的主动力;同时,流水又不断地剥蚀坡面上的风化物质,使风化得以继续进行;流水的侧蚀往往在坡脚掏出水平洞穴,使上覆岩块悬空,为重力崩塌提供可能。

2. 风化作用

风化作用对暴露的红层坡面进行着经常性的破坏,因为红层在垂向上的岩性差异而导致抗风化能力的不同,常使得砂砾岩等硬岩层相对凸出而成顺层岩额或岩脊,而泥岩或粉砂质软层岩则凹进而成顺层岩槽或顺层岩洞,形成丹霞地貌陡崖坡上独特的微地貌景观。此外,干旱区的盐风化、高寒区的冻融风化使这些地区的丹霞地貌物理风化强烈,而使其形成比较粗糙的表面,如青海坎布拉。

3. 重力作用

因为陡崖坡往往是崩塌面或经后期改造过的崩塌面,是丹霞地貌最具特色的形态要素,所以重力作用在丹霞地貌发育过程中很重要。重力作用往往发生在流水下切或侧蚀而成的临空谷坡上,当流水侧蚀使山坡局部悬空时,悬空岩体便可能沿原生构造节理或减压节理发生崩塌。陡崖上的风化凹槽进一步加深,上覆岩体也可沿各种破裂面发生崩塌。洞穴、天生桥的顶板也常发生局部崩塌。

4. 其他外动力

风沙吹磨可在丹霞崖壁上形成大量的风蚀窝穴;海洋的海浪作用影响海岸丹霞地貌的发育;人工凿石雕凿出人工丹霞地貌等。

四、丹霞地貌的演化阶段

根据黄进、彭华等人的研究,可以将丹霞地貌的发育过程概括如图 12-6 所示。

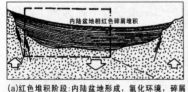
(a)红色堆积阶段:内陆盆地形成,氧化环境,碎屑堆积

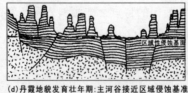
(d)丹霞地貌发育壮年期:主河谷接近区域侵蚀基准面、近河谷地带形成红层峰林,地表最崎岖(例:广东丹霞山)

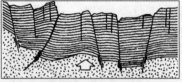
(b)红色盆地构造抬升:盆地抬升,断裂为主的块状构造发育,局部宽缓褶曲地壳逐渐稳定

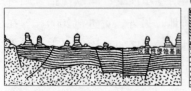
(e)丹霞地貌发育老年期:主河谷与主要支谷达侵蚀基准面,区内河谷平原、红层丘陵和孤峰相间分布,局部可保持峰林状(例:江西龙虎山)

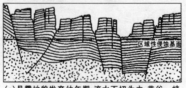
(c)丹霞地貌发育幼年期:流水下切为主,巷谷、峡谷发育,上部保持较大面积的沉积顶面或弱侵蚀平台(例:贵州赤水)

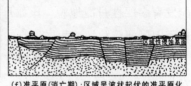
(f)准平原(消亡期):区域呈波状起伏的准平原化,个别地段保留孤峰或孤石,至此完成一个侵蚀旋回(例:江西北部)

图 12-6 丹霞地貌发育演化基本过程 (彭华,2000)

丹霞地貌的发育从红层盆地抬升开始，通常以断块状抬升为主。盆地抬升的同时，其原始洼地往往继承性发育主河谷。主河谷两侧的红层顶面首先被流水沿断层和垂直节理下切侵蚀，形成狭窄的小型沟谷，随着侵蚀不断加深加大，逐渐形成一线天式的巷谷。

巷谷型支谷下切侵蚀到一定程度，逐渐接近局部侵蚀基准面或者遇到下伏较硬的岩层时，流水由下切侵蚀为主转变为以侧向侵蚀为主。这时，巷谷的两壁很容易沿垂直节理发生崩塌，使巷谷逐渐发育为峡谷，在谷底也会出现崩塌堆积物。

随后流水侵蚀作用逐渐减弱，陡崖的崩塌主要由于软性岩层被风化凹进，使上层岩层失去支撑，在重力作用下发生崩塌（图 12-7）。随着崩塌崖壁后退，下方的倒石堆也不断增长。

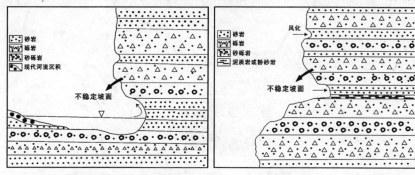

图 12-7　流水侵蚀和风化作用引起的坡面不稳定现象

由于谷坡的崩塌后退，山顶的平缓坡面被切割，面积逐渐缩小；山麓缓坡由于崩塌却逐渐扩大，形成缓坡丘陵。原来的山块则变成残峰或者石柱。如果该地发生间歇性抬升，那么流水就会间歇下切侵蚀，从而形成多级陡缓坡阶梯式地貌。另外，软硬相间的多层地层，也可以形成多级陡缓面。

五、丹霞地貌的全国分布与南北比较

世界上丹霞地貌主要分布在中国、美国西部、中欧和澳大利亚等地，而以我国分布最广，类型最齐全。我国丹霞地貌分布广泛，在亚热带湿润区，温带湿润区、半湿润区、半干旱和干旱区，青藏高原高寒区都有分布，除个别省市以外几乎全国所有省份都有分布（表 12-2）。

表 12-2　中国各省、市、自治区丹霞地貌一览表

省区	处数	省区	处数	省区	处数	省区	处数	省区	处数
四川	117	青海	34	云南	11	山西	3	黑龙江	1
江西	96	贵州	32	新疆	10	河北	3	海南	1
甘肃	85	福建	30	湖北	8	安徽	2	西藏	1
广东	64	重庆	26	内蒙古	4	河南	2		
浙江	59	广西	14	宁夏	3	辽宁	1		
湖南	44	陕西	13	江苏	3	吉林	1		
合计 668 处，分布在全国 27 个省市自治区直辖市的多个不同气候区									

注：据黄进等资料。

据相关统计，全国已经发现的丹霞地貌有 668 处（黄进，2003），从区域空间分布来看（齐德利，2002），主要集中在广东、江西、浙江、福建、安徽、湖南等东南地区，四川、重庆、贵州等西南地区，以及甘肃、宁夏、青海等西北地区（图 12-8），主要位于燕山运动隆起、喜马拉雅运动上升的山地和丘陵区。不同的气候带产生不同的外力组合，三大区域在地貌形态及景观特征上具有较大的差异。

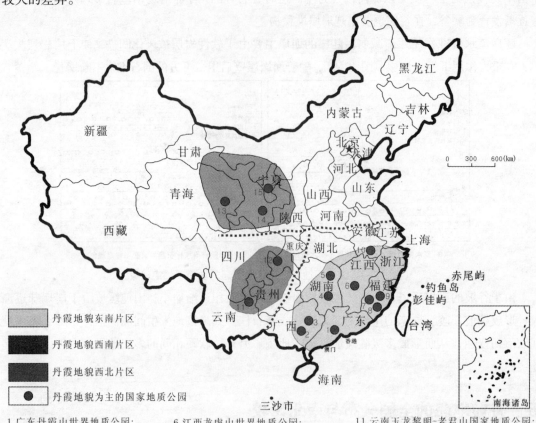

1. 广东丹霞山世界地质公园；
2. 广西资源国家地质公园；
3. 广西桂平国家地质公园；
4. 湖南崀山国家地质公园；
5. 湖南郴州飞天山国家地质公园；
6. 江西龙虎山世界地质公园；
7. 福建大金湖国家地质公园；
8. 福建永安国家地质公园；
9. 福建连城冠豸山国家地质公园；
10. 安徽齐云山国家地质公园；
11. 云南玉龙黎明-老君山国家地质公园；
12. 重庆綦江木化石恐龙国家地质公园；
13. 青海尖扎坎布拉国家地质公园；
14. 甘肃天水麦积山国家地质公园；
15. 宁夏西吉火石寨国家地质公园

图 12-8 中国主要丹霞地貌集中区以及丹霞地貌类国家地质公园分布
（据齐德利修改）

如前所述，以秦岭-淮河为界，丹霞地貌在南北不同区域有较大差异。从空间分布来看，北方丹霞地貌发育相对较少、分布相对稀疏；南方则较密集，丹霞类国家地质公园也以南方居多。从形态特征来看，南方（东南、西南）地处湿润、半湿润区，流水作用在丹霞地貌塑造中起着主导作用，往往形成典型的"顶平、身陡、麓缓"的丹霞地貌，且呈带状分布，个体规模较大，红色鲜明，光滑，有晒布崖、扁平洞、穿洞、天生桥等奇观；北方干旱、半干旱区，温差风化与盐风化（物理风化与化学风化）比较强，层状或片状剥落明显，表面粗糙，往往形成泥乳状、窗棂状、叠板状、波浪状及陡斜状等特殊类型，并且色调会呈现灰黄色。丹霞地貌南北差异的比较详见表 12-3。

表 12-3　丹霞地貌南北差异比较

分区	地貌类型	所属地貌单元	地壳抬升	外力条件	主要特征	人文景观
东南区	低海拔临水型	江南丘陵区	速度较慢	流水作用	临溪峰林、一线天、天生桥	寺观、石窟、书院、栈道、悬棺、古寨
西南区	高原山地峡谷型	黔北与四川盆地交接处	最为强烈	流水侵蚀重力崩塌	丹崖陡壁、急流瀑布	
西北区	高寒干旱山地型	青藏高原东北、黄土高原西部	差异升降幅度较大	崩塌、风化作用	黄土盖层、窗棂状、叠板状	寺观、石窟雕塑

　　从旅游开发价值来看，南方丹霞地貌景区（地质公园）最大特点是自然景观与人文景观的高度和谐统一，旅游开发优势较大。比如丹霞山、龙虎山、大金湖、齐云山等已经具有很高的旅游知名度。北方已经发现并开发的丹霞地貌类景区（地质公园），在数量及知名度上与南方比较均稍逊一筹，但北方丹霞奇景往往与石窟宗教文化完美结合，浓郁的西北风情加上高超绝伦的石刻艺术、名人题刻和庙宇建筑，为缺水少树的北方丹霞旅游资源增色不少。因此，以文化宗教旅游为轴线，以丹霞景观为载体，开发北方丹霞地貌景观资源，构建西北风情的丹霞类地质公园显得极为重要。甘肃天水麦积山国家地质公园就是这样一处"丹霞为宗教增秘，佛光令丹霞生辉"、石窟艺术光彩夺目的西北著名旅游胜地。

第二节　砂岩峰林地貌

　　砂岩峰林地貌以湖南省武陵源景区的张家界（世界地质公园）最为典型，又称为张家界地貌。张家界自 1980 年被人发现后，其地貌形态一时轰动中外，凭借其特有的科学研究价值、美学观赏价值、旅游开发价值，张家界地貌受到举世关注。2010 年 11 月 9 日至 11 日张家界砂岩地貌国际学术研讨会暨中国地质学会旅游地学与地质公园研究分会第 25 届年会在张家界举行，国内外专家把张家界特征鲜明、规模巨大的独特砂岩地貌类型，确定为"张家界地貌"，凡在世界任何国家和地区发现类似张家界石英砂岩峰林的地貌，都可统称"张家界地貌"。由此，"张家界地貌"获得了国际学术界的认定。

一、峰林地貌的定义与形态特征

　　张家界地貌是砂岩地貌的一种独特类型，它是以侵蚀构造为主导作用，由石英砂岩形成的砂岩峰林地貌，山多是拔地而起，高低悬殊，奇峰林立，千姿百态。具体是指"在中国华南板块大地构造背景和亚热带湿润区内,由产状近水平的中上泥盆统石英砂岩为成景母岩,以流水侵蚀、重力崩塌、风化等营力形成的,以棱角平直的高大石柱林为主,以及深切嶂谷、石墙、天生桥、方山、平台等造型地貌为代表的地貌景观(图12-9)"。

图12-9 张家界峰林与石柱景观

二、峰林地貌的形成条件

张家界石英砂岩峰林的形成与特定的岩性产状、节理发育、构造运动、流水侵蚀、风化作用等条件有关。

1. 物质基础:中上泥盆统巨厚海相石英砂岩

厚层、产状平缓、垂直节理发育的石英砂岩(泥盆纪云台观组)夹薄层黏土岩为主(厚600m),该套地层形成于稳定的陆缘浅海相环境,石英砂岩 SiO_2 含量在79.4%~97.2%,抗风化能力较强;同时,铁质石英砂岩多呈砂状结构,组成物质多由单晶石英颗粒构成,位于峰林上部,不易受风化影响而易于长期保存,由此形成峰柱上部的铁帽。而中下部砂岩因抗风化能力较弱,加之垂直节理发育而易于形成崩塌和被流水搬运的峰林沟谷景观(黄林燕等,2006)。

2. 构造条件:近于直立的节理裂隙

区域发育了四组近于直立的"X"形节理裂隙(表12-4),它将岩层切割成方形、菱形,构成"棋盘式"构造(唐云松,2005),造就以柱状为主的峰林景观。方柱状峰林在两组相互垂直的节理控制下形成,棱柱状则是沿多组节理崩裂的产物等。

表12-4 石英砂岩裂隙系统简表

裂隙走向	NW330°	SW255°	NE50°	SE20°
裂隙面倾角	85°	87°	88°	85°
裂隙密度(条/km²)	1 100	510	800	600

注:据唐云松,2005。

而新构造运动以来的间歇性抬升，使得山地抬升剧烈，河流强烈侵蚀，原来的平地变为高山后又被夷平，并导致侵蚀基准面的下降，流水最终切穿高角度的节理或构造裂隙软弱带，形成今日之峰林景观。

3. 气候因素：温暖湿润多雨的亚热带气候

温湿多雨的气候条件，溯源侵蚀剧烈，薄层黏土岩被逐渐水平掏空，石英砂岩沿垂直节理、高角度裂隙迅速崩塌后退，不断产生新的陡崖和裂隙谷，直至今日完整的、奇特的、挺拔多姿的地貌景观。

三、峰林地貌形成时代与演化阶段

张家界砂岩峰林是以3亿多年前形成的泥盆系砂岩为物质基础进行"雕刻"的，关于"雕刻"的原始时间，一直是个待确切考证的学术谜团。据平亚敏等（2011）最新的研究，通过来自阶地与溶洞对比的资料数据显示，张家界峰林最早形成于中更新世（约50~70万年），即在索溪河流的下切期，中更新世以来气候的冷暖交替导致多次的河流下切以及伴随而来的重力崩塌作用，塑造了世界罕见的独特砂岩地貌形态。

其形成演化大体经历了：原始构造面→台地、方山嶂谷地貌→峰丛、峰林嶂谷地貌→斜坡残余峰林→新剥蚀地貌的发展过程，主要可以分为以下几个阶段，如图12-10所示。

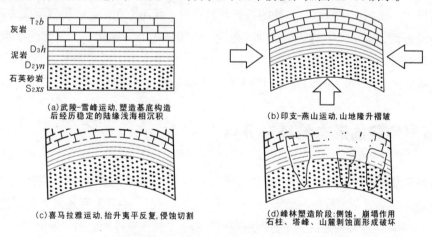

图12-10 张家界峰林地貌形成演化图（据唐云松、黄林燕等，2006）

自古近纪初期的喜马拉雅造山运动第一幕，张家界地貌就开始发育，但经过侵蚀、剥蚀后只留下了一望无际的准平原，并在准平原上发育了红色风化壳，即为湘西期准平原。

新近纪初期的喜马拉雅造山运动第二幕开始，地面抬升，湘西期准平原构成了山地的顶部而成为山地夷平面，同时，地面遭受侵蚀、切割，开始新近纪地貌旋回。

至新近纪末期，构造运动趋于宁静，地面以侧蚀-展宽的外营力为主，地貌上形成了山原期宽谷-山麓剥蚀面，从而结束了新近纪的地貌发育（图12-11）。

第四纪初期，喜马拉雅造山运动的第三幕（新构造运动）开始，山地强烈抬升，河流强烈切割，将山麓剥蚀面侵蚀破坏，形成现在的张家界地貌，并仍在继续发育中。

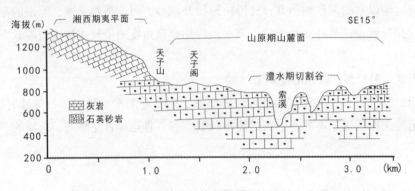

图 12-11　张家界地貌结构剖面图（据吴忱，2002 修改）

第三节

嶂石岩地貌

嶂石岩地貌（Zhangshiyan landforms）是 20 世纪八九十年代郭康等首先在河北赞皇县内发现的，并受到极大关注的一种新型、独特的石英砂岩地貌。其无论在形态、物质组成方面，还是成因、演化阶段方面，都不同于与其相近的其他砂岩地貌。作为一种壮观、独特的景观地貌资源，嶂石岩地貌具有极大的旅游开发价值和学术研究价值，它既丰富了地貌学的研究内容，也开拓了应用地貌学的实践步伐，更是增添了地质公园的遗迹类型和科学内涵。

一、嶂石岩地貌的形态特征及分类

嶂石岩地貌是以阶梯状长崖（图 12-12、图 12-13）和半圆形围谷或深切嶂谷为主要形态，具有顶平、身陡、麓陡等基本特征的滨海−浅海相石英砂岩地貌，主要发育地层为中元古界（郭康，2007）。顶平、身陡、麓陡使之区别了丹霞地貌的"麓缓"和张家界地貌的"顶尖"。

图 12-12　丹崖长壁

图 12-13　阶梯状陡崖

嶂石岩地貌在形态上的五大基本特征：丹崖长壁延续不断，如一幅幅张开很长的壮美画卷；阶梯状陡崖贯穿全境，嶂石岩地貌在垂直横剖面上呈现明显的二栈、三栈等阶梯状；"Ω"形嶂谷相连成套、成群出现，构成了三栈牵九套的景观地貌大框架；棱角鲜明的块状结构，是因其坚硬的岩性和十分发育的节理所致；沟谷垂直自始至终，嶂石岩地貌的坡面发育从垂直的沟缝开始，到垂直的沟谷终止。

嶂石岩是一种典型的旅游景观地貌，以其独特的造型景观吸引游客到来。不同的学者，从不同的角度出发，产生了不同的嶂石岩地貌分类体系和分类结果，并且随着嶂石岩地貌分布地域的不断发现和研究的深入，其地貌类型也将不断丰富。依据郭康、吴忱、王清廉等综合分类，结果见表12-5。

表 12-5　嶂石岩地貌综合分类表

岩性	成因	形态	演化阶段	类	型
石英砂岩	侵蚀地貌	正地貌	幼年期	陡壁类	大墙型
				栈垴类	长垴、长栈、平垴、宫堡型
			青年期 壮年期 老年期	台柱类	石坑型、看台型
					方山型
					塔柱型、断墙型
					残柱型
		负地貌	幼年期	沟谷类	裂隙谷型、隘谷型
				洞穴类	岩洞型、岩龛型、岩廊型
				水景类	裂隙泉型
			青年期	沟谷类	嶂谷、蛇谷、瓮谷、悬谷型
				洞穴类	天桥型、象鼻型
			壮年期	水景类	龙滩瀑布型
				沟谷类	宽谷型、豁口型、石炕型、阶地型、盘谷型
	夷平地貌	均衡地貌		剥蚀残积类	山顶夷平面型、山麓剥蚀面型、准平原型
	堆积地貌	正地貌	老年期	堆积类	岩堆型、坍塌型、泥石流型、坡积型、河滩型
	剥露微观地貌			层面剥露类	沙波型、龟裂型、可疑化石型

二、嶂石岩地貌的形成条件及发育模式

（一）形成条件

1. 物质基础：产状平缓、裂隙发育的砂岩

构成嶂石岩地貌的物质基础是石英砂岩，其产状平缓，倾角一般不超过10°，易保持平台状，

形成栈垴、方山、台柱等地貌形态；岩石发育北西向为主的3组垂直裂隙，易崩塌、岩墙后退；砂岩厚而坚硬，可形成粗大的碎屑物质，且易保持岩石的棱角。此外，厚层砂岩底部或中间夹有薄层易被风化剥蚀的黏土岩，极易形成水平洞穴、岩廊而悬空，为其上的砂岩块体崩塌创造了一定条件。其地貌结构剖面见图12-14。

2. 内力作用：快速的新构造上升运动

新生代以来的喜马拉雅运动使得山地间歇性上升，而且又以第四纪以来的新构造上升最为剧烈。整个太行山中南段，上升幅度为1 080~1 380m，上升速度为0.44~0.56mm/a。同时，嶂石岩所在区域位于新生代以来山西高原强烈隆起的边缘，与下降的华北盆地形成鲜明的地势高差，这为河流的强烈切割以及岩石的快速崩塌提供了有利条件。

3. 环境条件：干、湿交替的气候变化

新近纪的气候已由亚热带向暖温带气候过渡，干湿交替明显，第四纪气候更是冰期与间冰期频繁交替的过程，这为地表的快速侵蚀、剥蚀创造了条件。冰期气候寒冷干燥，物理风化强烈，崩塌的碎屑物质大量提供，以粗粒为主，降水较少，多为突发性暴雨洪水，河流溯源侵蚀及纵向切割强烈；间冰期，气候温暖湿润，以化学风化为主，降水增加，流量较大且稳定，以侧蚀展宽为主。

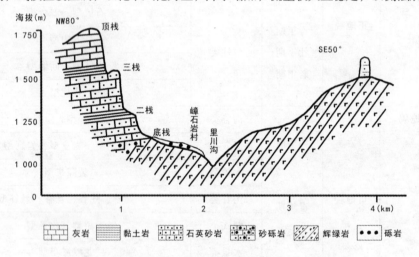

图12-14 嶂石岩地貌结构剖面图（据吴忱，2002修改）

（二）发育模式

主宰嶂石岩地貌形成的是两种特殊的坡面发育模式（郭康，2007），第一种是楔状侧切侵蚀过程，使得嶂石岩地貌区别其他类型的根本原因；第二种是水平掏蚀卸荷崩塌过程，两种动力合成造就了壮阔奇特的嶂石岩地貌。

1. 楔状侧切坡面发育模式

它不同于丹霞、张家界地貌那样将山体从上向下直接切割成块状形态，而是以竖直的沟缝从山体一侧陡壁向里楔状切入，并且自始至终保留着垂直的形态。若沟缝是沿着构造线延伸发育，则系统将受控于构造线的长度，假如构造线是很长的断裂带则沟缝将发育很长，甚至切穿整个山体，并且在发育中遇到交错的构造线时便产生次级沟缝，形成分叉沟缝，如此发展，形成多等级的树杈状沟谷系统，发育阶段可以概括为如图12-15所示。

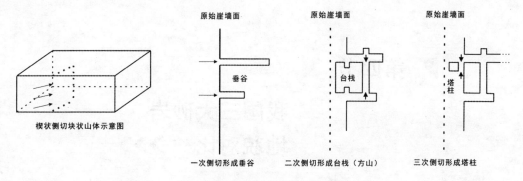

图 12-15　楔状侧切坡面发育演示图 (据郭康，2007 修改)

2. 水平掏蚀坡面发育模式

在嶂石岩地区有明显的三层阶梯状陡壁，壁高均在百米以上。在每层陡壁的底部，很容易观察到掏蚀很深的岩廊、岩洞。典型的如嶂石岩国家地质公园里的"鸳鸯洞"、"空中舞厅"，高 8~10m，檐深 8~10m，长 20 多米。

其发育过程大致经历 4 个阶段：下覆松软岩层的水平掏蚀→坚硬石英砂岩岩层开始卸荷崩塌→坚硬岩层大体量崩落→整体岩墙后退。一次大的陡壁后退可使掏蚀力度大为减少，整个山体又处于稳定时期，同时也是水平掏蚀力度再次累积时期。

3. 嶂石岩地貌的发育：两种坡面发育的合成

两种坡面过程的合成，共同造就了独特的嶂石岩地貌。楔状侧切坡面过程对嶂石岩地貌形成的贡献主要是对总体格局系统的分割作用，肢解为似树枝状的大小不同山块。水平掏蚀坡面过程主要起到对碎屑物质的搬运作用，使崖壁不断卸荷崩落，造成正地形总体积越来越小。

三、嶂石岩地貌的形成演化阶段

嶂石岩地貌类型的演化，随着石英砂岩出露的海拔高度的不同而不同。不同的海拔地理环境，也带来不同的演化机制，主要有 3 种：崩塌、深切-溯源侵蚀机制；侧蚀、展宽、谷坡后退机制；夷平风化机制。而地貌发育的不同阶段，呈现着不同的地貌形态，具体来说，嶂石岩地貌有 4 个发育阶段（郭康，1992；图 12-16），即幼年期、青年期、壮年期和老年期，这在小天梯-白马垴剖面上能清晰地看见地貌演化的全过程。

(a) 胚胎-幼年期

丹崖长墙发展，岩岭后退——沟缝发育阶段

(b) 青年期

沟谷发育——套谷形成阶段（岩洞、岩廊）

(c) 壮年期

套谷发育——方山，塔柱形成阶段
（阶梯状大陡崖、悬谷瓮谷）

(d) 老年期

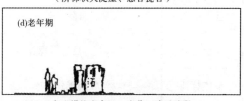

方山塔柱发育——岩峁、残丘阶段

图 12-16　嶂石岩地貌旋回演化阶段图

第四节

我国三大砂岩地貌对比

丹霞地貌、砂岩峰林地貌和嶂石岩地貌并称为中国三大砂岩地貌，影响深远，不仅是学界关注的焦点，更是游客神往的旅游天堂。然而三者存在着明显的差异性，在相同的崖壁红色渲染下，却蕴含着各自独特的"秘密"——岩性的不同、发育动力不同、发育过程的不同和造型景观的极大差异（表12-6）。丹霞地貌以圆润光滑的造型景观吸人眼球，给人以清幽、典雅、灵秀之感，体现着一种"清秀美"；张家界地貌则以众多层峦叠嶂的峭立岩峰独领风骚，给人以林立无边之感，诉说着一种"险峻美"；嶂石岩地貌以壮阔的长墙、幽深的嶂谷见长，给人以横向无限延伸的悠远感觉，诠释着一种"雄壮美"。

表12-6 中国三大砂岩地貌对比统计

比较项目	嶂石岩地貌	丹霞地貌	张家界地貌
分布	河北、河南、山东	全国	湖南
典型公园	河北嶂石岩国家地质公园	广东丹霞山世界地质公园	湖南张家界世界地质公园
地层年代	中元古代长城系 1 800Ma B P	中生代到第三纪 65Ma B P	古生代泥盆纪 400Ma B P
岩石	石英砂岩夹厚层黏土岩	石英砂岩	石英砂岩夹薄层黏土岩
质地	坚硬	较软	坚硬
构造运动	强烈抬升	上升幅度一般	上升幅度小
作用力	崩塌作用明显	流水作用、化学作用	流水作用、重力崩塌作用
色泽	浅褐红色	红色	褐红色
基本形态	顶平、身陡、麓陡	顶平、身陡、麓缓	顶尖、身陡、麓陡
典型地貌	长墙、"Ω"形嶂谷	方山、一线天、晒布崖	方山、塔柱
整体特征	壮阔雄伟	圆润灵秀	挺拔峻险

三者的形成演化过程比较如图12-17所示。

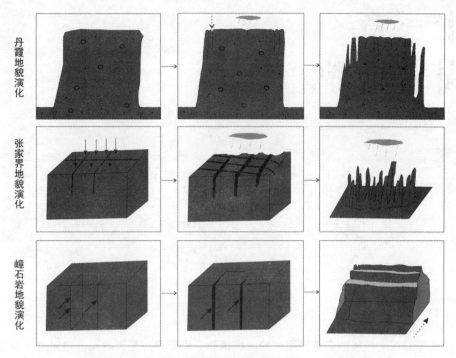

图 12-17　三大砂岩地貌发育过程比较（据郭康等，2007 修改）

关键点

1. 丹霞地貌由红色砂砾岩构成，以丹崖赤壁为主要特色。
2. 影响丹霞地貌形成发育的主要条件包括岩石（物质基础）、内外营力等。
3. 砂岩地貌以侵蚀构造为主导作用，其形成过程与特定的岩性产状、节理发育、构造运动、流水侵蚀、风化作用等条件有关。
4. 嶂石岩地貌是以阶梯状的长崖和半圆形围谷或深切嶂谷为主要形态，具有顶平、身陡、麓陡等基本特征的滨海-浅海相石英砂岩地貌。

讨论与思考题

一、名词解释

丹霞地貌；砂岩峰林地貌；嶂石岩地貌

二、简答与论述

1. 什么是丹霞地貌？怎么分类？
2. 丹霞地貌的形成条件与影响因素有哪些？
3. 什么是砂岩峰林地貌？其形态特征是什么？
4. 砂岩峰林地貌的形成条件及演化过程是什么？
5. 简述嶂石岩地貌的形成条件及发育演化过程。

第十三章
花岗岩地貌

在地壳深处或上地幔的岩浆因剧烈的地壳运动，沿断裂运移到地壳一定深度冷凝后形成侵入岩，花岗岩是侵入岩的典型岩石。花岗岩岩体因后期构造运动和风化作用，其上覆岩层被剥去而出露地表，并形成花岗岩地貌。我国花岗岩在地表分布广泛，岩体出露后形成的花岗岩地貌类型多样。花岗岩地貌主要分布在华南地区，安徽黄山、江西三清山和福建东部沿海等地区的花岗岩地貌很有代表性，北方也有一些地区存在典型的花岗岩地貌，如内蒙古克什克腾等。

第一节 花岗岩地貌的定义

花岗岩是由地壳深处或上地幔中形成的岩浆，侵入到地壳上部结晶形成的岩石，主要成分是长石和石英，是大陆基底主要的组成物质。花岗岩岩性坚硬，但节理特别发育，在长期内、外营力作用下，就会形成千姿百态的奇峰、奇石、台地、石丘、石蛋等花岗岩地貌形态。不同时代、成因、岩性的花岗岩在不同的气候带、不同海拔、不同外营力作用下形成类型迥然的地貌形态，如被列为世界自然遗产的黄山、泰山，以及著名的华山、三清山、九华山、天柱山等，在中国共有40余处著名花岗岩地貌景观（表13-1）。

表 13-1　中国典型花岗岩地貌景观一览表

世界自然遗产	山东泰山、安徽黄山
世界地质公园	内蒙古克什克腾旗、安徽黄山、山东泰山
国家地质公园	内蒙古克什克腾旗、安徽黄山、山东泰山、江西三清山、河南嵖岈山、河南神灵寨、河南信阳金岗台、河北秦皇岛柳江、安徽祁门牯牛降、江苏苏州太湖西山、江西武功山、黑龙江伊春花岗岩石林、黑龙江小兴安岭、福建石牛山、广东阳山、安徽九华山、安徽天柱山、福建太姥山、福建白云山、北京密云云蒙山
国家级风景名胜区	陕西华山、青岛崂山、浙江普陀山、浙江四列岛、浙江天台山、湖南衡山、辽宁千山、辽宁医巫闾山、河南鸡公山、河南石人山、福建清源山、福建鼓浪屿万石山、福建鼓山、天津盘山、广东罗浮山

第二节　花岗岩地貌的分类体系

地貌类型即地貌发育的动力过程、组成物质相似或相近，并在一定地域内重复出现的形体组合。花岗岩地貌类型主要取决于地貌形体的花岗岩岩性、形态特征和成因，按照不同的分类原则和相应的标准会有不同的分类方案。

关于花岗岩地貌的分类，国内外已出版的书籍文献中很少涉及，大多只是将花岗岩地貌归于岩石地貌或特殊物质控制型地貌中，目前还没有公认的系统分类。

近年来，随着岩石地貌学研究的深入以及地貌景观资源开发和国家地质公园建设的需要，国内外一些著名学者开始对花岗岩地貌的分类进行相关探讨，主要以 Twidale、陈安泽、崔之久等为代表。

在《中国国家地质公园建设技术要求和工作指南（试行）》（2002）中，花岗岩地貌从属于《地质遗迹类型划分表》中的岩石地貌，共分为峰林（图 13-1）、峰丛（图 13-2）与石蛋（图 13-3、图 13-4）3 种地貌景观。这种分类显然是具有指导意义的，具体分类还有待花岗岩地貌的研究学者继续补充和完善。

图 13-1　三清山花岗岩峰林

图 13-2　太姥山花岗岩峰丛

图 13-3 石牛山花岗岩石蛋

图 13-4 太姥山花岗岩石蛋

一、Twidale 的大型、小型方案

Twidale 等人根据花岗岩地貌形态，将花岗岩地貌划分为大型地貌和小型地貌（表 13-2），并细分为 8 个类与 31 个亚类。这一分类体系对于全球范围内花岗岩地貌类型的判别具有较好的借鉴意义，不过其中一些类与亚类在野外并不容易区分和辨识，且有些花岗岩地区的地貌景观横跨这一分类体系的多个类型，造成具体归类的麻烦，所以并不适合我国花岗岩地貌的分类。

表 13-2 大型、小型花岗岩地貌的分类

大类	类型	亚类
大型地貌	巨石	核岩、碎砾、摇摆石、坡栖漂砾
	岛山	残山、基岩残丘、城堡岛山
	尖顶山	四周倾斜山、峰林
	花岗岩平原	掩埋和剥露平原、刻蚀平原、山前侵蚀平原、准平原、阶梯状平原
小型地貌	缓倾斜	岩盆、蘑菇石、岩环、浅沟
	陡倾斜	喇叭形倾斜、底部侵蚀倾斜、浪蚀台地、崖麓凹陷、山麓角、槽沟
	洞穴和蜂窝穴	洞穴、蜂窝穴
	碎裂石	分裂岩、片状岩、多边形碎裂岩、位移块

注：Twidale 等，1982；魏罕蓉等整理，2007。

二、陈安泽花岗岩旅游地貌类型划分

陈安泽教授在《中国花岗岩旅游地貌类型划分初论及其意义》一文中，从旅游地貌学的角度，

针对每个花岗岩地区的总体形态特征,将我国花岗岩地貌划分为 11 个代表类型(表 13-3),基本覆盖了我国所有常见花岗岩地貌类型,是对我国花岗岩地貌分类体系的第一次全面系统的概括,具有很好的学术性、代表性和参考性,是目前较为成熟的主要划分方案。2010 年,又将福安白云山"花岗岩臼穴地貌"补充为第 12 种类型,即"花岗岩岩穴景观——福安型"。

表 13-3 中国花岗岩旅游地貌类型

序号	景观类型	代表型	特 征
1	(高山)尖峰花岗岩地貌	黄山–三清山型	绝对高度在 1 500m 以上、比高在 1 000m 以上的花岗岩体,由寒冻风化为主形成的,顶部尖锐、棱角鲜明、离立成群的山峰为特征的地貌景观
2	(高山)断壁悬崖花岗岩地貌	华山型	海拔 1 500m 以上,由高上千米的巨型花岗岩断块山形成,四壁陡立奇险奇峻的地貌景观
3	(低山)圆丘(巨丘)花岗岩地貌	洛宁型	海拔 1 000m 以下的花岗岩体形成巨大圆丘的地貌景观。圆丘表面光滑,在弧形曲面上往往分布着许多密集的细沟,远望似瀑布,有人称之为"花岗岩石瀑地貌"
4	石蛋花岗岩地貌	鼓浪屿型	温湿气候带的低山或丘陵花岗岩地区,因球形风化发育而形成的圆形或近圆形的石蛋地貌景观
5	(低丘)石柱群花岗岩地貌	克旗型	在寒冷气候带的花岗岩残丘地区,由于水平节理特别发育,形成类似沉积岩的棱角平直的石柱群、石桌等地貌景观
6	(低山)塔峰花岗岩地貌	嵖岈山型	500m 以下的花岗岩低山区,形成顶部浑圆的石塔群为特征的地貌景观
7	崩塌叠石(石棚)地貌	天柱山–翠华山型	巨大的崩塌岩块相互叠置搭连构成以不规则的空洞称为"石棚"或"叠石洞"为特征的地貌景观
8	海蚀(崖、柱、穴)花岗岩地貌	平坛型	靠近海岸或海岛地区的花岗岩体,因海蚀作用形成以海蚀柱、海蚀崖、海蚀洞等为特征的地貌景观
9	风蚀花岗岩地貌	怪石沟型	在干旱荒漠地区的花岗岩体,因遭风的吹蚀作用而形成的蜂窝状地貌景观
10	犬齿状岭脊花岗岩地貌	崂山型	因寒冻风化和崩落裂解作用,长条形山脊上面散布着一系列犬齿状山峰,峰体棱角鲜明,参差嶙峋的地貌景观
11	圆顶峰长岭脊花岗岩地貌	衡山型	以浑圆形山峰和修长的岭脊为特征,湿润气候条件下化学风化形成

注:陈安泽,2007。

一般而言,每个花岗岩地区都是多种地貌的综合体,兼具多种类型,很难用一种类型概括。如太姥山景区,其最高峰——覆顶峰属于"(低山)圆丘花岗岩地貌",周围还分布有大型"石蛋花岗岩地貌","九鲤朝天"景区属于"犬齿状岭脊花岗岩地貌",葫芦洞等洞穴属于"崩塌叠石(石棚)地貌","牛郎岗"景区属于"海蚀(崖、柱、穴)花岗岩地貌"等,此外,还有以"海浪石"为代表的众多微地貌无法归类。这些地貌特征,给景区整体景观的定位带来困惑。因此,这一划分方案今后在对花岗岩地貌的成因类型、尺度级别和景观组合等方面还需进一步补充与完善。

三、崔之久花岗岩地貌类型划分

崔之久教授等在《中国花岗岩地貌的类型特征与演化》中，根据花岗岩地貌成因将花岗岩地貌划分为4类，8种类型（表13-4），多种成因相同的花岗岩地貌类型归于一种类型，较为概括，但并不涉及花岗岩地貌景观形态上的划分。

表13-4 花岗岩地貌分类

分类	类型	特点
化学风化壳类	侵蚀的丘陵沟谷型	低矮丘陵和沟谷深切相对数十米，沟谷呈半漏斗状
化学风化壳剥露类	露突岩型	基岩岛山，有裙状陡坡及边麓平台的岛山，石蛋岛山，柱、塔、峰或峰丛，基岩城堡等，各种造型石和断层崖相对高度和直径达几十米到几百米
	中、小露突岩型	原始风化壳在轻度抬升的背景上遭受剥蚀，上部强风化带和极强风化带基本被剥蚀，而局部保留弱风化带之石蛋群或石蛋个体，形成众多造型石
	中、小凹地型	直径几十厘米到几米，深几十厘米到几米的岩盆、锅穴、岩碟、坑、岩槽（陡崖上垂直悬沟）
化学风化+抬升下切类	残留"石蛋"－独立巨峰型	石蛋孤立于较强烈抬升下切造成的大型峰体上部，均为保留自原来的风化前锋的石蛋群，巨型峰体则因为构造抬升下切所致
	抬升下切巨峰型	更持续的抬升、下切、剥蚀，基本上已无风化壳前锋痕迹
物理风化剥蚀类	寒冻剥蚀型	冰缘岩柱或称寒冻石林，高几米到几十米
	风化-风蚀型	风化-风蚀平台，风化-风蚀柱，风化-风蚀穿洞、龛、槽、锅穴

注：崔之久等，2007。

此外，李强等在《花岗岩地貌及其旅游景观》（2006）对花岗岩地貌旅游景观作了分类：包括石蛋及其垒砌造型、石柱、孤峰及峰林、绝壁、陡崖、一线天、洞穴、石窟、泉、温泉、矿泉、瀑布。此方案对花岗岩地貌景观的主要类型进行了划分，但不全面，细分程度也有待补充。

综合以上分析，我国花岗岩地貌类型的划分还没有达到岩溶地貌分类体系的系统程度。从区域大尺度角度分析，大面积花岗岩出露区可达到几平方千米至几十平方千米，基本地貌类型包括中山、低山、丘陵3种。对花岗岩地貌的分类主要从中小尺度上综合分析地貌成因和形态特征，划分出多种花岗岩地貌类型。中小型花岗岩地貌的个体大小相差悬殊，规模大致为几米到几百米，其中石蛋地貌的规模相对较小些，直径仅有数米，而山峰的规模可以达到几百米，甚至千余米。因此，并不按其规模来区分，主要按照"成因-形态"划分原则对研究区的花岗岩地貌进一步划分，其命名按照地貌成因和形态特征综合考虑。几种划分方案的出发点不同，划分详细程度也不同，在系统性、科学性与普适性方面还需要进一步完善。

四、典型花岗岩地貌类型介绍

下面就典型的几种花岗岩地貌进行介绍。

（一）中型花岗岩地貌

1. 峰林

峰林是由沿花岗岩垂直节理风化剥蚀，裂隙扩大后形成的多个柱状体组成。峰林高耸，高达数十米到上百米，且柱体陡峭笔直。江西三清山是峰林地貌发育最典型的花岗岩出露区，峰林构成的形态奇特（见图13-1）。

2. 峰丛

峰丛指峰体基座相连、多个密集组成的脉络状连绵的花岗岩山峰。峰丛上多岩壁陡峭、基岩裸露，峰顶有时发育石芽、石柱，是峰林地貌初始发育阶段的表现（见图13-2）。

3. 石林

花岗岩石林分布在平缓的山脊上，常成片出现。石林一般高几米至十几米。石林的底部常相连，石林柱体四周则陡，几乎垂直。在同一个平缓山脊上的花岗岩石林底部几乎在一个高度上，且石林底部不相连。这与花岗岩峰林不同，峰林是发育在峰顶上的多个石柱，其底部与花岗岩岩体相连。花岗岩石林地貌发现于内蒙古克什克腾，是一种独特的地貌类型（图13-5）。

4. 石柱

石柱（图13-6）指突出于峰顶、山坡的花岗岩柱状体，柱体岩壁陡立，近90°倾角，一般高达几米至几十米。石柱是峰林地貌发育晚期孤立存在的残峰。

图13-5 克什克腾花岗岩石林

图13-6 福建石牛山石柱

5. 石蛋

受构造水平和垂直节理控制，花岗岩岩体被分割成许多岩块，棱角部分最易被风化、崩削，逐渐圆化，形成石蛋，是花岗岩地区独特的景观。石蛋多为古风化壳弱风化带石蛋层残留形成的，出露后也受球状风化作用（见图13-3、图13-4）。而崩塌石块因球形风化作用，也可以形成近似圆状的石蛋。

6. 嶂谷和峡谷

嶂谷指沿垂直断裂发育，流水下切侵蚀断裂处，形成谷坡陡直、深度远大于宽度的谷地地貌，比峡谷更窄、更深。峡谷（图13-7、图13-8）是在嶂谷的基础进一步发育而成的，呈"V"形谷，两岸岩壁陡立、险峻。

图13-7　江西三清山花岗岩峡谷　　　　图13-8　福建白云山花岗岩峡谷

7. 洞穴

花岗岩洞穴一类是崩塌石块架空堆叠而成，称为叠石洞（图13-9）；另一类是岩壁上巨大石块崩落后残留的空洞，有时可形成巨大的穿洞。

图13-9　花岗岩叠石洞穴

(二) 小型花岗岩地貌

1. 流水侵蚀垂直沟槽

因花岗岩岩石表层受到风化作用和线状流水侵蚀作用，在陡峭的岩壁表面形成下凹的条形沟槽，称为流水侵蚀垂直沟槽。在一处岩壁上存在多条平行分布的垂直沟槽，形成"干瀑布"景观。沟槽横断面呈小"V"形和"U"形，深度和宽度一般几厘米至十几厘米，沟槽之间呈长条形或弧形脊状凸起为石脊。

2. 水蚀臼

花岗岩山峰顶裸露岩石表面存在脉岩、捕虏体以及节理处常发育水蚀臼，呈圆形、椭圆形或不规则状。小者直径约十余厘米，几个水蚀臼相连通形成较大的，直径可达 1m 多；一般深几厘米至十几厘米。脉岩中颗粒较大的矿物晶体易遭受风化，即差异性风化作用使得脉岩比周围花岗岩易风化。雨水的侵蚀作用以及湿胀干缩和热胀冷缩作用，岩石表面发生砂状风化，变得风化疏松，在脉岩、捕虏体和节理处发生差异风化，不断受到侵蚀而出现凹坑，即水蚀臼（图 13-10）。

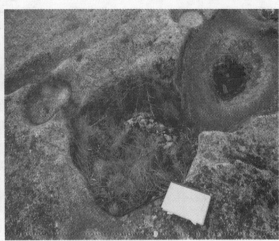

图 13-10　福建石牛山花岗岩水蚀臼景观

3. 壶穴

流水长时间浸润河床花岗岩基岩表面，使基岩受到流水侵蚀作用和化学风化作用；同时，激流漩涡夹带砂砾磨蚀基岩表面，在河床低洼处及构造相对较软弱（节理、裂隙和脉岩等）处最易磨蚀成圆形、椭圆形、串珠状、桶状或不规则状，内壁呈弧形、底部下凹的壶穴。壶穴（图 13-11）也属于河床地貌，壶穴发育较多的河床可形成穿洞。福建白云山的蟾溪、龙亭溪和首洋溪的壶穴数量多、规模大、类型多样，堪称世界级。

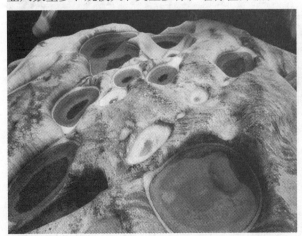

图 13-11　福建白云山花岗岩壶穴景观

另外，花岗岩质海岸常发育海蚀崖、海蚀洞、海蚀岩滩等地貌又属于海岸地貌；我国西北地区的花岗岩地貌受风蚀作用和温差作用，形成风蚀穴、风蚀柱等风蚀地貌。

第三节 花岗岩地貌形成条件及影响因素

花岗岩岩体形成后，经过构造抬升作用和风化剥蚀作用，其上覆地层被剥蚀掉，花岗岩岩体表层遭受风化作用形成风化壳，其中弱风化带中形成石蛋层。在构造运动作用以及外动力作用下，花岗岩岩体继续抬升，同时风化壳遭受剥蚀，继而形成现代的花岗岩地貌。花岗岩地貌的形成受以下4类因素的影响。

一、岩性和花岗岩地貌

岩性是花岗岩地貌形成的基础。

岩性结构主要是通过花岗岩体的厚度、成分、构造、节理、晶洞等要素来影响花岗岩地貌。与其他内动力因素不同，它们是缔造花岗岩宏观地貌，而岩性结构则主要造就小尺度和微尺度花岗岩地貌，如鳞片状剥落（图13-12）、臼穴和流水冲蚀沟槽（图13-13）等。

图13-12 太姥山鳞片状剥落

图13-13 白云山流水冲蚀垂直沟槽

花岗岩主要由石英、钾长石和斜长石组成，它们结晶度好，且形成良好的镶嵌结构，质地坚硬，抗风化能力强。另外花岗岩中还经常含少量的黑云母和角闪石，其中黑云母和角闪石是铁镁矿物,是最容易风化的矿物,其中的Fe^{2+}容易氧化变成Fe^{3+},使岩石变成红色或褐红色。3种主要造岩矿物中石英最稳定,一般不易风化,钾长石和斜长石通常较为稳定,但在水的作用下,在湿热的条件下蚀变形成高岭石或绢云母,在寒冷条件下形成蒙托石。因此在通常情况下,黑云母和角闪石是最先发生风化,从而增加了孔隙度和透水性,并进一步引起其他矿物的风化。

花岗岩中各种矿物的膨胀系数差别较大,如石英和长石可相差近1倍。在热胀冷缩过程中,花岗岩表层很易破碎,有利于鳞片状剥落。在湿度、气温变化大的我国温带和寒带,尤其是华北—东北接壤地区,物理风化可以使大面积花岗岩表面直接从基岩风化为砂粒,随即被风、水带走。同时,花岗岩为块状结构,坚硬致密,抗压力强(147~225MPa),孔隙度小(为页岩1/5)、不透水,若无多组裂隙穿插其间,水及其他助风化的化学物质是很难深入岩体内部。花岗岩抗化学侵蚀能力强,比灰岩高12倍(崔之久,2009),因此花岗岩类在地貌上往往能形成宏伟的高山峻岭。

二、构造运动

构造运动是花岗岩地貌形成的必要条件。

构造运动抬升的程度则控制着花岗岩地貌的宏观规模和山峰的海拔高度。

花岗岩岩体形成后,受构造运动不断被抬升并出露地表,尤其是新构造运动的作用。构造运动产生的断裂切割花岗岩岩体,且断块差异性抬升使河流下切,塑造出花岗岩高大山峰、深切峡谷,形成高山—深谷—陡壁的地貌框架。

同时,构造运动产生的断层和节理为花岗岩地貌受到外动力作用提供了有利通道。

岩浆活动既是构造运动的推动力,又是构造运动的成果,并且与地质构造中的断裂带联系紧密,多沿深大构造断裂系统侵入或喷发,形成"火山-侵入岩带"。岩浆活动对花岗岩地貌的影响主要是,它是花岗岩体形成的母体,其成分组成、侵位高度、侵位方式、侵入期次、规模大小及空间分布是花岗岩体形成和花岗岩地貌景观演化的重要基础。岩浆成分组成、侵入期次、侵位高度和方式,将直接影响花岗岩的岩性结构、出露时间、抗风化能力,及节理、晶洞的发育,进而影响花岗岩地貌的形态特征。而规模大小和空间分布,则会间接地影响花岗岩地貌的发育类型和地貌组合等。如规模较小,则很快被风化,只可能零星残留下一些岛山、石蛋或石柱地貌;而规模较大,则为多样地貌类型的发育提供了各种可能,花岗岩山脉、山峰、峰丛、石柱、石蛋等地貌都有可能发生。

三、断层、节理与花岗岩地貌

花岗岩岩体在冷凝时,产生三组原生节理,即垂直节理、水平节理和斜交节理;构造运动使花岗岩岩体产生次生构造节理。这些节理对花岗岩地貌发育有重要作用。原生节理和次生构造节理切割花岗岩山体,形成尖状山峰、块状岩体和直立峰柱、石柱等典型节理发育而产生花岗岩地貌。水平和垂直节理相互切割岩体,使花岗岩岩体表层呈现块状碎裂结构,降低了岩块稳定性。

在重力作用及流水冲刷作用下，岩块崩落，形成崩塌石堆和叠石洞。

花岗岩地貌的发育受断层和节理控制，特别是在新构造运动产生的大断裂处，常发育成峡谷或嶂谷，山体则呈现断层崖。若断层为高角度或在垂直节理较为发育处，往往出现倾角近90°的断崖，这是在重力作用下沿节理崩塌的结果。在花岗岩岩体和围岩接触带，构造破碎，同其他断层和节理发育的部位一样，均易受到外动力作用，尤其是流水的冲蚀作用较为强烈，形成深切峡谷和嶂谷。

垂直、水平、斜交三组节理的格局、疏密、数量、走向等控制大型花岗岩地貌的分布规律和地貌格局。如黄山断裂和节理分布有疏密之分，各大谷地如立马桥谷地、桃花溪所在谷地皆与密集的断裂和节理分布区相吻合（图13-14），而各大谷地之间的峰林则节理、裂隙少。

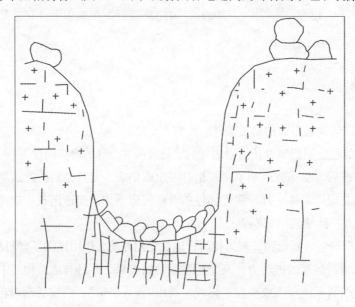

图13-14　黄山立马桥（据崔之久等，2009）
（地貌差异显著谷底和两侧峰林构造裂隙与节理密度不同）

四、气候与花岗岩地貌

气候是花岗岩地貌发育的重要外动力作用条件。

气候为花岗岩地貌的形成提供重要的水动力条件和热条件。花岗岩岩体出露后，受古气候和现代气候的持续影响，主要是第四纪气候的作用。第四纪时期的冰期和间冰期相互交替产生气候冷暖和干湿的周期性变化，使出露地表的花岗岩岩体受到不同环境条件下的风化和剥蚀的共同作用，形成独具特色的花岗岩地貌。现代气候是由全新世气候逐渐发展形成的，它继续影响花岗岩地貌的发育。气候控制的外动力作用具体为流水冲蚀作用、侵蚀作用、化学风化作用、物理风化作用，在不同纬度的不同气候条件下，形成了不同的外动力作用组合，可分为以下3种。

1. 冰川冰缘作用

在寒冷地区或经受第四纪寒冷气候影响的地区（如我国东北地区和青藏高原地区），花岗岩地貌发育过程中受到的主要外动力作用为冰川冰缘作用。在冰川作用下，花岗岩高大山峰峰顶存在角峰、刃脊等冰川地貌。因冻融作用、温差作用强烈,也发育了花岗岩冰缘石柱、石峰、石海等典型冰缘地貌。

2. 寒冻风化和风蚀作用

因特殊的地理位置,我国新疆和内蒙古地区的花岗岩体受到冻融作用、温差作用和风蚀作用。花岗岩体表面层状剥蚀强烈;风蚀形成各种形态的风蚀孔穴、风蚀柱;沿花岗岩节理的冻融和重力崩塌作用,形成独立的石柱、石峰。

3. 流水作用、化学风化作用

我国华南地区的花岗岩岩体出露后主要处于湿热气候条件下,以流水作用和化学风化作用为主导外动力。强烈的化学风化和流水作用使得花岗岩岩体上部普遍发育红色风化壳。后期风化壳被剥蚀,花岗岩岩体继续隆升。断层和节理切割花岗岩体,在流水作用、化学风化作用和重力作用下,形成花岗岩峰林、峰丛、石蛋、石柱、陡崖、深切峡谷以及各种小型地貌。

第四节

花岗岩地貌的演化阶段

花岗岩是深成的岩浆岩,它是由地下深处炽热的岩浆上升冷凝而成。其凝结的部位,一般都在距地表3km以下。李强将花岗岩岩浆冷凝成岩并隆起成山大致分为以下3个阶段(图13-15)。

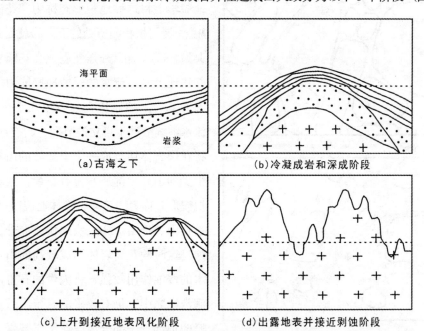

图13-15 花岗岩地貌演化阶段示意图

1. 冷凝成岩和深成阶段

花岗岩岩浆从地下深处向上侵入，到达地壳的一定部位（一般在3km以下）而冷凝结晶，形成岩体。在冷凝结晶的过程中体积要发生收缩，从而在花岗岩体中产生裂隙，即"原生原理"。花岗岩中的原生节理一般有三组，彼此近于垂直，3个方向的节理把岩体切割成大大小小的近似的立方体、长方体的块状。这些节理裂隙则在地壳运动的作用下，部分发育成断裂构造。

2. 上升到接近地表风化阶段

花岗岩体接近地表，地下水作用增强。在地下水作用下，花岗岩中的主要矿物长石变成了黏土矿物。这种变化最易发生的部位是被原生节理切割成的立方体、长方体的棱角处。久而久之，受原生节理切割成的立方形、长方形的块体，就变成了一个个不太规则的球体，称为"球形风化"（图13-16），形成的球状岩块称为"石蛋"。

3. 继续上升出露地表，形成山地并接近剥蚀阶段

此阶段可分为3种情况：①慢速上升缓慢剥蚀。花岗岩体出露地表后会继续上升，上升速度较缓慢时，花岗岩体会隆起成为低矮的丘陵。在这种情况下，花岗岩风化壳受到的侵蚀作用较弱，粗大的石蛋则会残积在原处。如果地处湿热的气候带，在很厚的风化壳中石蛋会互相垒砌起来，并形成石蛋垒砌而成的山丘。地貌学上将这种地貌形态称为"花岗岩石蛋地貌"，厦门植物园所处的万石岩就是这种地貌的典型。②快速上升强烈剥蚀。花岗岩出露地表并快速上升，流水的侵蚀冲刷能力增强，将花岗岩基岩上的风化壳和石蛋几乎全部冲刷掉，流水继续沿近于直立的节理、断裂冲刷、下切，将花岗岩体切割成一个个陡峻的山峰，只有在很少的山峰顶部还残留有石蛋。地貌学将这种地貌形态称为"花岗岩峰林地貌"，典型代表就是黄山、华山。③较快的快速上升，较强烈剥蚀。这时的花岗岩体形成较高的山丘。此时流水的侵蚀作用较强，将大量的石蛋冲刷带到山涧沟溪之中，仍有较多的石蛋出露在山丘、山峰的顶部，一部分地段花岗岩基岩上的石蛋全

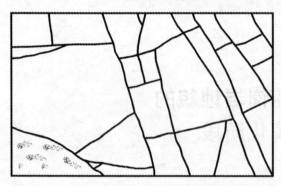

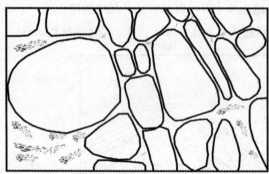

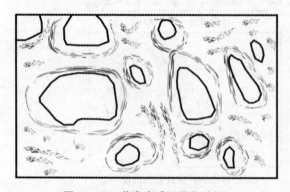

图13-16 花岗岩球形风化过程

部被冲刷走，流水继续沿直立的节理裂隙冲刷，形成陡峻的山峰。这种地貌是介于花岗岩石蛋地貌和花岗岩峰林地貌之间的中间类型，鸡公山则是这种地貌的典型。

同时，从全球或全国范围看地貌演化阶段，崔之久（2009）按各类花岗岩地貌的存在状态进行组合，根据主要类型所占分量和地位把不同花岗岩山地归入幼年期、壮年期、老年期（表13-5）；从一个山地个体看，也可以把山地的不同地段划分为幼年期、壮年期、老年期；具体到某一景区或一个从河谷到分水岭的地貌单元看，也可以划分幼年期、壮年期、老年期。这表明所有花岗岩地貌的时空变化都是很有规律的。

表 13-5　我国热带亚热带代表性花岗岩山地地貌演化阶段分类

演化阶段	亚阶段	代表山地	地貌特征
幼年期	初始期	五华山（广州）	花岗岩体风化壳正在侵蚀剥离，大部分保留
	中期	平潭（福建）	轻度抬升，花岗岩风化壳局部残留，石蛋保留好
壮年期	盛期Ⅰ	三清山、黄山	中度抬升下切，石林、峰林发育，原始风化壳剥蚀行将殆尽，仅残留局部石蛋层
	盛期Ⅱ	华山（陕西）	强烈抬升下切，高山峡谷，基本原始风化壳遗迹保留，无峰林石林
老年期	中低山	泰山（山东）	构造稳定古老花岗岩区，山体相对缓和

注：据崔之久等，2009。

关键点

1. 花岗岩是由地壳深处或上地幔中形成的岩浆，侵入到地壳上部结晶形成的岩石，主要成分是长石和石英，是大陆基底主要的组成物质。
2. 花岗岩地貌类型主要取决于地貌形体的花岗岩岩性、形态特征和成因。
3. 花岗岩地貌的形成主要受岩性、构造运动、断层与节理和气候因素影响。

讨论与思考题

一、名词解释

花岗岩;花岗岩地貌;峰丛;峰林;石林;石柱;石蛋;嶂谷;洞穴;水蚀臼;壶穴

二、简答与论述

1. 什么是花岗岩地貌?
2. 花岗岩地貌有哪些分类系统?
3. 典型花岗岩地貌有哪些?
4. 花岗岩地貌的形成条件及影响因素有哪些?
5. 花岗岩地貌的演化阶段包括哪些?

第三篇
地貌与人类活动

本篇重点阐述地貌与人类活动之间的彼此作用，分为3个章节，主要围绕"地貌与人类活动关系"、"地貌对工农业生产布局影响"、"地貌与旅游业发展"3个问题展开，强调地貌对国民经济社会的影响及地貌的应用问题，内容分解为以下几个问题。

1. 地貌与自然环境的关系如何？主要的人工地貌有哪些？
2. 人居环境评价指标体系如何构建？
3. 结合实例分析，地貌对工农业生产布局的影响有哪些？
4. 地貌对城市规划的影响有哪些？
5. 地貌与景观地貌的区别和联系是什么？
6. 当前，我国对地貌资源的主要开发利用形式有哪些？
7. 旅游路线规划设计中应该注意哪些跟地貌相关的问题？

第十四章
地貌环境与人工地貌

地貌是地球表面形形色色的各种空间实体，是自然环境的重要组成部分。在人类出现以前，地貌的形成发育由岩石构造，内、外地质营力和时间3个因素所决定。在过去漫长的岁月里，不同岩性的岩石在各自的地质构造中，受到自然界内、外营力的作用，形成了如今的地球面貌。各种地貌形成后，对自然环境（比如气候、水文、土壤等）也产生了一定的影响。当人类出现后，他们会选择一些适合居住的地貌环境生活。随着人类社会的迅猛发展，人类活动对地貌的影响日益强烈，并且形成了诸如楼房、高速公路、水坝、梯田等的人工地貌。

第一节 地貌环境评价

地貌环境包括地貌组成物质、地貌形态和大地貌格局分异。本章主要强调地貌与人类活动的关系，本小节只讨论地貌环境对自然环境以及人类居住适宜性的影响。

一、地貌与自然环境

地貌类型和发育阶段的不同使地表次生物质、光、热、水、气都会发生再分配作用，这就必然使环境因素发生变化，生态环境产生变异。例如贵州岩溶地貌，由分水岭到深切峡谷其地貌类型变化过程是：峰林盆地、残林坡地→峰林谷地、峰林洼地→洼丛浅地→峰丛峡谷（图14-1）。

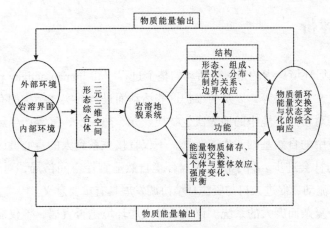

图 14-1　岩溶地貌系统——范围内容简介（据杨明德，1983）

这实际上是由岩溶继承发育的高原区向岩溶叠置发育和向深发育的峡谷区变化，即二者交界的河流裂点上、下游完全处于不同的地貌发育阶段。前者（即高原区）处于地貌溯源侵蚀尚未波及的滞后发育阶段，后者（峡谷区）是溯源侵蚀已波及地区而且是处于旺盛下切侵蚀阶段，这就造成了因地貌类型变化而导致的地表次生物质（风化物、残、坡积、冲积等）、营力的强度、地形起伏度、地貌形态特征、河系发育状况、径流特征、地下水埋深、赋存特点和富集状况，以及土壤、植被、光、热、水、气的变化，同时也使土地利用类型发生了明显的差异。现仅以峰林盆地（代表高原分水岭区）和峰丛洼地（代表深切峡谷区）作环境质量差异的比较（表 14-1）。

表 14-1　峰林盆地和峰丛洼地环境质量差异比较

环境质量要素	峰林盆地	峰丛洼地
地貌部位	河流上游分水岭区（高原区）	河流中、下游峡谷区
岩溶发育特征	继承性发育	向深性发育区
河网特征	河网密度大于 $0.25km/km^2$	河网密度小于 $0.25km/km^2$
地形高差（m）	地面平缓、比高小于 150m	地面起伏大、常达 300m 以上
地面覆盖状况	地面有较厚的松散覆盖层	多基岩裸露，仅在洼地中有松散覆盖层
岩溶地下水埋藏状况	地下水力联系较好；岩溶水相对均一；埋深 0~2m；常有易开采的岩溶富水面	孤立管道流突出；岩溶地下水极不均一；埋深常达 40~280m；仅有富集带；利用条件困难
光、热条件	地形开阔，获光条件好，光温积相对较高	地形起伏大，深陷洼地光照时间短。地形辐射（散）热效应明显，昼夜温差大，光温积相对较低
水分条件	水分条件较好，地表、地下水均利用便利	地表、地下水均利用困难，岩溶性旱涝突出
土壤类型	碳酸盐风化壳上发育了地带性土壤（如红壤、黄壤、黄棕壤等）	典型的隐藏性石灰土（如黑色石灰土、棕色石灰土、黄色石灰土等）
植被状况	地带性植被为主	典型的石灰岩植被群落
土地类型	亚热带溶岩丘坝	亚热带石山洼地
耕地类型	坝田、坝土、梯土（田）为主	旱地、坡土、梯坡土、石卡拉土为主

注：据杨明德　整理。

二、人居环境评价

人类住区（即人居环境）指的是人类活动的整个过程（all human activity process），包括居住、工作、教育、卫生、文化娱乐等，以及为维护这些活动而进行的实体结构的有机结合。地貌类型和发育阶段的不同会对自然环境中的地表次生物质、光、热、水、气等产生影响，人居环境也会随之不同。人居环境中的自然基础和生态背景，不仅直接关系到人的身心健康和生活质量，而且影响人类发展水平与社会进步。科学度量人居环境自然适宜性空间格局，对于界定主体功能区、引导人口合理分布与流动，促进人口与资源环境协调发展具有重要意义。

人居环境是一个复杂而庞大的系统。评价一种人居环境是否宜居，不仅需要对其进行定性描述，还需要进行定量的分析。因此，构建一个能充分反映自然环境和人文环境等高度和谐的综合性评价指标体系，对客观评价人居环境状况十分必要。

（一）人居环境评价指标体系的类型

现在，我国不少学者对人居环境评价指标体系的研究主要在城市和乡村两个层面上，也有从可持续发展、满意度、环境与社会经济发展关系等层面对人居环境进行量化评价。下面主要从城市和乡村两个层面就其评价指标体系予以阐述。

1. 城市人居环境评价指标体系

城市以其强大的经济活力在国民经济体系中起着重要的作用，城市人居环境的优化研究对整个人居环境体系的改善有着良好的促进和示范作用。

2. 乡村人居环境评价指标体系

乡村人居环境是乡镇、村庄及维护居民生存所需物质和非物质结构的有机体。这涉及到农民生产生活的各个方面，直接关系到我国亿万农民生活质量的提高和生产条件的改善。

（二）人居环境评价指标体系的设计原则

作为衡量人居环境质量的评价指标体系，它的建立应该从不同区域的实际情况出发，充分反映各地区的特征。而人居环境的评价指标则是基于一定指标设计原则确立的，指标设计原则取决于人居环境建设原则。基于中国国情的现实特点，我国理想的人居环境评价指标体系的设计原则应该包括以下几个方面：

（1）以人为本原则。人居环境的评价指标应该强调以"人"为核心。不论是一级指标的设定还是二级指标、三级指标的选择都要围绕人生活的环境，以建设一个优美、人与自然和谐相处的居住环境，充分反映居民对人居环境的评价和需求。

（2）层次性原则。选取的评价指标应尽可能地有层次上的差异，不仅有宏观指标与微观指标的差异性，也要有微观（即三级指标）指标间的层次梯度。

（3）动态性原则。社会是不断变化发展的，在设计评价指标时，应该全面考虑我国人口、社会结构的动态变化，使选择的指标体系具有一定的弹性空间。

（4）实践性原则。以行动为导向，面向生产生活实践，尽可能选择那些具有实践性的评价指标，增加其现实应用中的可操作性。

(5) 综合性原则。注意定性与定量指标的结合，既有状态方面的指标，又不失行为方面的指标；既有反映现状的指标，又有事后的指标。

(6) 环境友好型。最终选择的指标应该体现自然与人文环境的健康，符合可持续发展原则。既要能够体现经济的可持续性，也要符合社会、环境的可持续性。

(三) 人居环境评价指标体系的内容

人居环境评价指标体系是描述、评价一个地区人居环境是否宜居和可持续发展的可量度参数的集合。建立人居环境评价指标体系是为人居环境可持续发展的优化调控服务的，是综合评价地区人居环境发展阶段、发展程度和发展质量的重要依据。关于人居环境评价指标层的内容较多，但是，目前关于人居环境指标体系的内容参差不齐，比较繁杂。指标体系应该力求体现责任清晰，传统和现代兼并，普遍和特殊兼并（既要国际标准，也要国家标准、地方标准；二级指标的统一性和三级指标的灵活性等）。综合国际经验和国内实践，拟定了 5 个一级指标和 22 个二级指标体系（表 14-2）。

表 14-2 理想人居环境评价指标体系（据邓玲等，2011）

系统层	分类层	指标层
理想人居环境评价指标体系	自然环境	气候条件、水环境质量、空气质量、植被覆盖率、自然灾害和保障*
	生活必需品	生活用水、电力供应、食品安全*、就业机会
	基础设施	建筑布局*、交通条件和风险、垃圾处理、污水处理、娱乐休闲条件
	社会环境	治安状况*、公众参与*、社区信息公开*、地域文化保护*
	社会保障	住房条件和保障、教育条件和保障、医疗条件和保险、养老条件和保险*

注：带"*"号的为定性和定量相结合的综合指标。

(四) 人居环境评价指标体系的方法

评价的方法有很多，按学科的角度来分有生态学的、系统学的、数学的（层次分析、模糊评判、遗传算法等）、地学的（遥感、GIS 等），但总体看，从地学角度出发，利用遥感、GIS 等技术手段对区域尺度人居环境自然适宜性评价方面的研究还不多见。

国内人居环境研究起步相对较晚，目前主要是借鉴国外的研究成果。我国的人居环境建设事业已取得了一定的成绩，但还存在许多不足之处。中国古代已经提出了"天人合一"的人居环境思想，但是，在近现代时期，并没有取得与时俱进的发展。总体看来，国内现有的人居环境评价指标体系研究的特点是：理论散、逻辑乱、对象杂、内容空（脱离实践）、方法弱，对于整个人居环境评价系统还没有系统研究和设计。为达到理想人居环境的建设目标，今后我国人居环境的研究应该朝着以下方向继续努力，深化对理想人居环境理论的创新研究。

第二节

人工地貌

人类在地球上生活了 200 万年，到近 100 年以来，对地球表面的改造规模空前巨大，地面上的城市、道路、水库、渠道、隧道等，更是处处可见，更为重要的是水下的建筑技术水平也提高得很快。所有这些人工地貌现象，实际上也是人类社会的基础设施，与自然地貌在地球表面几乎掺半，当今的人类主要是生活在人工环境之中，因此有必要讨论人工地貌，特别是地貌环境与人工地貌的融合问题。

一、人类参与地貌过程

人工地貌是指因人类作用形成的地球表面的起伏形态、物质结构（亦称人工地貌体）。人类活动形成的地貌包括人类活动直接形成的地貌和人类影响地表过程而形成的地貌。人类活动对地貌形态和过程的影响范围非常广泛（表 14-3）。人类直接活动，包括挖掘（侵蚀）和建造（堆积），可以产生特殊的地貌。人类活动也可以间接地影响侵蚀与堆积过程，引起地基下沉和触发坡地过程等。

表 14-3 人类地貌过程分类

直接人工过程	间接人工过程
1. 挖掘（侵蚀）过程： 挖掘、削切、采矿、爆破、弹坑 2. 建造（堆积）过程： 垃圾倾倒：松散、固化、熔化垃圾堆放； 平整作用：耕种、修造梯田 3. 影响水文的过程： 洪水、筑坝、修建运河，疏浚与河道整治，排水；海岸保护	1. 加速沉积与侵蚀： 农业活动和植被破坏；工程建设，尤其是道路建设和城市化；改变水文状态 2. 地基沉陷： 崩塌、沉降、采矿；水文；假喀斯特 3. 坡地失稳： 滑坡、泥石流、崩塌、蠕滑加速；载荷增加；基部切割；震动；润滑作用

二、人类活动直接地貌过程

1. 挖掘过程

人类挖掘过程包括挖掘、削切、采矿、爆破、弹坑等。人工挖掘活动直接形成了城市地貌、交通线，有些已成为著名的古迹，如新石器时期，英国东部的人们曾用鹿角和其他工具在白垩系地层中挖掘高质量、抗冻裂的燧石用来制造石器，留下许多深坑。现在这些人工坑积水成湖，大都具有平直的岸线和很陡的岸坡。

采矿是挖掘过程中影响最大的活动，尤其是露天采矿对环境的破坏非常强烈。采矿造成了大面积的工矿荒漠化土地，亦造成部分地面塌陷。大冶铁矿露天采场矿体自 20 世纪 60~80 年代相继开采完毕并转入地下开采，目前除局部的挂帮矿回采外，主要为地下开采。由于长期的大量地下开采铁矿层，形成大面积的采空区，据黄石市地质灾害调查与区划资料，矿区采空区将近 4km²，采空区高度 10~25m，最大达 40 余米，导致其围岩应力发生改变，岩体完整性遭到破坏，采空区顶板塌落，波及地面引起不均匀沉降与大面积的塌陷。

2. 建造过程

建造过程包括城市建设、修筑道路、倾倒废弃物、平整土地等。

采矿、筑路、建坝、建房、开挖、开荒是造成固体物质移动的主要动因。全世界河流每年从大陆向海洋输送泥沙 9×10^9 t，其中 70% 是人类活动引起的；全球农田表土的过度侵蚀量是 2.27×10^{10} t，超过新土壤的生成量。

废弃物堆积形成了最主要的人工堆积地貌，比如人工开采矿山带来的尾矿堆积，我国尾矿堆积存量约 9×10^9 t，占地 2 300 多万亩（1 亩=666.6m²），不仅占用大量土地资源，还会带来环境污染和安全隐患。而且矿山废石的排放量相当大，这不仅严重影响对矿产资源的充分利用，并极有可能造成堆积坝的滑坡，造成重大事故。此外，人类废弃物的增加也影响到海岸带地貌。

填海造陆和围垦造田是重要的人类建造地貌过程。人口密集地区常位于浩瀚水域附近，全球 400 万以上人口的城市有 3/4 位于海滨和湖滨，许多城市通过围垦寻求发展空间（例如香港和阿姆斯特丹）。湖泊周围地区因围垦使湖泊面积减少甚至消失。例如 1949 年以来围垦使鄱阳湖的面积减少了 1/3，一些小的湖泊业已消失，虽大大增加了耕地的面积，但降低了汛期蓄洪能力。

3. 河道工程

筑坝、修建、疏浚河道、建设排水等工程都影响河流的水文过程和侵蚀沉积过程，都会改变河流地貌，影响流域生态。古代水利建设工程很大程度上缓解了洪涝灾害对人们的影响，提高灌溉覆盖程度，促进了区域农业的发展，如李冰父子修建的都江堰工程、西汉朔方郡的美利渠、秦代的秦惠渠。现代人类影响最大的是水电工程，如我国的长江三峡水电站，总装机容量 1 768 万 kW，装机 26 台，是目前世界上最大的水电站。水力学家认为三峡水电站建设有利有弊，但起主导作用的是对长江中下游防洪上的关键作用；生态学家认为，可能加剧库区人地矛盾，产生新的水土流失，导致上游泥沙淤积、下游河道冲刷，诱发地震、地质灾害、水质污染、水生生物链断裂等问题。

三、人类活动间接地貌过程

1. 侵蚀作用

人类对地貌的侵蚀作用主要是植被的破坏和进行耕作，人类的行为激发了活动区域内的天然侵蚀能力，使自然过程中的"激励-响应"效应得以放大，从而人为地加速了侵蚀效应。据估计，美国地表径流每年携带 4×10^6 t 泥沙进入河流,其中,有 3/4 来自于农田,1/4 来自于风蚀。

2. 风沙过程

人类活动给区域植被造成了巨大压力,植被的破坏加速了土壤风蚀过程,沙尘暴和沙漠化加速。人们通过植树、种草来固化土地从而缓解这一作用,除此之外,建立防沙栏也获得了成功。

3. 风化作用

人类活动(如工业活动)导致的空气污染,可以影响风化的性质和速率。燃烧化石燃料释放大量的氧化硫气体,上升至云层以酸雨的形式返回地面,与岩石反应加速了岩石的化学风化,反应产生的硫酸钙和硫酸镁等盐类会加速岩石的物理风化。

4. 河流过程

城市化会引起河流洪水的强度和频率的增加,河流会侵蚀河岸而展宽,并引起河岸崩塌和建筑物基础遭受侵蚀。

修建大坝引起的河流泥沙量的变化可以造成上游河道的加积和下游河道的下切。如 1954 年被选定为新中国成立后治理黄河第一期工程坝址的黄河三门峡水库。三门峡控制流域面积 68.88 万 km^2,占黄河流域总面积的 92%,控制流域来水量 89%,来沙量 98%。仅一年多时间就淤积泥沙 15.3×10^8 t,库尾潼关高程(1 000 m^3/s 流量时的水位)急剧抬升 4.31m,在渭河口形成拦门沙,入库水流受阻,淤积末端上延,致使渭河出现阻塞型洪水,造成严重损失。从那时起,渭河也因淤积成为地上悬河,河床高出两岸地面,水灾频繁。又过了一年多,库区淤积达到 5×10^9 t,淤积末端逼近陕西省西安市。

5. 地基沉陷

大中型城市作为人类经济、社会活动中心,多选在接近水源的地方。这些地区沉积物厚度巨大,地下水储量丰富,开采利用方便。但随着城市人口急剧增多,工业化规模扩大,对地下水的开采量剧增。随着时间的推移,漏斗区不断加深扩大,导致地面沉降。

6. 海岸过程

随着人类居住的海岸带城市化的发展,海岸沉积和侵蚀的平衡被打破,造成海岸侵蚀加深。中国海岸侵蚀主要出现于废弃三角洲前缘地带和现代三角洲局部地区。如江苏废黄河口附近,1855—1970 年岸线以平均每年 147m 的速度后退,20 世纪 70 年代以来,岸线后退速率仍达 20~40m/年。

7. 坡地过程

人类活动引起滑坡、崩塌、泥石流、土屑蠕动等地貌过程。许多自然地区都处于极限平衡状态,人类工程建设或多或少地存在边坡开挖、堆砌土石、改变斜坡形态等问题。容易导致坡脚物质被切割,造成坡地失稳而发生滑坡和崩塌;切割的物质堆积到下方的斜坡上以增加路面的宽度,由于降水渗入和路面载荷,常常容易造成松散堆积物滑坡与崩塌。

四、主要人工地貌

工业的发展,现代化的建设,使得全球的人工地貌趋于同化,主要是以理性思维为核心的建设。按照现代化的建设，人工地貌主要分为城镇地貌、矿山地貌、油田地貌；公路、铁路、地铁、港口、机场、航天发射场；水库、水渠、运河；农田、果园等。这里列举一些常见的人工地貌，进行具体的分析。

1. 城镇人工地貌

因地制宜的城市建设，促进了城市规划的研究，不同的城市具有不同的地貌效应。城市人工地貌主要研究建筑的地基和城市地貌的效应两个方面。

城市的楼房、道路、管道等的建设，都需要考虑地基问题。地基分两类：一类是从地表向下挖掘的地基，影响其稳定性的因素主要有建筑物荷载的大小和性质，岩、土体的类型及其空间分布，地下水的状况，以及地质灾害情况等；另一类是地下隧道的类型，现代城市地下工程施工的主要施工方法是盾构法，隧道地基稳定性研究大部分为经验的稳定系数法。

从城市物质组成与形态两方面来考虑，城市地貌效应有如下两种。

城市热岛效应（heat island effect）：主要是指城市的建材（城市地貌的组成物质）与周边农村的土壤、植被不同，吸收了大量的太阳辐射，使得地温增高，比周边农村地温高出20~35℃，气温高出3~5℃，从而称为"城市热岛"（图14-2）。而引发城市增热的原因还有很多，例如，汽车尾气排污、排热，夏季空调排热，工厂排污、排热，冬季取暖锅炉排污、排热等。实际上城市热岛效应，一年四季是有变化的。城市热岛效应会带来局部区域的强对流天气，如城市的暴雨、冰雹、城市洪水、城市火灾、城市疾病等。

街区街道效应：街区（blocks）与街道（streets）是指城市形态的效应，大城市的高楼群集中，造成整个街区形如"一座山"，一条街高低错落的楼群连成"山脉"，孤立的高楼形成"孤峰"；而街道则构成"山谷"，不过在城市"山谷"中不是"奔腾的河流"，而是"车水马龙"的汽车长龙。城市的"山脉"与"山谷"同样具有局地小气候的变化，大风会顺着街道加大风速，汽车尾气浓度集中在街道上空徘徊等。

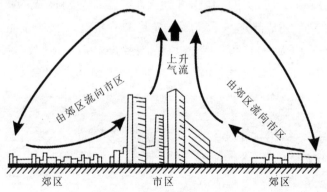

图14-2 城市热岛效应示意图

2. 人工交通地貌

当今的交通主要是高速公路（图14-3）、港口、机场（图14-4）和空间发射场，高速铁路在大国以及跨国之间是重要的交通工具。人工交通地貌大部分是线性地貌，犹如河流一样，只是运送的是物流和人流。湖泊具有吞吐水量、调节河流水量的功能；同样，交通要道中也有仓库、转运站、编组站、机场、车站、码头、歇息处等调节物流与人流。

图 14-3　高速公路　　　　　　　　　图 14-4　上海浦东国际机场

3. 水利工程地貌

水利工程主要是建设水库与渠道，与自然河流、湖泊比较，水库好比是湖泊，渠道好比是河流。1931—1935 年间，美国建造了胡佛大坝（图 14-5），是世界上早期建设的大坝之一。

水利枢纽的地基包括坝肩、坝基、库底、库岸边坡等部分。一旦水库建成，提高了局部河流的侵蚀基准面，等于人工建造了一个"湖泊"，调节了河流的流量。随着水库的淤积、消亡，河流将会再一次下切，水坝将形成人工跌水和瀑布，库区两岸将形成人工阶地。水利工程从本质上看，实际上延缓了洪水与泥沙入海的速度，也是延缓了地貌的夷平作用，从中人类得到了水资源与土资源的利用。

我国的水利工程是举世瞩目的，众所周知，三峡工程（图 14-6）是开发和治理长江的关键性骨干工程，建成后防洪、发电、航运等综合效益巨大，对生态与环境的影响广泛而深远。但历来宣传较少的是，三峡工程同时具有巨大的生态与环境效益，并随着三峡工程蓄水、发电的进程逐步得以发挥。三峡水库正常蓄水位 175m，有防洪库容 $2.215\times10^{10}\,m^3$，可对长江上游洪水进行控制和调节，减免长江中、下游洪水威胁，防止荆江河段发生毁灭性灾害，延缓洞庭湖的淤积，是长江中、下游防洪体系中不可替代的重要组成部分。三峡电站共安装 32 台机组，总装机容量 $2.24\times10^7\,kW$（千瓦），年发电量近 $9\times10^{10}\,kW\cdot h$（千瓦时）。每年可减少原煤消耗约 $5\times10^7\,t$，少排放二氧化硫约 $10^6\,t$，二氧化碳约 $10^8\,t$，一氧化碳约 $10^4\,t$，氮氧化物约 $10^5\,t$，并减少大量的飘尘、降尘等。

图 14-5　美国胡佛大坝　　　　　　　　　图 14-6　三峡大坝

水渠的地基主要是挖方与填方，如中国的南水北调，美国从科罗拉多河 Empire Dam 引水到加利福尼亚州的 Salt Sea 灌溉农田的全美运河。

4. 农田人工地貌

如果说城市、水库是"点性"地貌，交通是"线性"地貌，那么广袤的农田就是"面性"地貌现象了。平原上的农田，依然是平原，只是在平原上被划分成整齐的格网，田块与渠道相间。在人少地多的条件下，为灌溉的方便，中心打井，以喷水管为半径，构成圆形的农田。而山地农田大部分建成了梯田，黄土高原在"墚"、"峁"上创造了川台化的"小平原"，淤地坝在沟谷中修建了"小平原"。

梯田在我国东部丘陵、黄土高原、云贵高原地区广泛分布，其中位于云南省红河哈尼彝族自治州境内的"哈尼梯田"堪称世界梯田奇观（图14-7），约4.7万公顷（1公顷=0.01km^2），全部镶嵌在海拔600~2 000m之间的山坡上，时隐时现，规模宏大。山高谷深，多为深切割中山地类型，地形呈"V"字形发育，从江边河坝到高山峻岭，海拔落差极大，梯田也因势就坡，坡大坡缓开大田，坡小坡陡开小田，大到十几亩，小到如桌面大小。以一坡而论，少则上百级，最高级数达3 000~5 000级，一层一层朝着天际陈铺。这里亿万年来受元江、藤条江水系深度切割，中部凸起、两侧低下，山地连绵，地形呈"V"字形发育，不易耕作。为了生产粮食，必须对当地地形进行改造，这是哈尼梯田形成的重要基础。

图 14-7　哈尼梯田

关键点

1. 人工地貌是指因人类作用形成的地球表面的起伏形态、物质结构，亦称人工地貌体，比如城镇、农田、水坝等。

2. 人类直接参与地貌活动，包括挖掘（侵蚀）和建造（堆积）；人类活动也可以间接地影响侵蚀与堆积过程，比如引起地基下沉和触发坡地过程等。

3. 地貌与地表环境密切相关。地貌类型和发育阶段的不同使地表次生物质、光、热、水、气都会发生再分配作用，这就必然使环境因素发生变化，生态环境产生变异。

讨论与思考题

一、名词解释

人工地貌；人居环境

二、简答与论述

1. 人工地貌包括哪些类型？
2. 地貌环境评价应该包括哪些内容？
3. 人类的哪些活动影响地貌发育过程？
4. 城镇地貌所带来的环境效应有哪些？
5. 人工地貌影响哪些自然环境因素？
6. 桑基鱼塘是珠江三角洲劳动人民在长期生产实践中，合理利用自然条件所创造出的一种特殊的人工地貌。地表特征是成群分布的狭长形池塘，以及池塘间高出池水面数米宽窄不等的土基，呈交替排列。请问这种人工地貌改造了哪些自然要素？对人类生产带来哪些好处？

第十五章
地貌与工农业生产

> 不同的自然地貌条件有着不同的光照、温度、降水、气流、生物等,对工农业的布局和生产具有重要的影响,是人类利用大自然来发展自身的基础,而人类工农业的发展也在不断地改造着自然地貌。

第一节　地貌与农业生产

一、地貌类型影响农业布局

不同级别、不同类型的地貌不同程度地影响着区域气候和不同农业生物的分布与生长发育。

平原地区的优势是易于灌溉和机耕,所以平原一直是农业生产的重要基地,但是平原地区易受洪涝、盐碱化灾害的影响。丘陵地区适宜农垦和经济林种植,但主要问题是机耕困难,水土流失严重,引水灌溉困难。山地农垦地面积小,且零散,易于发展林业和牧业。对于高原来讲,因为地理位置和气候条件的差异,农业利用条件也相差比较大。如黄土高原地区理想的耕地是塬、梁、峁的顶部和沟谷底部,而位于斜坡上的耕地则水土流失严重;云贵高原农业基地主要位于山间盆地,盆地间的山地更有利于发展林业。

二、海拔高度对农业生产的影响

海拔高度对农业生产的影响主要表现在对农作物生长环境要素中的水热条件的影响。在一定的垂直高度范围内，海拔高度每升高 100m，气温下降约 0.6℃，于是从山麓到山顶就出现了垂直温度带；随着海拔的升高，气温逐渐降低，降水也呈现出一定的变化，潮湿气流在遇山体而被抬升的过程中，由于温度的降低，气流中所含的水汽一旦达到饱和，即可成云致雨，降水量一般随高度的增高而增多。不同的海拔高度有着明显的水热差异，通过对温度和降水的影响形成垂直气候带（图15-1）和相应的生物、土壤带，导致了气候、植被、土壤呈现出垂直方向上的带状分布与变化，从而影响到作物布局、土地利用方式（表15-1）。通常情况下海拔越高，积温越少，农作物的生长期越短，在海拔较高的山区，温度偏低，适宜发展畜牧业、林业；海拔较低的中低纬度平原地区，水热条件好，适宜发展种植业；起伏较大的山区，如中国云南、四川西部和青藏高原等地，其种植业一般分布于谷地，畜牧业分布在山坡的草地上，其农业生产具有显著的垂直分布特点。

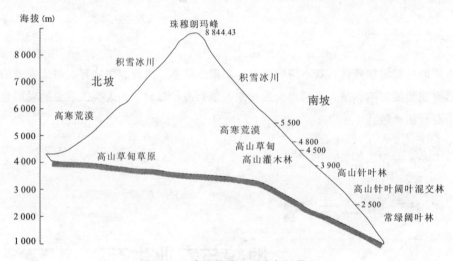

图 15-1 喜马拉雅山垂直气候带

表 15-1 海拔与农业类型关系

高程	区域	农业类型	实例地区
海拔较低	湿润区	种植业	东北、华北、长江中下游平原、四川盆地
	干旱区	畜牧业	塔里木盆地、澳大利亚南部沿海地区、中亚平原
海拔较高	山地	林业	长白山、兴安岭
	高原	高寒作物、高原畜牧业	青藏高原

三、坡度坡向对农业生产的影响

平原地区坡度小，有利于机械作业，发展规模种植业；丘陵、山区坡度大，适宜多种经营

（图 15-2、图 15-3），如山东、辽东丘陵是我国重要的水果基地；江南丘陵是我国主要的茶叶种植区。农业用地方式必须考虑坡度的大小，对于农耕用地一般要求坡度在 15°以内，15~20°为修筑梯田的坡度范围，25°以上的坡地应作为林、牧用地。地面坡度还会直接影响农业机械化，一般坡度在 8°以下，机械引犁可以工作，坡度增大，耗油量增加，耕作质量下降，一般认为坡度 15°是机耕的上限。

图 15-2　东北平原（左）与江南丘陵（右）

图 15-3　云贵高原（左）与青藏高原（右）

另外坡度还会直接影响排灌水平和工程设计。当坡度大于 2°时，进行地面灌溉就比较困难；坡度在 3°以下就要注意修建排水系统以防止涝害。另外引水渠的修建也必须考虑地形坡度的变化，例如主干渠的延伸方向应该与大范围内坡度一致，其位置应该考虑使水流能够自动供给支渠。

坡度对水土流失和作物产量也有密切关系，坡度大，水土流失量大，土壤平均含水量低，产量降低（表 15-2）。

表 15-2　坡度与水土流失、土壤养分和作物产量的关系

坡度	水土流失量		土壤养分		红薯产量	
	(m³/hm²)	比率 (%)	平均含水量 (%)	比率 (%)	(kg/hm²)	比率 (%)
5°	631.5	100	18.5	100	20 145	100
10°	1 021.5	161.8	17.1	92.4	12 675	62.9
15°	1 374.0	217.8	16.5	89.2	12 990	64.5

坡向不同会导致地面接收的光、热、风不同，从而影响农业生态环境。向阳坡阳光和热量条件好，但蒸发强，水分条件差；背阴坡恰恰相反，水分多但光热少。

不同坡度和坡长经受剥蚀的方式和强度有别，土壤的理化性质和肥力各异，土地利用的方式和农业生产结构都会有很大差异。坡度是影响土壤侵蚀的最主要地形因子，土壤侵蚀量随着坡度的增大而增加，坡度不仅影响土壤侵蚀程度，而且还影响土壤侵蚀的方式，随着坡度的增加，土壤侵蚀将由面蚀逐渐向沟蚀、滑坡、崩塌方向发展，坡度对土壤侵蚀的影响有一个临界值，一般限定坡度在25°。坡长与坡度一样，也是影响土壤侵蚀的重要地形因子之一。在坡度相同时，随着坡长的增加，地表径流增强，土壤侵蚀量增大。

四、地表松散物质对农业生产的影响

1. 不同地貌部位的地表松散物质具有差异

在不同的地貌部位，外力作用的方式和强度不等，地表松散物质的厚薄和理化性质差异很大，这些因素控制着土壤种类、土壤各层次的厚度，从而制约农业生产。冲积平原和三角洲，土壤颗粒较细，土壤肥沃，有利于农业生产；黄土地貌土层深厚疏松，持水性好，富含钙、磷等矿物质，有利于农业耕作，但由于黄土多孔，又是垂直节理发育，水土流失严重，对农业生产影响很大；喀斯特地貌土层薄肥力低，不利于农业生产。

2. 不同基岩形成的土壤不同

不同基岩区风化残积物形成的土壤性状各异，花岗岩区发育的土壤偏酸性，钾含量比较高，透水性强，一般利于喜酸性、喜沙性和耐旱的植物生长。紫红色的粉砂岩、泥岩和页岩在四川丘陵区主要发育为紫色土，肥力高，如果土层较厚则适宜多种作物生长。碳酸盐岩地区，仅在溶蚀洼地和溶蚀谷地等处有土壤发育，土壤多为灰褐色黏性土，适宜种油桐、板栗等。变质岩区发育的土壤一般养分丰富，黏性适中，土层较厚，多呈中酸性，透气性和"三保"性好，是发展林木基地的理想场所。

五、现代地貌过程对农业的影响

现代地貌过程是指在内、外动力及人类活动的作用下，由流水、风力、海洋、重力等引起的侵蚀和堆积过程。这些地貌过程改变了地貌的演化方式、强度及演化规律，使得地表的松散碎屑物质、矿物养分和有机质发生了迁移，影响农业生产的布局（表15-3）。因此，在农业地貌区划时，需要指出区域内地貌发育的阶段和主要营力的作用与强度。现代地貌过程是动态变化的，对农业的影响也是动态的，是今后农业地貌研究的一个重点。

表 15-3 对农业不利的地貌过程

	主导营力	对农业可能产生不利影响的地貌过程
外营力	流水	沟谷的溯源侵蚀、河流侧蚀、泥石流、水土流失、洪水灾害
	风力	风蚀、沙丘移动
	重力	崩塌、滑坡
	海浪、潮汐	海岸侵蚀后退
内营力		火山喷发、地壳缓慢升降等

第二节

地貌与工业布局

不同的地貌区域会有不同的资源禀赋条件、自然条件和交通条件,从而影响工业布局。影响工业布局的地貌因素主要有自然资源与自然条件两个,它们是影响工业生产发展与布局的物质基础和重要的外部条件。前者包括矿产、土地、水与生物资源等;后者主要有水文地质、地形、气候、陆地水文、自然灾害(如地震、滑坡与泥石流)、生态环境条件等。

一、自然资源与工业布局

资源密集型工业在生产过程中需要消耗大量的原材料及燃料,其布局要求接近原材料容易获取的地貌区域(图15-4)。主要包括:①单位产品要消耗大量的原材料的工业部门,且原材料中含有的有效成分较低,失重比大,如有色金属冶炼及钢铁工业等;②在生产过程中大量耗用电力或其他燃料的工业,如炼铝工业等;③原材料不宜长途运输的工业,如制糖、茶叶初加工等。

图 15-4 我国农产品加工工业布局 (据 Eatoil.net)

二、地表形态与工业布局

地貌条件的情况直接关系到建厂工程量的大小、基建投资的多少和建设进度快慢，有的甚至影响到企业建成投资后的多项经济技术指标的优势。海拔较高的地区，地形崎岖，自然条件恶劣，生态环境脆弱，工程建设比较艰难，厂区所占用的面积、坡度、地面切割程度和松散堆积层等地貌因子，以及如洪涝、滑坡、崩塌、泥石流和坍塌等地貌灾害的分布数量和频度都是厂址选择需要考虑的地貌因素。

三、地质基础与工业布局

水库大坝、高层建筑、铁路、公路等工程选址要选在地质坚硬的地区，平原地区土层深厚，地基松软，多流沙层，因此地基需加固、防水。喀斯特地貌区岩层的渗水性强，地下多溶洞，选址不当容易出现水库渗水，大坝开裂等问题。

第三节 地貌与城市规划

地貌是自然环境的重要组成要素，是地球表层系统的固体下垫面，是城市建设发展的基盆，城市的形成与发展，一方面得益于自然地貌，例如，海滨湖滨沙土平原、冲积扇，土地连片开阔，交通方便，是城市开发建设的好场地。这些地方常常是聚落的发源地，有利于城市的形成。另一方面，自然地貌又影响城市的选址和布局，城市建设也会改变区域原有的地形地貌，甚至人为地形成新的地貌景观。进行城市规划时，首先应该了解城市地貌，以便为城市开发、土地利用、建筑设计、工矿企业设置、交通道路修建提供科学的基础资料。

一、城市化引起的地貌过程变化

城市化引起的地貌过程包括流水作用过程的变化、重力作用过程的变化、喀斯特地貌过程的变化等，例如城市化影响降水、地表流水的流动方式和下渗状况，改变城市的水文过程，使城市流水侵蚀与沉积的地貌作用过程发生变异。

二、地貌对城市布局的影响

地貌环境影响城市的分布格局，城市位置往往选择在河流交汇处、高河漫滩、阶地、平原、山间盆地、冲击扇顶部等，土地面积必须广大，足以提供现在和未来的城市发展需要。中国的城市分布，绝大部分城市分布于平原、河谷、山间盆地和山麓绿洲等海拔较低、地形平坦的地带，地势起伏大的高原、山区城市布局较少。城市分布的主要地貌部位包括河流汇合处、河谷阶地、平原或盆地底部、海滨、岛屿以及两大地貌单元的分界处。

三、地表组成物质对城市建设的影响

地面组成物质对城市建设和交通都有影响，城市是一个物质实体，由坐落在地上的各种建筑物组成，地面组成物质构成各种建筑物的地基基础，基础的稳定性直接影响到建筑物的寿命和造价。地面组成物质不同，承载能力有很大差异，基岩的露头分布、岩性、埋藏深度、走向、倾角、剪切方向、风化层厚度和岩层组合等，都与城市建设密切相关。高层建筑和工矿建设要考虑地面组成物质的性质，道路位置、机场位置的选择等都要考虑地面组成物质。在城市开发建设时需要对各类建筑物的坐落基础有所了解，尤其是在一些特殊土类上建造建筑物时必须采取专门的措施，以保证地基基础的稳定性。

四、地形坡度与城市开发建设

从城市的形成与发展过程来看，平缓地形是最有利于城市建设发展的外部条件之一；从城市内部的空间结构布局来看，平缓地形也最有利于布局；从城市的整体建设角度来看，平缓地形对城市建设也极为有利，丘陵地区施工较困难，山地地区的城市建设则需要更大的经济投资和工程措施，同时城市的发展往往也受到限制。

城市用地的理性坡度是0.3%~2%，坡度太小，不利于场地排水；坡度过大，建筑物和交通的布置将受到限制。如在8%~12%的坡度上建造住宅，要相应增加建设投资4%~7%，经营管理费用增加5%~10%。坡度大的区域，建筑施工难度大，若进行大规模高填深挖，则需要做大规模的护坡以防塌方。工程实施后对地形影响大，地下水的自然渗透被截断，对坡地的连续度有很大影响，因此坡度越大，越不适宜建设。详见表15–4。

表 15–4 地形坡度与城市建设的关系

土地类型	坡度(%)	对土地利用的影响及对应措施
地平地	＜0.3	地势过于低平，排水不良，需采取机械提升措施排水
平地	0.3~2	是城市建设的理想坡地，各项建筑、道路可自由布置
平坡度	2~5	铁路需要有坡降，工厂及大型公共建筑布置不受地形影响，但需要适当平整土地
缓坡地	5~10	建筑群及主要道路应平行等高线布置，次要道路不受坡度限制，无需设置人行堤道
中坡地	10~25	建筑群布置受一定限制，宜采取阶梯式布局。车道不宜垂直等高线，一般要设人行堤道
陡坡地	25~50	坡度过陡，除了园林绿化外，不宜做建筑用地，道路需要与等高线锐角斜交布置，应设人行堤道

注：刘卫东，1994。

我国《城市用地竖向规划规范》（CJJ 83—99）明确规定，城市建设各类用地最大坡度不超过 25%，详见表 15-5。

表 15-5 城市主要建设用地适宜规划的坡度

用地名称	最小坡度	最大坡度
工业用地	0.2°	10°
仓储用地	0.2°	10°
铁路用地	0°	2°
港口用地	0.2°	5°
城市道路用地	0.2°	8°
居住用地	0.2°	25°
公共建设用地	0.2°	20°
其他	—	—

资料来源：《城市用地竖向规划规范》（CJJ 83—99）。

关键点

1. 不同级别、不同类型的地貌，以及地貌的不同部位，不同程度地影响着区域气候、土壤类型等环境要素，进而影响农作物生长发育，形成农业的规律分布。

2. 不同的地貌区域会有不同的资源禀赋条件、自然条件和交通条件，从而影响工业布局。

3. 地貌是自然环境的重要组成要素，是地球表层系统的固体下垫面，是城市建设发展的基盆。地貌是城市的选址和布局的重要因素。进行城市规划时，首先应该了解城市地貌，以便为城市开发、土地利用、建筑设计、工矿企业设置、交通道路修建提供科学的基础资料。

讨论与思考题

简答与论述

1. 地貌类型如何影响农业生产布局？
2. 地貌的哪些特征要素对农业生产影响较大？
3. 现代地表发育过程如何影响农业生产？
4. 城市化如何改变地貌？
5. 地貌的哪些性质影响城市规划？

第十六章
地貌与旅游业发展

> 自然地貌、地质遗迹景观是大自然的宝贵馈赠，以其为基础诞生了许许多多的风景名胜区、旅游景区、森林公园、地质公园、矿山公园、湿地公园、海洋公园，极大地促进和繁荣了我国旅游业的发展。以地质遗迹为基础的国家地质公园为例，2000年以来，我国分6批次申报和建设了219家国家地质公园，在保护地质遗迹的同时极大地带动了区域旅游经济和社会经济的发展。

第一节 景观地貌资源

景观地貌，是地质之美的外在体现，也是地质遗迹科学之美的集中承载。我国国土辽阔、地形复杂，孕育了无数多姿多彩的地貌景观，如闻名于世的黄山、秀甲天下的桂林山水、风情独具的张家界……它们既是我们认识神奇自然的窗口，也是我们陶冶情操的胜地。

一、景观地貌资源的特性与分类

（一）景观地貌的特性

景观（landscape），无论在西方还是在中国都是一个美丽而难以说清的概念，泛指具有审美特征的自然和人工的地表景色。构成景观（风景）的骨架是地貌，但不是所有的地貌类型都具有观赏价值，景观地貌是那些具有观赏价值和一定吸引功能的地貌总称。也就是说旅游地貌资源是指那部分能成为旅游吸引物的部分，一般具有雄、险、奇、秀、幽、旷、名、珍等特性，能为旅游者提供游览、观赏、知识、乐趣，以及考察、研究、健身、疗养等场所。此外，它还具有一些特殊属性。

1. 相对稀有性

景观地貌资源相对于一般地貌而言，较为难得一见，比较稀缺独特。例如，火山熔岩地貌并非随处可见，风蚀魔鬼城只在西北干旱特殊地区才有；黄山的怪石、云海，陕西翠华山的山崩石海，路南的石林等均是独特罕见的，有着特殊的地质条件和地貌孕育过程。

2. 不可再生性

地貌景观的宝贵不仅在于其稀缺，更在于其不可再生。一旦其遭受破坏，难以再生成同样的景观。因此，在旅游火热的一些景区，尤其要注重地貌景观资源的保护，做到持续利用。

3. 不可移动性

旅游地貌是特定时空背景下的产物，所以它是不可移动的，难以完全复制的。因此，无论是谁想要一睹其真容面貌，必须得身临其境，图片、影像资料当然可以作为辅助游览手段，但是"无限风光在险峰"的真切感，只能缘于此山中。

（二）景观地貌与地质遗迹

景观地貌是地质遗迹的一种类型。

地质遗迹是指在地球演化的漫长地质历史时期，由于内、外力的地质作用，形成和发展并遗留下来的珍贵的、不可再生的地质自然遗产。重要的地质遗迹是宝贵的自然资源，是人类的财富，是自然生态环境的重要组成部分。依据《国家地质公园规划编制技术要求》（2010 [89] 号）文件的地质遗迹类型划分标准，可以分为地质剖面、地质构造、古生物、矿物矿床、地貌景观、水体景观、环境地质遗迹景观七大类。

景观地貌是地球内力（地壳运动、火山喷发、地震等）和外力（流水、风、冰川等）共同作用下形成的地表形态各异的高低起伏，是地质遗迹中那些能给人以直观美感的地貌景观，属于地质遗迹的一种。从这个角度来看，景观地貌主要包括上述地质遗迹划分中的地貌景观大类和水体景观大类。当然典型地质剖面、构造形迹、矿物矿床、古生物化石以及地质灾害遗迹等同样具有一定的观赏价值，但它们强调的重点已经不是"景"了，而是剖面、形迹、矿物、化石、灾害等非景观特质。因此，我们把景观地貌与其他五类地质遗迹区分开来。

（三）景观地貌的类型划分

景观地貌在旅游资源中占有十分重要的作用。我国幅员辽阔，多样性的地质地理条件，形成了种类繁多、形态各异的地貌景观。由于地貌成因的复杂性，目前尚没有统一规范的景观地貌类型划分方案。参看《国家地质公园规划编制技术要求》中的地质遗迹类型划分方案，结合地貌的成因、特征等规律，将景观地貌类型划分如表16-1所示。

表 16-1 景观地貌类型划分

分 类	亚 类	类 型
岩石地貌	花岗岩地貌	黄山型、华山型、嵖岈山型、鼓浪屿型、平潭型等
	碎屑岩地貌	丹霞型、张家界型、障石岩型
	喀斯特地貌	峰林、峰丛、石芽、溶沟、天坑、溶洞、钙华
	风成黄土地貌	风蚀（雅丹）地貌、风积地貌、黄土地貌
火山地貌	火山机构地貌	火山锥、火山口、破火山口、火口塞
	火山熔岩地貌	熔岩穹丘、熔岩台地、熔岩隧道、喷气锥、熔岩流
	火山碎屑堆积地貌	火山碎屑岩台地、火山碎屑岩柱
冰川地貌	冰川刨蚀地貌	角峰、刃脊、冰斗、冰川、"U"形谷、刻痕、羊背石
	冰川堆积地貌	侧碛垄、中碛垄、终碛垄、漂砾、蛇形丘、鼓丘
	冰缘地貌	冰楔、冰锥、冻胀丘、石海、石环
流水地貌	流水侵蚀地貌	宽谷、峡谷、嶂谷、隘谷、壶穴、侵蚀阶地
	流水堆积地貌	心滩、沉积阶地、冲积扇、河口三角洲、堆积岛
海岸地貌	海蚀地貌	海蚀崖、柱、海蚀、穴、海蚀台地、海蚀刻槽岬角
	海积地貌	海积沙滩、卵石滩、三角洲、沙嘴、连岛沙坝等
构造地貌	构造地貌	断层崖、断层三角面、单面山、断块山、褶皱山
水体景观	泉瀑景观地貌	温泉、热泉、冷泉、瀑布（山岳、河道型）
	湖泊沼泽地貌	断陷湖、堰塞湖、牛轭湖、潟湖、沼泽湿地

二、景观地貌资源的价值

1. 景观地貌是一种重要的旅游资源（美学价值）

作为一种重要的地质旅游资源，景观地貌是地球在漫长的时间内形成的珍贵地质遗迹，有着极高的美学欣赏价值。在我国的地质遗迹资源中，景观地貌分布广泛、类型多样、形态奇特，是一种不可多得的宝贵财富。它可以使游客获取知识，开阔眼界，感受独特的视觉盛宴；也可以陶冶情操，安定情绪，激发灵感，丰富人们的精神生活。

在我国目前的旅游业状况下，游客中的大多数仍是大众旅游者，观光旅游是他们的首要选择，

景观地貌独特秀丽的山水风光，正是迎合了游客这一旅游心理。

2. 景观地貌是一种重要的科教资源（科研科普价值）

景观地貌是地质、地貌、地理知识和自然景观完美的结合体。景观地貌不仅弥补了地质遗迹中非景观地貌的、纯地质构造运动演变的枯燥乏味，又蕴含着丰富的地学基础知识。使得景观地貌区成为欣赏美景的良好场所，又是理想的天然科普科研基地。通过对典型景观地貌的形态特征、分布、成因、发育机制等的研究，可以促进相关学科的发展、科学内涵的提升。

3. 景观地貌还是旅游产品开发的重要素材（社会经济价值）

通过对景观地貌旅游产品路线的设计开发，可以直接带动景区及周边社会居民的就业和经济的快速发展。此外，以典型地貌景观为背景，进行旅游工艺品的制造与销售，比如制造火山模型、山岳模型等；再比如将景观地貌作为摄影、文学作品等素材来源，成为旅游宣传品的重要原材料。

因此，人们常常将这些地貌景观的集中区域划分出来作为自然保护区或旅游风景区、主题公园进行开发利用和保护。

第二节 地貌与旅游资源开发保护

大自然用其鬼斧神工的刀笔，将地球表面雕塑成一幅幅独特而壮观的景观地貌。我们不仅可以感受神秀之美、陶冶心灵情操，也可以学习到丰富的科学知识、从中获得解读地球奥秘之匙。因此，出于不同的保护对象和开发利用目的，则会有不同的景观地貌开发利用模式，如自然保护区、风景名胜区、世界遗产地、地质公园、矿山公园、湿地公园、水利风景区等。

一、设立自然保护区

重要的旅游地貌景观资源，首先可以通过设立自然保护区的形式进行保护，如山东的山旺自然保护区、湖南张家界自然保护区和黑龙江的五大连池保护区。自然保护区是指对有代表性的自然生态系统，珍稀濒危野生生物种群的天然生境地集中分布区，有特殊意义的自然遗迹等保护对象所在的陆地、陆地水体或者海域，依法划出一定面积予以特殊保护和管理的区域（据《中华人民共和国自然保护区条例》）。从级别划分上来看，有国家级、省级和市级自然保护区之分，各个级别的保护区主管部门主要有环保、林业、农业、国土、城建、水利等。

自然保护区具有保护自然本底、储备物种、开辟科研和教育基地、保护自然界的美学价值等重要意义。自然保护区在全球范围的广泛建立，是当代自然资源保护和管理中的一件大事，也是一个国家、社会文明与进步的象征。

我国人口众多，自然植被少，保护区不能像某些国家采用原封不动、任其自然发展的纯保护方式，而应采取保护、科研教育、生产相结合的方式，而且在不影响保护区的自然环境和保护对象的前提下，还可以和旅游业相结合。因此，中国的自然保护区内部大多划分成核心区、缓冲区和外围区3个部分。核心区是保护区内未经或很少经人为干扰过的自然生态系统的所在，严禁一切外来干扰；缓冲区环绕核心区的周围，只准进入从事科学研究观测活动；外围区，位于缓冲区周围，是一个多用途的地区。

由于建立的目的、要求和本身所具备的条件不同，自然保护区有多种类型划分。按照保护的主要对象来划分，自然保护区可以分为生态系统类型保护区、生物物种保护区和自然遗迹保护区3类，进一步细分则有森林生态、草原草甸、荒漠生态、内陆湿地、海洋海岸、野生动物、野生植物、地质遗迹和古生物遗迹九大类，见表16-2。

表16-2 国家自然保护区的分类

类型	典型例子	主要保护对象	总面积（hm²）	始建时间（年）
森林生态	广东肇庆鼎湖山	南亚热带常绿阔叶、珍稀动植物	1 133	1956
	黑龙江大兴安岭呼中	寒温带针叶林及野生动植物	167 213	1984
草原草甸	内蒙古锡林郭勒草原	草甸草原、沙地疏林	580 000	1985
荒漠生态	西藏羌塘	高原荒漠生态系统及藏羚羊等	2.98×10^7	1999
内陆湿地	四川若尔盖湿地	高寒沼泽湿地及黑颈鹤等动物	166 571	1994
海洋海岸	天津古海岸与湿地	贝壳堤、牡蛎礁、滨海湿地	35 913	1984
野生动物	湖北石首长江天鹅洲	白鳍豚、江豚及其生活环境	2 000	1990
野生植物	浙江临安天目山	银杏、连香树、金钱树珍稀植物	4 284	1986
地质遗迹	山东即墨市马上	柱状节理石柱、硅化木等	774	1993
古生物遗迹	湖北郧县青龙山	恐龙蛋化石	205	1997

注：据环保部官网整理。

本书重点研究的地貌、景观地貌主要属于自然遗迹保护区，主要保护对象是有科研、教育和旅游价值的珍稀地质地貌景观，如化石和孢粉产地、火山类景观遗迹、岩溶地貌、砂岩峰林地貌、地质剖面等。

1956年，在广东省肇庆市建立了以保护南亚热带季雨林为主的中国第一个自然保护区——鼎湖山自然保护区。到1993年，中国已建成保护区700多处，其中国家级自然保护区80多处；截至2009年底，国家级自然保护区为327个（表16-3）。

表 16-3　国家级自然保护区分省分类

大区	省、区名	数量	大区	省、区名	数量	大区	省、区名	数量
华北地区 (44)	北京	2	西北地区 (49)	陕西	14	华东地区	江西	8
	天津	3		宁夏	6	西南地区 (62)	四川	23
	河北	11		甘肃	15		云南	17
	山西	5		新疆	9		贵州	9
	内蒙古	23		青海	5		重庆	4
东北地区 (48)	辽宁	12	华东地区 (48)	山东	7		西藏	9
	吉林	13		安徽	6	华南地区 (36)	广东	11
	黑龙江	23		江苏	3		广西	16
华中地区 (40)	河南	11		上海	2		海南	9
	湖北	12		浙江	10	总计：327（个）		
	湖南	17		福建	12	港、澳、台地区未统计在内		

注：截至 2009 年底，据环保部官网。

二、申请世界遗产地

世界遗产地是被联合国教科文组织和世界遗产委员会确认的具有普遍价值、人类罕见、无法替代的文化和自然财富。为了保护世界文化和自然遗产，联合国教科文组织于 1972 年 11 月 16 日正式通过了《保护世界文化和自然遗产公约》（以下简称《公约》）；1976 年世界遗产委员会成立，并建立了《世界遗产名录》，到 2008 年 3 月，该《公约》的签约国家共有 185 个。被列入《世界遗产名录》的地方，将成为世界级的名胜，可接受世界遗产基金的援助，还可由有关单位组织游客进行游览。

中国作为这些世界遗产的所有国，有权利也有义务对这些遗产采取必要的保护措施。我国于 1985 年 12 月 12 日签订了《公约》，成为缔约国之一，1986 年起陆续向联合国教科文组织申报世界遗产。截至 2012 年 7 月中国已有 43 项世界遗产（表 16-4），位列世界第三，仅次于意大利（46 处）和西班牙（44 处）。此外，我国已成为唯一连续 10 年"申遗"成功的国家。同时，我国已建立起较为完备的文物保护法律制度体系，截至 2012 年，我国现行有效的文物保护规范性文件达 500 余件。

世界遗产地中的自然遗产、文化景观以及双重遗产地和部分文化遗产都有珍贵的地貌景观表现，在旅游活动开展的同时，我们必须清楚地认识到世界自然遗产是大自然创造的瑰宝，做好其保护与利用工作，有利于实现人与自然的和谐发展，是一项功在当代、利在千秋的事业。

表 16-4 中国的世界遗产名录简表

自然遗产(9)	文化遗产(27)	文化景观(3)	双重遗产(4)
1.九寨沟；2.黄龙；3.武陵源；4.三江并流；5.大熊猫栖息地；6.中国南方喀斯特；7.三清山；8.中国丹霞；9.澄江化石	1.周口店北京猿人遗址；2.长城；3.敦煌莫高窟；4.明清皇宫；5.秦始皇陵及兵马俑；6.曲阜孔府、孔庙、孔林；7.承德避暑山庄及周围寺庙；8.武当山古建筑群；9.布达拉宫；10.丽江古城；11.平遥古城；12.苏州古典园林；13.颐和园；14.天坛；15.大足石刻；16.明清皇家陵寝；17.皖南古村落；18.龙门石窟；19.都江堰-青城山；20.云冈石窟；21.中国高句丽王城；22.澳门历史城区；23.安阳殷墟；24.开平雕镂与古村落；25.福建土楼；26.登封天地之中历史建筑群；27.内蒙古元上都遗址	1.庐山；2.五台山；3.西湖	1 泰山；2.黄山；3.峨眉山-乐山大佛；4.武夷山

注：据百度百科的资料整理。

三、申报地质公园

地质公园（geopark）是以具有特殊科学意义，稀有的自然属性，较高的美学价值，具有一定规模和分布范围的、具有代表性意义的地质遗迹为主体，并融合其他自然景观或人文景观而构成的特定区域，是保护地质遗迹、普及地球科学知识、可供旅游开发的一片自然区域综合体。在我国按照审查批准的行政级别可以分为国家地质公园、省级地质公园和市县级地质公园。另外，还有由联合国教科文组织评选出的世界地质公园。

地质公园是我国当前开展的地质遗迹保护、景观地貌开发利用的一种特殊形式，是当前社会、学界普遍关注的一个焦点。地质公园的建设主要有三大目的：提高民众保护意识，促进地质遗迹的有效保护；普及地学知识，有助于公民文化素质的提高；带动就业和促进地方经济的可持续发展。同时，通过地质公园的建设，可以带动区域第三产业的发展，可以推动区域产业结构调整和升级，实现社会、经济、生态环境的和谐发展。

另外，地质公园的建设还有益于人体健康，由于大部分地质公园都处在植被茂密的地区，绿色覆盖率非常高，环境优美，可以满足人体所需的呼吸、听觉、嗅觉、视觉、皮肤"五大营养"。

我国地学界早在 1985 年就提出了建立国家地质公园的设想。1999 年 12 月，国土资源部在山东威海召开"全国地质地貌景观保护工作会议"，确定了以建设国家级和省级地质公园的形式，来推动地质遗迹的保护工作。而国家地质公园从 2000 年面世以来，已获得突飞猛进的发展，迄今共分 6 批次，已建设有国家地质公园（包括香港国家地质公园）一共有 219 处。具体每批申报年份及公园数量见图 16-1。

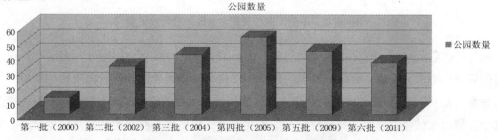

图 16-1 国家地质公园各批次的数量

目前，中国地质公园体系已具备较大规模。地质公园事业的发展使得我国地质遗迹保护事业进入了一个全新的发展阶段，依托地质公园建设，很好地带动了公园所在地区的社会、经济、生态可持续发展。在国内各省市，地质公园申报建设工作依然在如火如荼地展开，其中四川省的国家地质公园数量最多，有 16 个，超过 10 个的还有河南、福建、安徽、河北、湖南、山东、云南 7 个省份。

随着中国国家地质公园的申报、建设有序地开展，中国也正积极地投入到世界地质公园的建设和发展中去。目前，中国已经共分 8 批次（2004 年、2005 年、2006 年、2008 年、2009 年、2010 年、2011 年、2012 年）成功申报和建设了 27 家世界地质公园，成为世界地质公园数量最多的国家。

四、建设风景名胜区和国家 A 级旅游景区

景观地貌和旅游资源的开发保护更多以国家风景名胜区和国家 A 级旅游景区的形式得到体现，它们也是我国当前旅游事业开展的主体形式。

根据《风景名胜区条例》，国家风景名胜区是指具有观赏、文化或者科学价值，自然景观、人文景观比较集中，环境优美，可供人们游览或者进行科学、文化活动的区域。这也体现了风景名胜区是满足人对大自然精神文化活动需求的地域空间综合体的宗旨。

从级别上来看，风景名胜区划分为国家级风景名胜区和省级风景名胜区，其中自然景观和人文景观能够反映重要自然变化过程和重大历史文化发展过程，基本处于自然状态或者保持历史原貌，具有国家代表性的，可以申请设立国家级风景名胜区，报国务院批准公布。自 1982 年起，国务院总共公布了 7 批，共 209 处国家级风景名胜区，每批次的数量见图 16-2。

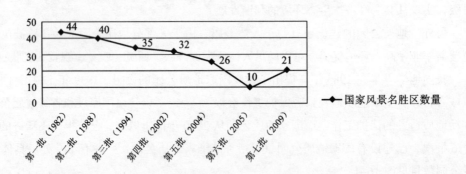

图 16-2　中国国家级风景名胜区的分批次数量

从每批次数量来看，有逐年减少的趋势，但在第七批的时候有小幅回升，说明我国在风景名胜区的管理中追求更规范、有序，景区的建设不仅仅突出总体数量，而转向质量的保障。从区域分布来看（表 16-5），以浙闽等所处的华东地区和川滇黔所处的西南地区数量为多，这也充分体现了这个区域山水结合的秀丽风光和较深厚的人文底蕴，相比之下西北地区数量较少，这一方面与景观资源的禀赋有关，另一方面可能与景观的开发历史（程度）和认可度有关。

表16-5 中国国家级风景名胜区分省统计

大区	省、区名	数量	大区	省、区名	数量	大区	省、区名	数量
华北地区（16）	北京	2	西北地区（14）	陕西	5	华东地区	江西	12
	天津	1		宁夏	1	西南地区（53）	四川	14
	河北	7		甘肃	3		云南	12
	山西	5		新疆	4		贵州	18
	内蒙古	1		青海	1		重庆	6
东北地区（16）	辽宁	9	华东地区（67）	山东	6		西藏	3
	吉林	4		安徽	10	华南地区（12）	广东	8
	黑龙江	3		江苏	5		广西	3
华中地区（31）	河南	9		上海	0		海南	1
	湖北	7		浙江	18	总计：209（个）		
	湖南	15		福建	16	港、澳、台地区未统计在内		

注：截至2009年底，据国家旅游局。

除了国家级风景名胜区外，依据国家旅游局《旅游景区质量等级的划分与评定》（修订）（GB-T 17775—2003）规定，旅游景区是指具有参观游览、休闲度假、康乐健身等功能，具备相应旅游服务设施并提供相应旅游服务的独立管理区。该管理区应有统一的经营管理机构和明确的地域范围，包括风景区、文博院馆、寺庙观堂、旅游度假区、自然保护区、主题公园、森林公园、地质公园、游乐园、动物园、植物园以及工业、农业、经贸、科教、军事、体育、文化艺术等各类旅游景区。

此外，规范还对旅游景区进行了景区质量等级划分，从高到低依次为AAAAA、AAAA、AAA、AA、A级旅游景区。其中5A和4A级是更吸人眼球的两块牌子，尤其是2007年以来国家旅游局开展5A创建工作促使了各地方政府加大投资力度以改善硬件设施，强化管理以提升软件水平，筛选出一批质量过硬，吻合境内外游客需求，在国际上有竞争力，在国内真正成为标杆的旅游精品（绝品）景区。两者标志牌见图16-3。

图16-3 中国风景名胜区与国家5A级、4A级旅游景区标志牌

相比 4A 级旅游景区，5A 级更加注重人性化和细节化，更能反映出游客对旅游景区的普遍心理需求，突出以游客为中心，强调以人为本；在评选的难度上 5A 级也更难。截至 2010 年 9 月，全国共有 119 家旅游景区成为国家 5A 级旅游景区，4A 级 892 个，3A 级 521 个，2A 级 926 个，1A 级 130 个（据国家旅游局网站）（表 16-6）。

表 16-6　中国国家 4A 和 5A 级旅游景区分省统计

大区	省、区名	4A数量	5A数量	大区	省、区名	4A数量	5A数量
华北地区 5A：17 4A：137	北京	37	5	华东地区 5A：37 4A：278	山东	37	6
	天津	10	2		安徽	31	4
	河北	48	5		江苏	87	9
	山西	23	3		上海	19	3
	内蒙古	19	2		浙江	60	8
东北地区 5A：9 4A：82	辽宁	49	3		福建	25	4
	吉林	15	3		江西	19	3
	黑龙江	18	3	西南地区 5A：14 4A：110	四川	33	4
华中地区 5A：16 4A：113	河南	55	7		云南	33	5
	湖北	28	5		贵州	5	2
	湖南	30	4		重庆	31	3
西北地区 5A：16 4A：77	陕西	21	5		西藏	8	0
	宁夏	4	3	华南地区 5A：10 4A：95	广东	50	6
	甘肃	28	3		广西	35	2
	新疆	15	4		海南	10	2
	青海	9	1	港、澳、台地区未统计在内，4A 级 892 个，5A 级 119 个			

注：截至 2011 年 9 月，据国家旅游局。

五、其他形式的公园、景区开发保护形式

1. 水体景观和国家水利风景区

国家级水利风景区，是指以水域（水体）或水利工程为依托，按照水利风景资源即水域（水体）及相关联的岸地、岛屿、林草、建筑等，能对人产生吸引力的自然景观和人文景观的观赏、文化、科学价值和水资源生态环境保护质量，以及景区利用、管理条件分级，经水利部水利风景区评审委员会评定，由水利部公布的可以开展观光、娱乐、休闲、度假，或科学、文化、教育活动的区域。国家级水利风景区有水库型、湿地型、自然河湖型、城市河湖型、灌区型、水土保持型 6 种类型。

迄今全国共分 7 批次，建有国家级水利风景区 477 处。其中，长江水利委员会等水利部门建设有 28 处（水利部 3 处，长江、淮河水利委员会各 1 处，太湖流域管理局 1 处，黄河水利委员会 18 处，松辽、海河水利委员会各 2 处），分省区建设有 449 处（表 16-7）。

表 16-7 中国国家级水利风景区分省统计

大区	省、区名	数量	大区	省、区名	数量	大区	省、区名	数量
华北地区 （50）	北京	3	西北地区 （71）	陕西	16	华东地区	江西	22
	天津	2		宁夏	7	西南地区 （48）	四川	8
	河北	18		甘肃	20		云南	14
	山西	9		新疆	19		贵州	16
	内蒙古	18		青海	9		重庆	9
东北地区 （45）	辽宁	7	华东地区 （159）	山东	52		西藏	1
	吉林	16		安徽	23	华南地区 （15）	广东	8
	黑龙江	22		江苏	25		广西	5
华中地区 （61）	河南	27		上海	4		海南	2
	湖北	12		浙江	23	新疆包括新疆建设兵团		
	湖南	22		福建	10	港、澳、台地区未统计在内		

注：截至 2011 年底，据水利部官网。

2. 湿地景观和国家湿地公园

依据国家林业局 2008 年发布的《国家湿地公园评估标准》，国家湿地公园（national wetland park）是指经国家湿地主管部门批准建立的湿地公园。湿地公园是以具有显著或特殊生态、文化、美学和生物多样性价值的湿地景观为主体，具有一定规模和范围，以保护湿地生态系统完整性、维护湿地生态过程和生态服务功能，并在此基础上以充分发挥湿地的多种功能效益、开展湿地合理利用为宗旨，可供公众游览、休闲或进行科学、文化和教育活动的特定湿地区域。

湿地公园是国家湿地保护体系的重要组成部分，与湿地自然保护区、保护小区、湿地野生动植物保护栖息地以及湿地多用途管理区等共同构成了湿地保护管理体系。

自 2005 年批建第一个国家湿地公园试点以来，目前我国国家湿地公园试点总数已达 145 处。这些试点国家湿地公园通过几年的建设与发展，湿地生态系统得到了有效恢复，水质明显改善，生物多样性显著增加，经过验收，有 12 处试点国家湿地公园成为首批正式国家湿地公园（图 16-4）。名单如下：黑龙江安邦河国家湿地公园、黑龙江白渔泡国家湿地公园、江苏姜堰溱湖国家湿地公园、江苏苏州太湖国家湿地公园、江苏扬州宝应湖国家湿地公园、江苏无锡梁鸿国家湿地公园、浙江杭州西溪国家湿地公园、江西东鄱阳湖国家湿地公园、重庆彩云湖国家湿地公园、陕西千湖国家湿地公园、宁夏银川国家湿地公园、宁夏石嘴山星海湖国家湿地公园。

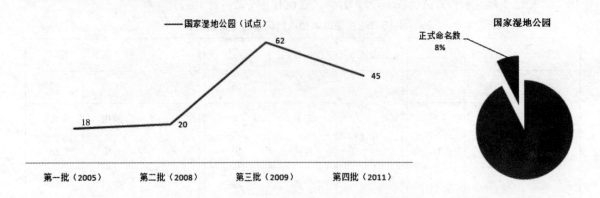

图16-4　国家湿地公园（试点）每批次数量以及正式命名地所占的比重

此外，在国家湿地公园中还包括国家城市湿地公园，它是指利用纳入城市绿地系统规划的适宜作为公园的天然湿地类型，通过合理的保护利用，形成保护、科普、休闲等功能于一体的公园。它是湿地景观与城市系统结合的典范，公园对涵养城市水源、维持区域水平衡、调节区域气候、降解污染物、保护生物多样性等发挥着重要作用，具有巨大的生态效益、经济效益和社会效益。

3. 矿业遗迹和国家矿山公园

矿业遗迹是矿业开发过程中遗留下来的踪迹和与采矿活动相关的实物，具体主要指矿产地质遗迹和矿业生产过程中探、采，以及位于矿山附近的选、冶、加工等活动的遗迹、遗物和史籍。矿业遗迹包括：矿产地质遗迹、矿业生产遗迹、矿业制品遗存、矿山社会生活遗迹和矿业开发文献史籍等五大类别。

中国的矿山公园，是矿山地质环境治理恢复后，国家鼓励开发的以展示矿产地质遗迹和矿业生产过程中探、采、选、冶、加工等活动的遗迹、遗址和史迹等矿业遗迹景观为主体，体现矿业发展历史内涵，具备研究价值和教育功能，可供人们游览观赏、科学考察的特定的空间地域。矿山公园设置国家级矿山公园和省级矿山公园，其中国家矿山公园由国土资源部审定并公布。

国家矿山公园的申报条件为：国际、国内著名的矿山或独具特色的矿山；拥有一处以上珍稀级或多处重要级矿业遗迹；区位条件优越，自然景观与人文景观优美；基础资料扎实、丰富，土地使用权属清楚，基础设施完善，具有吸引大量公众关注的潜在能力。

国家矿山公园的建立，有利于有效保护和科学利用矿业遗迹资源（包含部分地貌景观资源），弘扬悠久的矿业历史和灿烂文化；有利于加强矿山环境保护和恢复治理；有利于促进资源枯竭型矿山经济转型;有利于树立典范，推动矿山企业走可持续发展的道路。

截至目前，已经有两批次共61家国家矿山公园得到审批（表16-8），2005年第一批，共28家（已有20家揭碑开园），2010年第二批共有33家入围。

表 16-8　中国的国家矿山公园分省统计

大区	省、区名	数量	大区	省、区名	数量	大区	省、区名	数量
华北地区（13）	北京	3	西北地区（4）	陕西	—	华东地区	江西	3
	天津	—		宁夏	1	西南地区（5）	四川	2
	河北	4		甘肃	2		云南	1
	山西	2		新疆	—		贵州	1
	内蒙古	4		青海	1		重庆	1
东北地区（9）	辽宁	1	华东地区（17）	山东	4	华南地区（6）	西藏	—
	吉林	2		安徽	3		广东	4
	黑龙江	6		江苏	2		广西	2
华中地区（7）	河南	3		上海	—		海南	—
	湖北	2		浙江	3	港、澳、台地区未统计在内		
	湖南	2		福建	2			

注：截至 2010 年底，据国土资源部。

综上分析，当前对景观地貌（旅游资源）的开发利用、保护已经采取了多种多样的形式，不管是综合性质的自然保护区形式还是专题性质的各类主题公园、景区，其最终目的是保持地貌景观的完整性、多样性，在不被破坏的前提下，向世人可持续地展示地貌景观资源的科学性和美学价值，陶冶人的情操。同时，从微观和细节出发，我国在景区立法、自然保护区条例、地质遗迹保护管理规定等法律体系方面仍需系统完善，在旅游地貌资源的调查、分类、数据库建设、日常管理监测等方面仍需提高，在专业人才培养方面更要重视，同时要注重宣传教育，以唤起民众共同关怀并参与保护、树立民众长远的资源保护意识。

第三节　地貌与旅游线路设计

旅游线路是指为了使旅游者能够以最短的时间获得最大的观赏效果，由旅游经营部门利用交通线串联若干旅游点或旅游城市（镇）所形成的具有一定特色的合理走向。从不同空间尺度来看，旅游线路设计可以分为：①大中尺度的区域旅游线路，是合理调配、联系区域内各个景区之间的一个游览路线计划或者安排；②小尺度的具体某个公园或景区内部的旅游路线组织形式。通常而言，一般的游客出行会在有限的游览时间、精力、财力内，选择最优的一个旅游路线。

合理的旅游路线设计，有利于旅游者达到愉快的出行目的、便于旅游活动的组织管理和有利于旅游产品的优化与组合。

一、旅游线路的设计原则及地貌的影响

不同的旅行者，有着不同的出行目的和游览计划。对于旅游路线设计而言，则要综合考虑游客因素（身体、花费、时间）、区域地形条件因素、出行交通等许多因素，因此，在进行旅游路线设计时就要遵循以下几条原则，不同的区域可能侧重点会有所不同。

1. 以满足游客为中心的市场性（需求导向）原则

旅游线路设计的关键是适应市场需求，具体而言，即是它必须最大限度地满足旅游者的需求。旅游者对旅游线路选择的基本出发点是：时间最省，路径最短，价格最低，景点内容最丰富、最有价值。由于旅游者来自不同的国家和地区，具有不同的身份以及不同的旅游目的，因而，不同的游客群有不同的需求，如：观光度假型、娱乐消遣型、文化知识型、商务会议型、探亲访友型、主题旅游型、修学旅游型、医疗保健型。

2. 人无我有、人有我特的主题突出原则

由于人类求新求异的心理，单一的观光功能景区和游线难以吸引游客回头，即使是一些著名景区和游线，游客通常观点也是"不可不来，不会再来"。因此，在产品设计上应尽量突出自己的特色，唯此才能具有较大的旅游吸引力。如昆明—大理—丽江—西双版纳旅游线路展现了我国26个少数民族绚丽的自然风光，浓郁的民俗文化和宗教特色，具有不可替代性，吸引了全球旅游者。

3. 效益性原则

包括生态效益、经济效益和社会效益。一般的游览线路更注重对经济效益、社会效益的关注和实现，忽视了生态效益的发挥。事实上，旅游景区尤其是地质公园、森林公园等还要关注生态旅游、关注景区的可持续性发展。生态游览路线以及重点景区（开发过度景区）游览过程中的容量控制，应当也必须考虑在内。

4. 季节性和安全性原则

不同的季节，对同一区内可能会有不同的别致景观。因此，要考虑时效性和季节的景观变化，适时调整游览路线和计划。对于极端天气条件下（暴雨、台风），更要关停一些景点，取消游览路线。同时设计的游览路线要注重游客安全，在有风险隐患处设置温馨警示牌或派景区专人设岗负责。

5. 进得去、散得开、出得来原则

一次完整的旅游活动，其空间移动分3个阶段：从常住地到旅游地、在旅游地各景区旅行游览、从旅游地返回常住地。这3个阶段可以概括为：进得去、散得开、出得来。

没有通达的交通，就不能保证游客空间移动的顺利进行，会出现交通环节上的压客现象，即使是徒步旅游也离不开道路。因此在设计线路时，即使具有很大潜力，但目前不具备交通要求或交通条件不佳的景点，景区也应慎重考虑。否则，因交通因素，导致游客途中颠簸，游速缓慢，

影响旅游者的兴致与心境，不能充分实现时间价值。

在景区内部的游览路线还应尽可能是网络环状的——散的开、回的来，不要一路走到黑，没有尽头。内部的道路指示牌要实时更新、准确。

6. 推陈出新原则

旅游市场在日新月异地发展，游客的需求与品位也在不断地变化、提高。为了满足游客追求新奇的心理，旅行社应及时把握旅游市场动态，注重新产品、新线路的开发与研究，并根据市场情况及时推出。一条好的新线路的推出，有时往往能为旅行社带来惊人的收入与效益。即使一些原有的旅游线路，也可能因为与当前时尚结合而一炮走红。

7. 旅行安排的顺序与节奏感原则

一条好的旅游线路就好比一首成功的交响乐，有时是激昂跌宕的旋律，有时是平缓的过渡，都应当有序幕—发展—高潮—尾声。在旅游线路的设计中，应充分考虑旅游者的心理与精力，将游客的心理、兴致与景观特色分布结合起来，注意高潮景点在线路上的分布与布局。旅游活动不能安排得太紧凑，应该有张有弛，而非走马观花，疲于奔命。旅游线路的结构顺序与节奏不同，产生的效果也不同。

同时，对地貌旅游路线的设计也有一定的影响，主要体现在以下几点：

(1) 对大尺度的地貌区域旅游路线影响主要通过地形条件折射到交通道路上，所以在进行区域旅游线路设计时要考虑"进的去、出得来"，即"轻松进去、方便出来"，同时兼顾景观地貌的典型性和特殊性，将最美的景观安排在旅游路线中；对景区内部地貌旅游路线设计影响，要考虑根据地形条件设计游览路线以及串联景区内最有特色的景点地貌。

(2) 对于是地质旅游的景区（尤其指地质公园），在进行旅游路线设计时，要深切考虑地质遗迹保护核心区的游客容量、承载力的问题。最优的游览路线也要注意分流和游客控制，比如溶洞的游览，要注重客流量的控制、二氧化碳排放的控制。

(3) 在游览路线设计、施工时要注重对地貌的保护，把对地貌的破坏降到最低或者没有破坏，注重人工景观与自然地貌景观的协调性。

(4) 特殊的地形地貌条件，比如崖壁上的栈道，有时候这种路线设计可以增加游客的刺激和游览欲望，但要注重安全。还有一些溶洞、天坑等的探险项目，要保证游客的安全。

二、大中尺度的旅游路线设计

大中尺度的旅游路线包含了旅游产品所有组成要素的有机组合与衔接，是区域旅游整合的直接成果。由于大中尺度旅游路线有空间跨度较大等特点，在进行路线设计时所遵循的原则也与一般旅游路线有所不同。

(1) 交通便利原则。空间跨度较大的旅游路线面对的主要问题就是交通问题，如何节省交通时间与价格成本，并使游客在路途中更为舒适是需要着重考虑的。

(2) 突出重点与特色原则。由于空间跨度较大，考虑到游览时间和成本问题，将区域范围内的景点一一游览并不十分合理，因此在设计路线时必须有所取舍，突出重点游览的旅游地和该地的特色。

(3) 环状路线优先原则。大中尺度的旅游路线空间跨度较大，若是选择直线游览，会延长旅游的交通时间，并增长了游客的返程路途，不利于节约旅游成本。

在此以贵州省铜仁市为例进行说明。铜仁的旅游资源类型丰富，游赏价值较高，既有地质遗迹景观、自然生态景观，又有佛教人文景观、民俗人文景观以及红色人文景观。地质遗迹景观主要典型的溶洞——国家级风景名胜区九龙洞，有亚洲同纬度地区发育最好的石林——长坝石林，联合国"人与生物圈"保护网成员——梵净山，即将揭碑开园的以喀斯特地貌为主的贵州思南乌江喀斯特国家地质公园，集地质、科普、探险为一体的万山国家矿山公园，以及因泉眼之多、流量之大、水质之好而有"中国泉都"美称的石阡。自然生态景观以被誉为野生动植物基因库的麻阳河国家自然保护区为代表。除了类型多样、分布广泛的自然景观以外，境内还有丰富的人文旅游资源和自然生态旅游资源。人文方面有苗族、侗族、土家族、仡佬族等29个历史悠久的少数民族带来的以"傩文化"等为代表的少数民族文化，以源远流长的中国五大佛教名山之一的梵净山为代表的佛教文化以及以周逸群故居为代表的红色文化等。

但是这些旅游景观分布在铜仁市的各个县、区，各县所辖范围内数量或品种太单一，无法仅凭一区就领略铜仁的全部风情，而且由于山路较多，所需的交通时间也相应较长。在设计路线时，考虑到铜仁面对的游客主要来自周边地区，不会仅从铜仁火车站或者机场进入，因此路线的起点应多样化。再结合上述的一些设计原则，在此设计了一系列路线。

1. **按游览主题**

A.地质科普游：万山矿山公园—九龙洞—梵净山—石阡温泉—贵州思南乌江喀斯特国家地质公园

B.民族风情游：梵净山—寨英古镇—松桃苗王城

C.生态观赏游：石林景区—乌江山峡—麻阳河自然保护区—木黄风景区

D.文化体验游：周逸群故居—傩文化博物馆—三江公园—大明边城—锦江十二景

E.名洞探险游：九龙洞—万山矿山公园—夜郎谷—北侗箫笛之乡

2. **按客源方向**

市区景点包括三江公园、傩文化博物馆、大明边城、民族风情园、周逸群故居、锦江等。

A.东北向客源（如湖南怀化）

路线一：九龙洞—万山矿山公园—铜仁市区景点—梵净山—石阡温泉

路线二：铜仁市区景点—梵净山—麻阳河自然保护区—乌江山峡

B.西北向客源（如遵义）

路线一：贵州思南乌江喀斯特国家地质公园—石阡温泉—梵净山—铜仁市区景点—九龙洞

路线二：石阡温泉—贵州思南乌江喀斯特国家地质公园—梵净山—麻阳河自然保护区—乌江山峡

C.北向客源（如重庆）

路线一：乌江山峡—麻阳河自然保护区—梵净山—铜仁市区景点—九龙洞

D.南向客源

路线一：北侗箫笛之乡—万山矿山公园—九龙洞——铜仁市区景点—梵净山—松桃苗王城

三、小尺度（景区）的旅游路线设计

不同于大尺度的区域游览路线，小尺度的景区内部游览路线有着自己的具体的一些设计原则。

(1) 效率原则。每一条游览路线（精品路线），要有利于充分展现游线上各景点的景色风貌，让游客在最短的时间内最大限度地领略景区的内涵；当然，对于多日游、时间充裕的游客就可以慢慢体悟，在线路上增加文化、科学内涵。

(2) 尽量避免重复经过同一旅游点、点间距离适中、择点适量的原则。

(3) 旅游节奏的松紧适度原则。一条线路上不能只有看的景观，也要有提供游客参与旅游活动的一些小项目以及能给游客提供恬静的休闲场所；一条线路上也不能全是各种眼花缭乱的旅游活动、表演，也需要有间隔的过渡游览场所。要充分发挥游线上各旅游点的功能，景点游览的动静应有适当的交错。

(4) 景点布置顺序科学合理、尽量特色各异。在景点设计上可以注重观光游览、科学考察与体力锻炼相结合。

地质公园位于贵州省铜仁市思南县，公园对外交通便利，遵（义）铜（仁）公路（S304省道）横穿思南县境；向西40 km有326国道，过遵义有渝湛高速，上达重庆、下至湛江；北有在建的杭（州）瑞（丽）高速；南有沪瑞高速。长坝石林景区位于公园的西南部，是以喀斯特石林、石芽、天坑、溶洞、溶洼及峰丛等完备的喀斯特地貌景观为主体，有着中国同纬度地区迄今发现的发育最好、生态保持最佳、保存最完整、出露面积最大的极具观赏性连片喀斯特石林。

因此，石林景区的旅游路线设计主要是发挥石林景区的资源优势和区位优势，充分保护和利用地质遗迹景观资源，最大限度地满足游人多样化和个性化需求；使景区间进行有效的连接，科学安排游线、游程，尽量不走回头路。

景区根据地质遗迹、自然生态和人文景观的空间分布情况，规划了6条不同功能和时长的旅游线路。

1. 功能类

A.休闲观赏路线：门区—博物馆—成蹊路—开心农场—石林景观区—鲜花谷—清风涧—丹枫谷—月亮湾—桃花谷

B.科考科普路线：门区—博物馆—桃李路—石林景观区—石林路—喀斯特漏斗—竹园—天坑溶洞群—清风涧—农耕体验区—民俗村

C.探险野趣路线：门区—成蹊路—民俗村—荷塘月色—农耕体验区—金银花山—田园牧歌—清风涧—梅、兰、竹园—南山菊园

D.民风民俗路线：门区—博物馆—民俗村—鲜花谷—石林景观区—喀斯特漏斗—清风涧—又一村—田园牧歌—农耕体验区

2. 时长类

A.一日游：门区—开心农场—石林景观区—又一村—清风涧—梅、兰、竹园—月亮湾—桃花谷

B.多日游：

第一天：门区—博物馆—开心农场—石林景观区—丹枫谷—天坑溶洞群—月亮湾—桃花谷—回长坝乡住宿休息

第二天：长坝乡—民俗村—荷塘月色—农耕体验区—金银花山—田园牧歌—清风涧—梅、兰、竹园—南山菊园

第三天：门区—南山菊园—月亮湾—梅、兰、竹园—田园牧歌—农耕体验区

关键点

1. 地貌是一种自然景观，是重要的旅游资源。作为旅游资源，不同地貌类型有各自的开发与保护的原则。

2. 旅游路线设计与地貌形态密切相关，充分利用地貌特征才能设计出科学的游览路线。

讨论与思考题

简答与论述

1. 地貌能否成为旅游资源？不同地貌类型作为景观开发时要注意哪些问题？
2. 景观地貌的价值主要体现在哪些方面？
3. 目前对于景观地貌的旅游开发主要有哪些形式？
4. 地貌特征会不会影响旅游线路的设计？

参考文献

CANKAO WENXIAN

卞鸿翔.徐霞客对湖南南部岩溶地貌考察研究的评述[J].中国岩溶, 1991, 10 (3) : 239~244

陈伟海,朱学稳,朱德浩.重庆武隆天生三桥喀斯特系统特征与演化[J].中国岩溶, 2006, 25 (增刊) : 99~105

陈利江,徐全洪,赵燕霞,等.嶂石岩地貌的演化特点与地貌年龄[J].地理科学,2011,31 (8) ,964~968

陈安泽.论砂(砾) 岩地貌类型划分及其在旅游业中的地位和作用[J] .国土资源导刊,2004,1 (1) :11~16

陈亚宁.东昆仑——库木库里盆地西南边缘岩溶地貌[J].干旱区地理, 1985, 8 (8) : 44~47

曹伯勋.地貌学与第四纪地质学[M].武汉:中国地质大学出版社,1995

崔之久,陈艺鑫,杨晓燕.黄山花岗岩地貌特征、分布与演化模式[J] .科学通报,2009,54 (21) : 3 364~3 373

窦贤.雅丹地貌——大漠深处的地貌奇观[J].南方国土资源,2005 (3) :36~38

邓晓红,毕坤.贵州省喀斯特地貌分布面积及分布特征分析[J].贵州地质,2004,21 (3) : 191~193

邓玲,顾金土.人居环境评价指标研究综述与思考[J].怀化学院学报,2011,30 (7) :35~38

地学之旅网:http://geotour.5d6d.com/thread-5953-1-1.html

德梅克 J.详细地貌制图手册[M].陈志明,尹泽生,译.北京:科学出版社, 1984

傅迷,张文昭,王俊辉,等.北京石花洞岩溶景观特色及成因探讨[J].资源与产业,2010,12 (6) :149~155

傅中平,陈永红,刘干荣,等.广西石林地貌的分布及特征[J].广西科学院学报,2006,22 (1) : 44~46

范晓.川渝地区喀斯特石林地貌研究[J].四川地质学报, 2006, 29 (6) : 242~249

方世明,李江风,伍世良,等.中国香港大型酸性火山岩六方柱状节理构造景观及其地质成因意义 [J]. 海洋科学,2011,35 (5) :89~94

冯长根,俞云文,董尧鸿.雁荡山破火山口构造特征及成岩物质来源[J].浙江地质,1997,13 (1) :18~25

郭康.嶂石岩地貌[M].北京:科学出版社,2007

郭磊,张进江,张波.北喜马拉雅然巴穹隆的构造、运动学特征、年代学及演化[J].自然科学进展, 2008,18 (6) :640~650

龚克,邓春凤,刘声炜.桂林喀斯特区与世界遗产"中国南方喀斯特"对比分析[J].资源与产业, 2010, 12 (5) : 146~152

广西大化七百弄国家地质公园网站: http://dhqbn.com/Default.aspx

高莲凤,王曦,万晓樵,等.山西宁武冰洞成因分析[J].太原理工大学学报,2005,36 (4) :455~458

黄林燕,朱诚,孔庆友.张家界岩性特征对峰林地貌形成的影响研究[J].安徽师范大学学报 (自然科学版) ,2006,29 (5) :484~489

黄进.丹霞山地貌[M].北京:科学出版社,2009

黄谷灿.对洛塔岩溶地貌及第四系发育史的一些不同看法[J]. 2007, 17 (29) : 216~218

郝俊卿.洛川黄土国家地质公园遗迹保护性利用与当地经济互动发展研究[D].西安:陕西师范大学, 2004

火山世界专题网站: http://www.szwzlx.com/huoshan/index.htm

韩建辉.龙门山中段清平飞来峰的厘定及形成演化[D].成都: 成都理工大学,2006

金凌燕,张茂省,王进聪.舟曲罗家峪"8·8"特大泥石流特征与成因[J].西北地质.2011,44 (3):71~79

姜勇彪,郭福生,胡中华,等.龙虎山世界地质公园丹霞地貌特征及与国内其他丹霞地貌对比[J].山地学报,2009, 27 (3):353~360

姜勇彪,郭福生,刘林清,等.江西信江盆地丹霞地貌形成机制分析[J].热带地理,2011,31 (2):146~151

喀斯特数据中心网:http://www.karstdata.cn/index.aspx

李炳元,潘保田.中国陆地基本地貌类型及其划分指标探讨[J].第四纪研究,2008,28 (4):634~645

李德文,崔之久,刘耕年.湘桂黔滇藏一线覆盖性岩溶地貌特征与岩溶（双层）夷平面[J].山地学报,2000, 18 (4):289~295

李景阳,安裕国,戎昆方.贵州织金洞沉积物形成特征的初步研究[J].中国岩溶,1994,13 (1):11~13

刘平.贵州绥阳双河洞国家地质公园洞穴基本特征及成因探讨[J].贵州地质,2008,25 (4):302~305

刘尚仁,黄瑞红.广东红层岩溶地貌与丹霞地貌[J].中国岩溶, 1991, 10 (3):183~189

刘平贵,刘韫缇.黄河三门峡水库的功过剖析与思考[J].水利发展研究,2011 (3):47~51

刘金荣.广西热带岩溶地貌发育历史及序次探讨[J].中国岩溶, 1997, 16 (4):332~345

刘金荣,黄国彬,黄学灵,等.广西区域热带岩溶地貌不同类型的演化浅议[J].中国岩溶, 2001, 20 (4):247~252

刘金荣,袁道先,梁耀成,等.桂林热带岩溶地貌特点及其科学价值[J].中国岩溶,2001,20 (2):137~139

吕金波,李伟.北京石花洞的特色[J].北京地质, 2000 (4):24~27

吕洪波.五大连池世界地质公园中"火山弹"与"喷气锥"景点定名商榷.地质论评,53 (3):383~388

卢耀如.中国喀斯特地貌的演化模式[J].地理研究,1986,5 (4):25~35

林钧枢,张耀光,黄云麟.华东喀斯特地貌发育过程与古地理背景[J].地理研究,1986,5 (4):58~67

林钧枢.路南石林形成过程与环境变化[J].中国岩溶,1997, 16 (4):346~350

罗浩,陈敬堂,钟国平.丹霞地貌与岩溶地貌旅游景观之比较研究[J].热带地理,2006,26 (1):12~17

梁永宁.路南石林喀斯特的形态特征及地质演化[J].云南地质,2000,19 (2):103~110

梁虹,杨明德,彭建,等.路南石林喀斯特流域水文特征初探[J].中国岩溶,2001,20 (4):269~273

美国地质调查局:http://volcanoes.usgs.gov

毛翔,李江海,高危言,等.黑龙江五大连池火山群火山分布与断裂关系新认识[J].高校地质学报,2010,16 (2):226~235

马蔼乃.动力地貌学概论[M].北京:高等教育出版社,2008

牛建河,屈建军,李孝泽,等.雅丹地貌研究评述与展望[J].地球科学进展,2011,26 (5):516~527

内蒙古阿拉善沙漠世界地质公园网站:http://www.als.gov.cn/dzgy/

Penck W.地貌分析[M].江美球,译.1964

彭建,蔡运龙,杨明德,等.巴江流域演变与路南石林发育耦合分析[J].地理科学进展,2005,24 (5):69~78

彭永祥,吴成基.秦岭终南山地质遗迹全球对比及世界地质公园建立[J].地质评论,2008,6 (54):731~737

彭华.中国丹霞地貌研究进展[J].地理科学,2000,20 (3):203~210

平亚敏,杨桂芳,张绪教,等.张家界砂岩地貌形成时代:来自阶地与溶洞对比的证据[J].地质评论,2011,57 (1):118~124

齐德利.甘肃省丹霞地貌旅游开发初步研究[D].兰州:西北师范大学,2002

中国三峡总公司新闻宣传中心.三峡工程——生态与环境统一[J]. 财经界,2007:78~79

史兴民.旅游地貌学[M].天津:南开大学出版社,2008

孙显科,吕亚军,张大冶,等.风成沙地形 1/10 定律的研究与敦煌鸣沙山成因的猜想[J].中国沙漠,2006,26 (5):704~709

沈琪,徐建华,王占永,等.天山一号冰川地区气候要素的变化及其对冰川物质平衡的影响[J].华东师范大学学报, 2010,7 (4):7~15

沈庆,陈徐均,关洪军.海岸带地理环境学[M].北京:人民交通出版社,2008

陶奎元,余明刚,邢光福,等.雁荡山白垩纪破火山地质遗迹价值与全球对比[J].资源调查与环境,2004,25 (4) :297~303

覃厚仁,朱德浩.中国南方热带亚热带岩溶地貌分类方案[J].中国岩溶,1984, (2) :67~73

唐云松,陈文光,朱诚.张家界砂岩峰林景观成因机制[J].山地学报,2005,23 (3) : 308~312

吴正.地貌学导论[M].广东高等教育出版社, 1999

吴山.龙门山巨型推覆型飞来峰体系与龙门山构造活动性[J].成都理工大学学报（自然科学版）,2008,35 (4) : 377~382

吴良镛.关于人居环境科学[J].城市发展研究,1996 (1) :1~5

吴忱,张聪.张家界风景区地貌的形成与演化[J].地理学与国土研究,2002,18 (2) : 52~55

吴正.现代地貌学导论[M].北京:科学出版社,2009

吴芳,张绪敏,关永义,等.阿拉善沙漠地质公园的建立与沙尘暴利弊分析及相互影响[A].中国地质学会旅游地学与国家地质公园研究分会成立大会暨第20届旅游地学与地质公园学术年会论文集,2005

吴绍贵.我国喀斯特地貌的形成机制及分布[J].魅力中国,2009 (92) :120

吴月,范坤,李陇堂.阿拉善腾格里沙漠地质公园旅游资源及其综合评价[J].中国沙漠,2009,29 (3) : 409~414

吴成基,陶盈科,林明太,等.陕北黄土高原地貌景观资源化探讨[J].山地学报,2005,23 (5) :513~519

王岸,王国灿.构造地貌及其分析方法评述[J].地质科技情报,2005,24 (4) :7~12

王颖,朱大奎.海岸地貌学[M].北京:高等教育出版社,1994

王在高,杨明德,梁虹,等.路南石林形态计量分析[J].山地学报,2002,20 (5) :519~525

王涛,叶广利,胡建中,等.舟曲"8·7"泥石流的特征及其防治措施初探[J].北方环境.2011,23 (5) :29~31

王锡魁,王德.现代地貌学[M].吉林:吉林大学出版社,2008

王建.现代自然地理学[M].北京:高等教育出版社, 2001

伍光和.自然地理学[M].北京:高等教育出版社, 2008

伍光和,王乃昂,胡双熙,等.自然地理学 [M]. 第四版.北京:高等教育出版社, 2008

伍光和,沈永平.中国冰川旅游资源及其开发[J].冰川冻土,2007 (4) :664~667

五大连池风景区官方网站:http://www.wdlc.com.cn/

文华国,郑荣才,沈忠民,等.四川盆地东部黄龙组古岩溶地貌研究[J].地质论评,2009,55 (6) :816~827

韦跃龙,陈伟海,黄保健.广西乐业国家地质公园地质遗迹成景机制及模式[J].地理学报, 2010,65 (5) :580~594

韦跃龙,陈伟海,覃建雄,等.岩溶天坑纵向分带旅游产品开发方式——以广西乐业大石围天坑群为例 [J].桂林理工大学学报.2011, 31 (1) : 52~60

谢世友,袁道先,赵纯勇.重庆武隆喀斯特地貌及其演化[J].西南师范大学学报（自然科学版）, 2006, 31 (6) : 134~138

夏训诚.罗布泊地区雅丹地貌的成因[C].中国科学院新疆分院,罗布泊综合科学考察队,罗布泊科学考察与研究.北京:科学出版社,1987

夏凯生,袁道先,谢世友,等.乌江下游岩溶地貌形态特征初探——以重庆武隆及其邻近地区为例[J].中国岩溶, 2010,29 (2) :196~204

徐永辉,彭世良,陈文光,等.湖南凤凰台地峡谷型岩溶地貌初探[J].水文地质工程地质,2006 (4) : 111~113

杨伦,刘少峰,王家生.普通地质学简明教程[M].武汉:中国地质大学出版社,2006

杨坤光,袁晏明.地质学基础[M].武汉:中国地质大学出版社,2009

杨世瑜,吴志亮.旅游地质学[M].天津:南开大学出版社,2006

杨湘桃.风景地貌学[M].长沙:中南大学出版社,2006

杨景春.地貌学教程[M].北京:高等教育出版社,1985

杨景春,李有利.地貌学原理[M].北京:北京大学出版社,2005

杨更.新疆雅丹地貌分布特征浅析[J].四川地质学报,2009 (S2) :286~290

杨明德,张英骏.贵州西部的岩溶地貌[J].中国岩溶,1987,6 (4) :345~352

杨明德.岩溶洞穴旅游资源特性与开发保护[J].中国岩溶,1998 (3) :233~238

杨明德,梁虹.喀斯特峡谷景观资源的旅游评价[J].贵州师范大学学报 (自然科学版) ,2000 (4) : 1~4

杨明德.岩溶地貌环境评价 (以贵州岩溶地区为例)[J].贵州环保科技,1983 (Z1) :22~28

杨涛,宋利睿,于增宝.河南跑马岭地质公园岩溶地貌特征[J].资源调查与环境,2009,30 (2) : 149~156

原佩佩,田明中,武法东,等.内蒙古阿拉善沙漠地质公园地质遗迹类型及其综合评价[A].中国地质学会旅游地学与国家地质公园研究分会成立大会暨第 20 届旅游地学与地质公园学术年会论文集,2005

周成虎,程维明,钱金凯,等.中国陆地 1:100 万数字地貌分类体系研究[J].地球信息科学学报,2009,11 (6) :707~723

周成虎.地貌学词典[M].北京:中国水利水电出版社,2006

张加桂.泥灰质岩石区集中岩溶地貌形态及成因探讨——以三峡地区为例[J].地质科学, 2002,37 (3) :288~294

张根寿.现代地貌学[M].北京:科学出版社,2005

张明利,金之钧,吕朋菊,等.新生代构造运动与泰山形成[J].地质力学学报,2000,6 (2) :23~29

张国庆,田明中,刘斯文,等.阿拉善沙漠地质遗迹全球对比及保护行动计划[J].干旱区资源与环境,2010,24 (6) : 45~50

张大平.山体崩塌诱因分析及防治方法[J].中国水运,2011,11 (1) :179~180

曾佐勋,樊光明.构造地质学[M].武汉:中国地质大学出版社,2008

祝瑞勤,奚小双,吴堃虹,等.广西平果堆积铝土矿岩溶地貌演化与成矿作用[J].中南大学学报 (自然科学版) , 2011,42 (3) :744~751

郑本兴.云南玉龙雪山第四纪冰期与冰川演化模式[J].冰川冻土,2000,22 (1) : 53~61

郑本兴,张林源,胡孝宏,等.玉门关西雅丹地貌的分布和特征及形成时代问题[J].中国沙漠,2002,22 (1) : 40~46

赵吉发,碳酸盐岩相与岩溶地貌发育的初步研究——以贵州三叠系为例[J].中国岩溶, 1994,13 (9) :261~269.

朱诚,彭华,欧阳杰,等.浙江方言丹霞地貌发育的年代、成因与特色研究 [J].地理科学,2009,29 (2) : 229~237.

朱学稳,陈伟海.中国的喀斯特天坑[J].中国岩溶,2006,25 (增刊) : 7~24

朱学稳,陈伟海,Erin Lynch.武隆喀斯特及其地壳抬升性质解读[J].中国岩溶,2007,26 (2) : 119~125

中国科学院地理研究所.中国 1:100 万地貌制图规范[M]. 北京: 科学出版社, 1987

中国嵩山 http://www.songshangeopark.com

严钦尚,沈玉昌,曾昭旋.地貌学[M]. 北京：高等教育出版社,1985

Morison A,Chown M C. Photographs of the Western Sahara from the Mercury Masatellite[J]. Photogrammetric Engineering,1965,31:350~362

Komar P D. Beach processes and sedimentation. Englewood cliffs, New Jersey: Prentice-Hall. 1976.//海滩过程与沉积作用[M]. 邱建立,庄振业,崔承琦译.北京:海洋出版社, 1985